中国艺术学文库·设计学文丛
LIBRARY OF CHINA ARTS · SERIES OF DESIGN
总主编 仲呈祥

城镇化背景下传统村落空间发展研究

井冈山村庄建设规划设计实践

卢世主 裴攀 张琪佳 著

U0329933

中国文联出版社
http://www.clapnet.cn

图书在版编目（CIP）数据

城镇化背景下传统村落空间发展研究：井冈山村庄建设规划设计实践 / 卢世主著．-- 北京：中国文联出版社，2016.1

（中国艺术学文库·设计学文丛）

ISBN 978-7-5190-1159-8

Ⅰ．①城… Ⅱ．①卢… Ⅲ．①乡村规划－研究－井冈山市 Ⅳ．① TU982.295.63

中国版本图书馆 CIP 数据核字 (2016) 第 033931 号

中国文学艺术基金会资助项目

中国文联文艺出版精品工程项目

城镇化背景下传统村落空间发展研究

——井冈山村庄建设规划设计实践

著　　者：卢世主 裴攀 张琪佳

出 版 人：朱　庆

终 审 人：张　山　　复 审 人：曹艺凡

责任编辑：邓友女 张兰芳　　责任校对：田巧梅

封面设计：马庆晓　　责任印制：陈　晨

出版发行：中国文联出版社

地　　址：北京市朝阳区农展馆南里 10 号，100125

电　　话：010-85923079（咨询）85923000（发行）85923020（邮购）

传　　真：010-85923000（总编室），010-85923020（发行部）

网　　址：http://www.clapnet.cn　　http://www.claplus.cn

E - mail：clap@clapnet.cn　　zhanglf@clapnet.cn

印　　刷：天津旭丰源印刷有限公司

装　　订：天津旭丰源印刷有限公司

法律顾问：北京市天驰君泰律师事务所徐波律师

本书如有破损、缺页、装订错误，请与本社联系调换

开　　本：710×1000　　1/16

字　　数：270 千字　　印 张：17

版　　次：2016 年 1 月第 1 版　　印 次：2023 年 4 月第 2 次印刷

书　　号：ISBN 978-7-5190-1159-8

定　　价：71.00 元

版权所有 翻印必究

《中国艺术学文库》编辑委员会

顾 问
（按姓氏笔画）

于润洋　王文章　叶　朗

郛书林　张道一　靳尚谊

总主编

仲呈祥

《中国艺术学文库》总序

仲呈祥

在艺术教育的实践领域有着诸如中央音乐学院、中国音乐学院、中央美术学院、中国美术学院、北京电影学院、北京舞蹈学院等单科专业院校，有着诸如中国艺术研究院、南京艺术学院、山东艺术学院、吉林艺术学院、云南艺术学院等综合性艺术院校，有着诸如北京大学、北京师范大学、复旦大学、中国传媒大学等综合性大学。我称它们为高等艺术教育的“三支大军”。

而对于整个艺术学学科建设体系来说，除了上述“三支大军”外，尚有诸如《文艺研究》《艺术百家》等重要学术期刊，也有诸如中国文联出版社、中国电影出版社等重要专业出版社。如果说国务院学位委员会架设了中国艺术学学科建设的“中军帐”，那么这些学术期刊和专业出版社就是这些艺术教育“三支大军”的“检阅台”，这些“检阅台”往往展示了我国艺术教育实践的最新的理论成果。

在“艺术学”由从属于“文学”的一级学科升格为我国第13个学科门类3周年之际，中国文联出版社社长兼总编辑朱庆同志到任伊始立下宏愿，拟出版一套既具有时代内涵又具有历史意义的中国艺术学文库，以此集我国高等艺术教育成果之大观。这一出版构想先是得到了文化部原副部长、现中国艺术研究院院长王文章同志和新闻出版广电总局原副局长、现中国图书评论学会会长邬书林同志的大力支持，继而邀请我作为这套文库的总主编。编写这样一套由标志着我国当代较高审美思维水平的教授、博导、青年才俊等汇聚的文库，我本人及各分卷主编均深知责任重大，实有如履薄冰之感。原因有三：

一是因为此事意义深远。中华民族的文明史，其中重要一脉当为具有东方气派、民族风格的艺术史。习近平总书记深刻指出：中国特色社会主义植根于中华文化的沃土。而中华文化的重要组成部分，则是中国艺术。从孔子、老子、庄子到梁启超、王国维、蔡元培，再到朱光潜、宗白华等，都留下了丰富、独特的中华美学遗产；从公元前人类“文明轴心”时期，到秦汉、魏晋、唐宋、明清，从《文心雕龙》到《诗品》再到各领风骚的《诗论》《乐论》《画论》《书论》《印说》等，都记载着一部为人类审美思维做出独特贡献的中国艺术史。中国共产党人不是历史虚无主义者，也不是文化虚无主义者。中国共产党人始终是中国优秀传统文化和艺术的忠实继承者和弘扬者。因此，我们出版这样一套文库，就是为了在实现中华民族伟大复兴的中国梦的历史进程中弘扬优秀传统文化，并密切联系改革开放和现代化建设的伟大实践，以哲学精神为指引，以历史镜鉴为启迪，从而建设有中国特色的艺术学学科体系。艺术的方式把握世界是马克思深刻阐明的人类不可或缺的与经济的方式、政治的方式、历史的方式、哲学的方式、宗教的方式并列的把握世界的方式，因此艺术学理论建设和学科建设是人类自由而全面发展的必须。艺术学文库应运而生，实出必然。

二是因为丛书量大体周。就“量大”而言，我国艺术学门类下现拥有艺术学理论、音乐与舞蹈学、戏剧与影视学、美术学、设计学五个“一级学科”博士生导师数百名，即使出版他们每人一本自己最为得意的学术论著，也称得上是中国出版界的一大盛事，更不要说是搜罗博导、教授全部著作而成煌煌“艺藏”了。就“体周”而言，我国艺术学门类下每一个一级学科下又有多个自设的二级学科。要横到边纵到底，覆盖这些全部学科而网成经纬，就个人目力之所及、学力之所逮，实是断难完成。幸好，我的尊敬的师长、中国艺术学学科的重要奠基人于润洋先生、张道一先生、靳尚谊先生、叶朗先生和王文章、郇书林同志等愿意担任此丛书学术顾问。有了他们的指导，只要尽心尽力，此套文库的质量定将有所跃升。

三是因为唯恐挂一漏万。上述“三支大军”各有优势，互补生辉。例如，专科艺术院校对某一艺术门类本体和规律的研究较为深入，为中国特色艺术学学科建设打好了坚实的基础；综合性艺术院校的优势在于打通了艺术门类下的美术、音乐、舞蹈、戏剧、电影、设计等一级学科，且配备齐全，长于从艺术各个学科的相同处寻找普遍的规律；综合性大学的艺术教育依托于相对广阔的人文科学和自然科学背景，擅长从哲学思维的层面，提出高屋建瓴的贯通于各个艺术门类的艺术学的一些普遍规律。要充分发挥“三支大军”的学术优势而博采众长，实施“多彩、平等、包容”亟须功夫，倘有挂一漏万，岂不惶恐？

权且充序。

（仲呈祥，研究员、博士生导师。中央文史馆馆员、中国文艺评论家协会主席、国务院学位委员会艺术学科评议组召集人、教育部艺术教育委员会副主任。曾任中国文联副主席、国家广播电影电视总局副总编辑。）

目 录

CONTENTS

绪 论

一、国内外相关研究综述

自二十世纪30年代始，国内著名社会学家费孝通老先生从经济关系、家族邻里、礼治秩序等方面对中国村落进行了深入的研究。《江村经济》中，费老先生运用社会学研究方法，对开弦弓村社会生活的各个方面实地调查研究，攘括了社会习俗、家庭生活、亲属关系、农业贸易、土地问题等各个方面，旨在说明中国村落经济体系与特定地理环境的关系，以及与这个社区的社会结构，对中国农村的历史现状有了清晰明确的定位。而后对传统村落的研究开始愈来愈广泛，对传统聚落的历史文脉、民居营造技术及传统聚落保护、更新、继承和发展等多个方面进行研究。东南大学龚恺、张十庆等教授对徽州村落及民居做了大量的调查研究，对徽州古村落进行系统的测绘，进而编著了《徽州古建筑丛书》一系列。清华大学陈志华、楼庆西、李秋香教授组织清华师生经过二十多年的调查、研究，提出“乡土建筑”理论研究构架，认为对传统民居与聚落的研究实质是对一个完整的建筑文化圈的研究，将研究村落的民居等单体研究拓展到一个更加系统、完善的村落背后的社会历史文化，为传统村落的研究提供了更全面的理论依据及实践意义。吴良镛老先生在《中国建筑与城市文化》一书中对乡土建筑、传统聚落也进行了一番探讨研究。东南大学段进、季松教授对于传统村落空间形态及结构的深层次研究做了大量的调研及探究。而后段进、龚恺教授带领师生从物质层面、建筑学角度对村落的空间生长、自组织过程及空间构成形态等方面进行深入调研及分析，并编著了《空间研究1·世界文化遗产西递古村落空间解析》系列丛书，为中国徽州古村落研究提供了较系统的数据及理论依据。俞孔坚先生在《回到土地》著作中，从土地、城市、景观和建筑的表象入手，揭示了在快速城镇化和经济繁华的表象下，中国潜在的生态环境危机、能源短缺的危机，针对乡土建筑和景观、公共空间、生态等方面做了建设规划研究，并指出城市规划中的某些谬误，提出了“反规划”的观念[①]，引起作者对乡土规划的重视，希望对地域景观先进行不建设区域的控制，以应对城市扩展的趋势；新玉言在《新型城镇化模式分析与实践路径》等系列丛书中总结了我国城镇化的成果、经验等，研究如何在统筹城乡中推进城镇化，并提出遵循国家发展战略背景下的新型城镇化发展逻辑，总结出中国城镇化发展的历程和经验，遴选了京津晋、长江三角洲、珠江三角洲等地区城镇化的策略及模式。从实践维度开辟了多元形式的城镇化路径及发展前景，为中国新型城镇化道路提供创新性实践支撑[②]。

美国学者乔丹认为：文化地理学就是研究文化集团空间变化和社会空间机能。而这与村落的研究有着千丝万缕的联系。著名地理学家金其铭在《中国农村聚落地理学》中对我国农村聚落地理分布、形式类型等进行了分类解析，并分析了不同类型村落的各自特征。文化地理学对传统村落的研究很多也结合了建筑学的研究角度去探讨。刘沛林对古村落文化及其载体的互动发展进行了研究，1997 年出版的《古村落：和谐的人聚空间》一书中对中国古村落的空间意象及文化景观进行了论述，从文化地理学的理论角度研究中国古村落，并提出了“中国历史文化名村”保护制度的构想，为中国古村落的保护及发展提供了依据。

1999 年 6 月 23 日国际建协第 20 届世界建筑师大会在北京召开大会一致通过了由吴良镛起草的《北京宪章》。宪章对建筑群的规划建设、乡村规划建设及传统聚落发展保护进行了表述，给传统村落空间形态传承发展提供了纲领性的指导。

特别值得一提的是，清华大学单德启教授主持的国家自然科学基金《人与居住环境——中国民居》《中国传统民居聚落的保护与更新》为中国乡村聚落空间整体特色发展研究提供了重要的理论基础。

德国城镇化建设是以农村与城市“生活等值”为规划理念，探寻针对农村的城镇化道路，然后补充和完善相关的法律制度，运用于指导规划实

① 俞孔坚：《回到土地》，三联书店出版社 2009 年版。
② 新玉言：《新型城镇化——模式分析与实践路径》，国家行政学院出版社 2013 年版。

践、“生活等值”的规划理念值得我国城镇化建设借鉴。

日本以重振国家农业缩小城乡差距，达到农村建设的目的。但受战争的影响，日本在半个世纪的时间内经历了三次新农村建设，目标已经从缩小城乡差距转变为追求农村生活魅力和可持续发展了。采取以家庭为单位的分散居住模式，以功能划分住宅居住形式等。设计师关心居住者的感受，设计项目全程站在保护地方特色，塑造整体地方形象为基础，以改善人居环境为目标。环境保护与社区营造的过程并非一气呵成，而是循序渐进的过程，由社区参与，建立了人与人之间的信赖与诚信，经过居民的不懈努力，达成了共同的建设愿望，最终带来了变革。

国内对城乡一体化建设、城乡统筹发展建设规划的理论研究甚多，以扭转城乡建设相互分离的局面，但是并不全面。在现今新农村建设中，大多关注的是村落建设中建筑本身和民间工艺等，较为单一。寻找一条如何能够适应实际情况、能够解决切实问题的传承保护与再造创新途径，赋予充满魅力的传统村落空间，仍是一个需要不断探索和研究的问题。

二、本书研究目标与研究思路

（一）研究目标

在城乡一体化快速发展的背景下，如何使传统村落避免城市大同文化的侵蚀，保留延续地域文化特色，建设规划中具有归属感和情感认同的村落人居环境，是一个具有重要研究意义的课题，也是本著作最重要的研究目标。

在新型城镇化背景下，挖掘物质及非物质文化与村镇空间形态之间的深层联系和相互作用，能够找到一种有效的具有方法论意义的设计规划思路。而针对现实中新旧文化冲突、历史文脉割裂等传统村落普遍存在的问题，其保护与更新发展的规划建设更应着眼于以科学的发展观为指导，充分尊重本土文化的基础上，以科学有效的规划设计来协调传统村落中诸多的矛盾因素，创造适宜传统村落保护发展及建设更新的合理性规划设计，这也正是本著作研究的宗旨所在。

（二）研究思路与方法

本研究从不同的学科领域探寻新型城镇化背景下村镇空间建设规划的内在规律。将经济学、人文地理学的理论方法运用在村镇规划研究体系中，同时利用了规划学、设计学、建筑学的专业技能和实践方法，对村镇规划进行深入研究。通过综合运用各类学科知识，明确研究的内容以及探析村镇建设规划策略，最后结合案例引出具体的规划策略。

1、理论架构的搭建与形成。农村建设是现今热门话题与研究对象，了解国内外理论研究成果，从中挖掘传统村落与记忆的内在关联。根据井冈山地区的特殊历史文化与地理环境特点，对现状问题的归纳寻找传承中国村镇空间形态的策略探索。

2、乡村实地调研分析法。本论文开展的重要步骤与基础，形成调研小组，对需规划的乡村进行调研与村庄现状的考察，分析现存在的问题，对已规划村落进行实地考察，进行评估分析，吸取优点。填写调查表，对村民意愿、乡规民约、地理区域等限制因素进行协调。全局考查这些实例在人与环境关系的处理、建筑结构模式与群落文化间的协调、村民主体性发挥与村庄认同感等问题的处理，对其中存在的问题和处理较好方案进行归纳总结。收集大量改造前后的照片作为例证，为日后理论的分析提供依据。

3、交叉学科研究法。本论文从社会学、人类学的角度分析传统村落发展的影响因素，以农村建设规划实例总结针对传统村落保护与建设规划的一般性指导原则。运用比较分析的方法来对比村镇建设规划的相关理论，比较其异同点，取其精华去其糟粕。从国内外的村镇建设规划进行大范围比较，将利于村镇建设规划的经验运用到实践中，总结出普遍性和特殊性经验。

（三）研究的内容

针对井冈山村庄建设的普遍性问题，提出与之相对应的保护规划策略及适应传统村落的合理建设、确立乡村民居建筑更新的导则、提出乡村与城镇空间联动建设及空间利益协调的规划策略，全书分为三个相对独立的篇章。

第一篇章从宏观层面上解析新型城镇化背景下村镇联动建设规划与空间利益关系。根据对井冈山市厦坪镇村镇概况和现状的梳理与分析，归纳出农村与城镇建设差距的问题所在，具体反映在村与镇之间“有形的”空间物质形态建设步调不统一和“无形的”空间利益分配不均匀上，并藉此提出村镇联动建设规划的构想。通过规划案例的研究与实践，提出自上而下的村镇空间形态联动建设和自下而上的空间利益协调的规划策略，即：针对不同的空间要素采取不同的联动建设规划方式，以此消除村镇之间不协调的因素，使其联合互动发展。第一篇章从厦坪镇总体概况入手，了解村镇总体概况（即空间规划的优势条件），分析厦坪镇特殊的区位特征、历史渊源、自然环境、产业优势和发展机遇；对规划区内的村镇空间的组成要素进行梳理，包括空间形态要素和空间利益要素，在此基础上总结厦坪镇村镇建设存在的问题，并提出村镇联动的规划策略。一方面将空间形态联动建设规划策略运用到厦坪镇村镇规划的实践中，从村镇的整体空间布局到建筑形态再深入到基础设施的规划；另一方面将空间利益协调规划的策略运用到厦坪镇的建设规划中，引出村镇的生态空间、土地流转和产业空间的利益协调机制，探寻物质形态背后的空间利益分配策略。

第二篇章从中观层面上探寻如何能够有效的保护和延续井冈山革命老区的传统村落历史文化、保持村庄的集体记忆、延续地域的文化特色，以哈布瓦赫的《论集体记忆》作为理论依据的铺垫。第二篇章着重研究了集体记忆与村落形态的价值取向，对传统村落空间形态传承与集体记忆的内在联系进行了分析，并对传统村落的空间形态的记忆和认同因素进行了梳理和解析。研究表明：村庄记忆以集体认同为基础，村民的价值取向也要求传统村落的空间形态，真实地反映村庄集体的利益并在互动交流中达成认同。同时，还结合史料的整理、田野的调查及空间的分析法，通过实际的调研成果针对其具备的空间形态要素进行了记忆的考察、探寻，将传统村落空间形态的记忆要素细化归纳为时空、家族、场域、符号、感知、价值记忆等六类；并针对菖蒲古村问题的普遍性提出与之相对应的保护规划策略：1、相地为先、延续肌理；2、诗书礼乐、一脉相承；3、以人为本、兼容并蓄。以可持续发展为大方向，立足保护与发展、更新与利用的双重标准对菖蒲古村进行实践规划，从井冈山菖蒲古村的核心保护地带、建设控制地带、环境协调发展地带三个方面将村庄记忆系统纳入，找到适应传统村落的合理建设方案，保存村落历史文化与村庄特色。

第三篇章从微观层面上探究村庄建筑整体风貌保护、旧建筑改造再利用、新建建筑模式等问题。赣西南位于江西省西南部，井冈山属于赣西南的特殊地区，拥有红色历史名城之称，作为红色革命发源地的特殊区位要求，且又作为庐陵文化、客家文化共存的区域，民居建筑具有传统建筑的文化价值与历史价值，该篇章以井冈山市文水村为例，对建筑更新方式做深入论述与研究。第三篇章依据现状调研及民意调查结果，详细分析了文水村的建筑整体风貌与更新存在的问题，为建筑更新规划设计提出依据，确立民居建筑更新的导则与目标，验证其实施的可行性，在更新方式的框架指导下，进行详细的更新策略实践探索，总结出更现实、可行的更新途径，为井冈山及全国其他区域村庄建筑更新思路提供一定参考。

三、理论价值和实际应用价值

在新型城镇化背景下，僵化的规划政策冲击着传统村落文化，破坏了传统村落的地域“恬静”。对于本土文化的不认同以及传统的鄙弃，随意的加入“城市化”符号，使乡村聚落难以延续。历史文脉的割裂、村庄文化记忆的缺失、新旧文化政治冲突的矛盾等问题渗透，对于寻求村庄空间认同感、避免传统村落被现代化替换的保护与规划建设显得尤为至关重要。其理论和实际应用价值如下：

（一）新型城镇化的理论视阈具有本源性

近年来，因社会发展而对新型城镇化的关注度逐渐增强，如在2012年党的十八大及其后召开的中央经济工作会议所提出的“集约、智能、绿色、低碳的新型城镇化道路”，以及2012年5月，国务院副总理李克强和欧盟签署的《中欧城镇化伙伴关系共同宣言》，进一步将城镇化推往实践操作的层面。在这两次会议提出的城镇化是以城乡统筹、城乡一体、产业互动、节约集约、生态宜居、和谐发展为基本特征的城镇化[①]，是城市、小城镇、新农村协调发展的城镇化。

城镇化也称之为城市化，在工业化社会经济的推动下，农业活动与非农业活动的比重此消彼长的过程，与此相对应的乡村人口与城镇人口比重也同步变化，导致农村的物质形态建设和农民的生活方式逐步向城镇型转化[②]。

城镇化的关注点在于吸纳农村人口、设施建设、规模扩张、居民收入增长为主，提升城市的居住品质，强调在数量上的增长；而"新型城镇化"关注点在于农村人口如何融入城市，强调质量的提升，规划重点在于保护生态环境的前提下，提升农村设施建设，城乡共享建设成果，最终真正实现共同富裕。从以前的片面追求城镇化数量向追求质量转变，从城市维度向城乡维度转变，由片面到全面，由表象到本质的转变（表 1），这是本文研究村镇联动建设规划的大背景。

表 1：城镇化和新型城镇化的对比

	城镇化方式	关注点	特征	内涵
城镇化	被动型	城市扩展	追求城镇化速度	片面的、表象的
新型城镇化	主动型	城乡协调	追求城镇化质量	全面的、本质的

（来源：作者绘制）

（二）探寻村镇空间的发展认同，避免"千村一面"

在当今新农村建设浪潮中传统村镇空间形态发展具有特殊性，且具有鲜明的地域色彩。吴良墉先生说过："在全球化进程中，学习吸取先进的科学技术，创造全球优秀文化的同时，对本土文化更要有一种文化自觉的意识，文化自尊的态度，文化自强的精神。"[③] 传统村落反映着本土文化的意识体现，包含了本土的风俗人情、民间文化和建筑艺术等，是历史的活化石，具有不可再生的多重价值。明确传统村落在中国国情中的特殊地

① 刘浩博:《浅析新型城镇化下的城市规划》,《城市建设理论研究》(电子版), 2013 年第 16 期。

② 马丽:《长治市农村城镇化及其发展》, 中国农业大学 2004 年版。

③ 吴良镛:《城市规划设计论集》, 北京燕山出版社 1988 年版。

位，以全局视阈去探讨有利于切实解决传统村落保护与规划问题，尊重村落自身文化特性与历史的延续性，以科学、发展的眼光，建立科学的传统古村落规划指导原则，通过规划设计有针对性地合理处理协调各方面矛盾，可避免“千村一面”的现象不断发生以及建设指导政策中的模式化破坏规划问题等。

目前，我国村镇空间建设保护与更新规划缺乏规范的指导，导致传统村落的功能“退化”，在深刻了解传统村落延续的核心与矛盾问题上，探寻适应传统村落的发展及建设规划的道路尤为必要。着眼于可持续发展的人居环境建设及传统文化价值的回归对于指导村镇空间建设的保护发展与更新利用具有实际的应用价值。

第一篇

村镇篇

新型城镇化背景下的村镇联动建设规划研究——以井冈山市厦坪镇为例

第一章　厦坪镇村镇概况和现状

第一节　相关概念的界定

一、村镇

解构主义建筑师屈米认为："大部分的建筑实践——构图，即将物体作为世界秩序的反应而建立它们的秩序，使之臻于完美，形成一幅进步和连续未来的景象"。[①] 在中国，传统城镇由乡村发展来由。乡村是自发的建筑、农业活动而形成的空间体系（图 1–1），城镇由乡村空间的扩展，再经过严谨的规划而形成了它的秩序（图 1–2），与"乡村为本，城市为末，而非本末倒置"的理念相一致（图 1–3），反之，城镇的扩张又使周边的乡村走向城镇化趋势。

"村镇"是指镇（较有秩序的城镇）和村（自发形成的乡村）的总称。早期，厦坪镇是因为集市而形成的，前身是乡村，在此进行简单的物品交易行为，因此，城镇就是交易为主的空间，是介于有序的城市和自发形成的乡村之间的空间。

图 1–1：自发的建筑、农业活动而形成的空间体系

（来源：作者拍摄）

① 伯纳德 · 屈米:《疯狂与合成》,《世界建筑》, 1990 年 21 期。

图 1-2：经过规划具有秩序的城镇

（来源：作者拍摄）

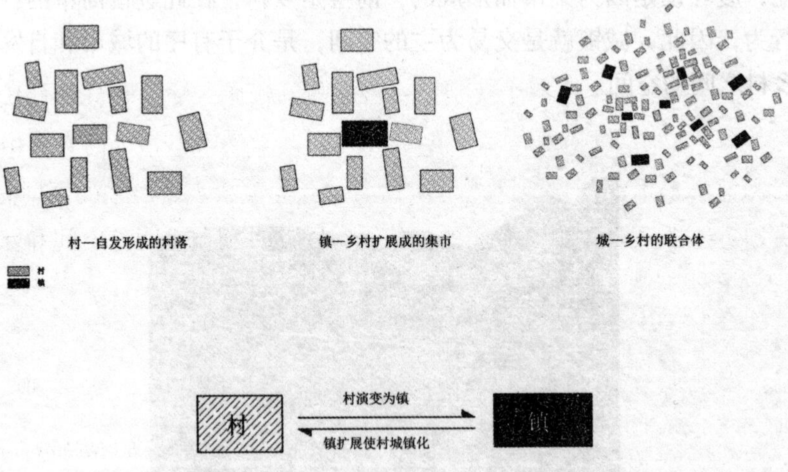

图 1-3：乡村为本，城市为末

（来源：作者绘制）

根据厦坪镇村镇空间关系和自身发展条件，本文把农村分为中心村、基层村（表 1–1），中心村指各行政村范围内条件优势强、发展基础好、空间位置适宜的村庄，此类型的中心村被井冈山市规划部门编制为“村镇联动建设示范点”。基层村指偏远、交通不便的农村，多坐落于山脚或沿河发展，仍然保持着传统的生产、生活方式，主要收入来源于传统的农、林、畜、牧和外出务工。

表 1–1：厦坪镇村镇数量统计

城镇	厦坪镇				
中心村	口前山村	厦坪村	沉塘村	复兴村	菖蒲村
基层村 / 个	13	8	14	8	12

（来源：作者绘制）

二、村镇空间

各界学者对空间的认知因领域而异，而作者比较赞同列斐伏尔要求构建“社会—历史—空间”的三元辩证法，实现空间、历史、社会的辩证统一，[①]他以政治学角度分析了空间并总结了空间与社会、历史的关系，涉及经济学和社会学。[②]社会结构、经济结构、生活方式等塑造的生活空间，可能是有形的，也可能是无形的。[③]

“村镇空间”包括物质空间和利益空间。物质空间是指社会结构、经济结构、生活方式等塑造的生活空间。“利益空间”是指生活在其中的人因对利益的追求而使用的空间，人们通过社会关系表现出来的不同需求[④]即利益。这个解释体现了空间的社会性，因此，利益空间是空间和社会关系的产物。

---

① 张子凯：《列斐伏尔〈空间的生产〉述评》，《江苏大学学报》（社会科学版），2007 年第 5 期。

② Henri lefebvre. The Production Of Space. *Translated by Donald Nicholson-smith*. Oxford&Cambridge，Blackwell，1991

③ 美国城市规划家 Edward soja 的第三空间理论提出由社会结构、经济结构、生活方式等塑造的生活空间，可能是有形的，也可能是无形的，和列斐伏尔的观点类似，认为空间、历史、社会应相互平衡。

④ 何子张：《城市规划中空间利益调控的政策分析》，东南大学出版社 2009 年版，第 84 页。

物质空间与利益空间只是从不同角度认识村镇空间组织的两种方式，从各类建筑、各种设施等物化了的要素所占据的空间来认识村镇空间结构；而村镇利益空间是指村镇利益主体为获得利益而进行空间开发所占据的空间，从任何单一的角度来认识村镇空间的建设规划都是不完整的。

三、村镇联动

在新型城镇化背景下对城镇周边的农村进行联动建设规划，使农村和城镇联合互动发展。“联动”原意是指若干个相关联的事物，一个运动或变化时，其他的也跟着运动或变化，即联合互动。建设后城镇和周边的农村无论是在空间形态上还是内在的空间利益相互关联，受新型城镇化影响，城镇内的某个要素变化时，周边的农村也以同样的步伐随之变化，犹如两个齿轮轴，受力作用后会同步转动（图 1–4），在村镇之间形成一种联合互动的发展模式，而非独立运转，联系断裂。

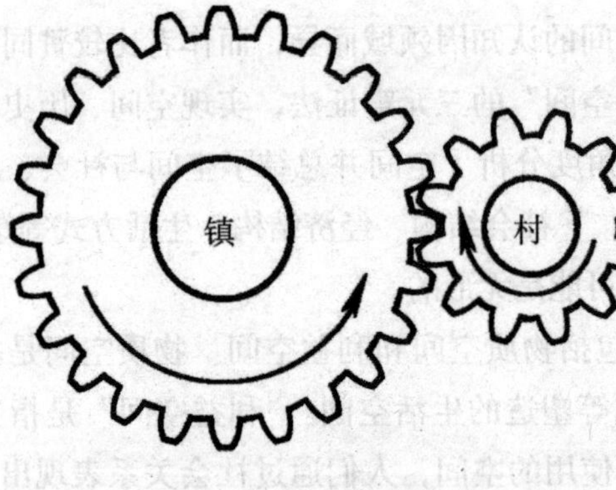

图 1–4：村镇联合互动

（来源：作者绘制）

第二节　村镇的概况

一、中心城区的区位特征

厦坪镇位于井冈山市新城区，在市域城乡空间结构上看，将市域城乡空间结构划分成了三大片区（图 1–5），厦坪镇是“三区”内的中心城乡发展区的重要组成部分，可部分归功于其优越的地理区位，以及便利的高速、国道，拿山河由西南向东北流经境内，厦坪镇中心城区的区位特征为空间规划提供了前提条件。

厦坪镇、拿山乡、新城区共同构成了联系紧密的中心城乡发展区，虽然本研究的区位范围不是井冈山市中心城区，而是针对其中的厦坪镇 54.5 平方千米的用地范围，但是，中心城区的区位特征有利于厦坪镇自身的全面发展，主要表现为以下两点：第一，在城市发展方向上：中心城片区重点向南、向西推进，向北、向东紧凑发展的城市发展方向，可以推动地处新城区西南方向的厦坪镇成为重点发展区域。第二，在城市功能结构上：中心城区规划形成“一城、两片、七组团”的多中心组团式结构（图 1–6）。因此，基于中心城乡发展区的区位特征，厦坪镇村镇的建设规划将重点推进以更好地融入到中心城区快速前进的阵列中。

图 1–5：城乡空间结构的“三大片区”

（来源：拍摄于《井冈山市“一城带两镇”示范区城乡一体化规划》）

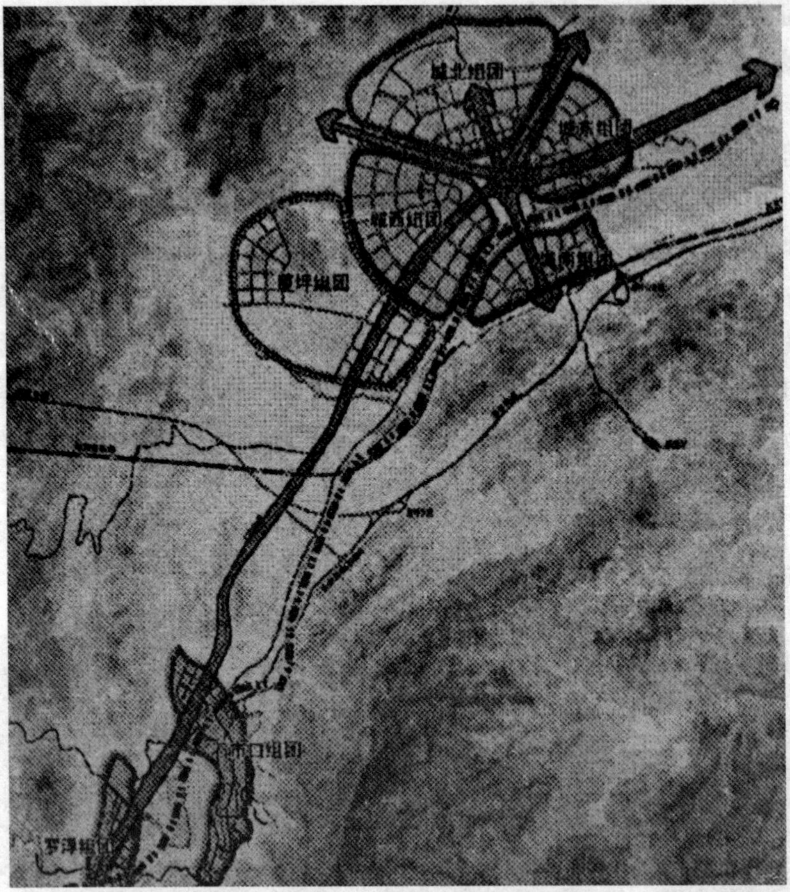

图 1-6:“一城、两片、七组团”的中心城区空间结构

（来源：拍摄于《井冈山市“一城带两镇”示范区城乡一体化规划》）

二、底蕴深厚的庐陵文化

马克斯·索尔将各种影响形式产生的因素归纳为“生存模式”（genre de vie），其中包括文化、精神、物质和社会等各方面的内容。因此，我们说村庄聚落是特定“生存模式”在物质上的体现，雷德菲尔德认为文化是一个社会的观念，制度和习俗性活动的总和，[①] 那么，对文化的分析显得分

① 阿摩斯·拉普卜特著，常青、徐菁、李颖春、张昕译:《宅形与文化》，中国建筑工业出版社 2007 年版，第 46 页。

外必要了。

“巍巍城郭阔，庐陵半苏州”是苏东坡眼中的庐陵，在漫长的历史长河中，井冈山沉淀了底蕴深厚的庐陵文化，包含书院文化、农耕文化、手工业文化、商贾文化等，是赣文化（江右文化）的支柱。勤劳淳朴的厦坪人，沿袭了庐陵书院文化，除了各类基础教育，还兴办了多所干部学院、红色文化（图 1–7）体验学院、产业技术培训等学院；沿袭了曾安止农学专著《禾谱》里的水稻种植的农耕文化，善于农耕的厦坪人因此建设了大片的农业种植产业园，提升农耕效益；沿袭了庐陵手工制作历史文化，如造纸、陶瓷、造船、纺织印染和建筑业，镇内现存造纸厂、陶瓷厂、纺织厂等；还沿袭了庐陵商帮商贾文化，在外经营各行各业的商人不计其数。

图 1–7：红色革命文化传承碑

（来源：作者拍摄）

对影响厦坪镇形式产生的庐陵文化以及文化背后的社会观念和习俗性活动的解析，便于下文对村镇空间形式规划的研究。

三、生态健全的自然环境

“生态是自然的经济（nature’s economy）”①，这是 Worster 对生态自然的看法，自然其实就是一种经济，以最经济、最生态的方式使人的生活适应自然。因此，利用保存健全的自然环境因素进行村镇规划是最经济的方式，以减少规划成本和自然环境代价。

对厦坪镇自然环境的保护内容包括分布在空间范围内的地形地貌、气候、土壤、水纹、动物等，如北面的高山峻岭，南面的低山矮丘（图 1–8），贯穿全镇的拿山河流、国道，石灰石、铁、瓷土等矿产，多类动植物，还包括不可见的“流”，诸如风、水流、动植物的生长过程，②温和的气候，充沛的雨量以及中亚热带季风气候等自然环境要素。

图 1–8：生态的自然环境

（来源：作者拍摄）

① *Worster, donsld. nature’s Economy,a History of Ecological Idea. Cambridge University Press,* 1994

② 俞孔坚:《回到土地》，三联书店出版社 2009 年版，第 105 页。

四、关背粮仓的产业优势

农业是厦坪镇的传统产业，种植业有花生、油菜、甘蔗、葡萄、木槿花、竹荪等经济作物，养殖业有太空乌鸡、菌草、娃娃鱼、生猪等，因此获得“关背粮仓”的美称。基于关背粮仓的产业优势，若能充分为产业利用，则能为村庄建设补充经济血液，缩小与城镇建设的差距，还能提升村民生活品质，作者根据厦坪镇资源特色和经济社会发展规划，对村镇的产业资源按照产业经济职能的类型划分为种植型、养殖型、苗木型、旅游型，村镇各自禀赋不同的产业资源，构成以厦坪镇为中心的村镇网状产业结构（表 1–2）。

表 1–2：村镇产业资源表

类型	产业资源
种植型	传统种植业，如水稻、油菜、玉米、蔬菜等
养殖型	大规模养殖业，如太空乌鸡、黄牛、鸭、娃娃鱼等
苗木型	花卉木类种植，如猕猴桃、木槿花、葡萄、竹荪、杜鹃等经济作物
旅游型	有文化旅游型和生态旅游型

（来源：作者绘制）

五、一城两镇的发展机遇

井冈山选择拿山乡和厦坪镇作为新城区“一城两镇”示范区，以“319”国道为轴线，由东至西串联拿山乡—新城区—厦坪镇形成示范带，给厦坪镇自身发展带来了机遇，把精品示范带打造成新型城镇化的样板点、就地城镇化的试验田、“一城带两镇”带动式发展的示范带，为厦坪镇未来发展的提供了难得的机遇。

中心城区的区位特征使厦坪镇村镇的建设规划成为重点推进对象，更好地融入到中心城区的建设中；底蕴深厚的庐陵文化折射的生活习俗为村镇空间形态的规划提供文化参考；生态健全的自然环境是生态型村镇规划的经济基础；关背粮仓的产业优势为村镇规划注入新鲜血液；一城两镇的发展机遇为厦坪镇村镇规划研究提供了足够的发挥空间。

第三节　村镇空间的现状分析

一、空间的组成要素

“城市中一切看得到的东西，都是要素”，[①] 对于村镇空间来说同样如此，从物理性质上可分为物质和非物质要素。

物质要素包括城镇空间内各类物化的、有形的存在，而非物质要素作为一种无形的存在，包括各类物质要素的组成动机、方式、规律、条件以及给人的体验等。这些要素以不同的方式组织成不同结构的空间物质要素，二者相互关联。非物质要素包含的空间利益要素，这正是本文研究的内容，因为人对利益的追求是空间物质要素形成的动机。

村镇空间各类物质要素组合形成村镇整体空间形态；反之，空间形态亦可反映村镇空间内在的组成方式、规律或某种体验，即非物质要素。从人为环境和自然环境两方面分析空间的物质要素，下图（图 1–9）中的各类物质要素的规划，如各类建筑、设施、街道、标识等。

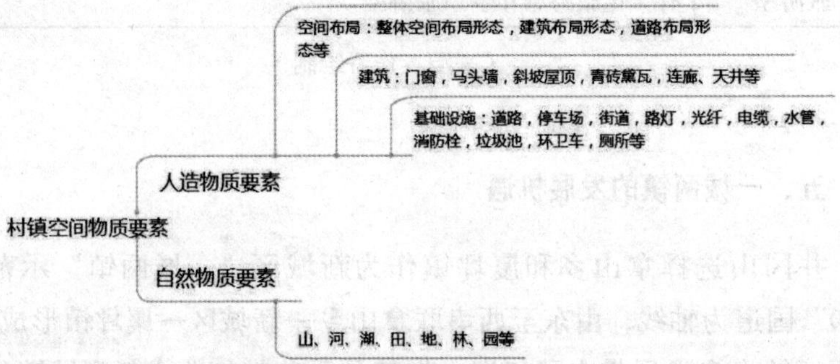

图 1–9：村镇空间物质要素

（来源：作者绘制）

空间利益要素组织成村镇空间物质形态，不同的空间形态也体现了不同的空间利益关系，空间形态是其展现出来的面貌，体现了各个要素之间相互联系。因此，从村镇的空间物质形态来解析空间利益要素。村镇空间利益要素包含公共利益和私人利益，因政治、经济地位等特征的不同而分

① F·吉伯德：程里尧，译.《市政设计》. 中国建筑工业出版社 1983 年版，第 8 页。

化出纷繁复杂的利益主体，概括起来，在厦坪镇村镇空间开发过程中，利益主体主要包括政府、开发商和农民为代表的三大利益主体。[①] 厦坪镇空间是在特定的地理环境和一定的社会历史发展中的各种利益追求活动与自然环境因素相互作用的综合结果，这是人们通过各种方式反映村镇整体的意向总体。[②] 这里的自然环境包含了村镇的生态环境、土地、产业资源等，下表从生态、土地和产业来分析空间利益要素（表 1–3）。

表 1–3：村镇空间利益要素对比

物质要素 / 利益要素	生态环境	土地流转	产业资源
村庄利益要素	保护自然和人文环境	土地流转的利益补偿	提供就业机会、提升收入、促进设施建设
城镇利益要素	以牺牲生态环境为代价换取空间生产效益	开发农村土地赢取经济利益	利用产业资源开发城镇工业或旅游业

（来源：作者绘制）

空间物质要素是利益要素的表象面貌，利益要素是促进空间物质要素形成的内在动力，两者相互关联。分析空间组成要素从而梳理了村镇空间形态和利益的内在关系，并且归纳出空间要素的具体内容，便于下文对厦坪镇空间要素的现状分析更为深入和全面。

二、空间形态建设的现状

在村镇调研过程中发现，村镇建设的差距较大，直观地体现在空间形态建设上，以及潜在的空间利益分配上。本文从空间的物质形态和空间利益两方面对厦坪镇现存的具体问题进行分析。

（一）整体空间布局不均

为了对厦坪镇整体空间布局做全面的剖析，从规划范围内的用地布局、功能构成两方面进行分析。

随着新型城镇化的快速发展，城镇用地尺度不断向周边的中心村扩

① 何子张：《城市规划中空间利益调控的政策分析》，东南大学出版社 2009 年版，第 2—3 页。
② 武进：《中国城市形态——结构、特点及其变化》，江苏科技出版社 1990 年版，第 4 页。

张，整体沿主街道两侧条状分散布局，属于传统的沿街布局方式，中心村的用地也处于不断生长的过程，只是地块生长的速度不一，整体生长的特征呈现“点、线、面”逐步发散的形式，但是受村镇之间地块尺度的局限，村镇之间在用地上产生了矛盾，中心村自身发展也受到限制，折射出城镇和中心村各自活动需求的用地在村镇整体空间布局不协调。自发形成的村庄居住空间空废化现象严重，村庄设施相对落后，村镇各类功能用地构成的比例不协调，除了满足基本的居住、公共设施、基础设施、产业功能外，缺乏与具有中心城区区位特征的厦坪镇相对接的休闲和商业功能，功能结构不合理将导致村庄农民与城镇居民的生产、生活、休闲功能紊乱。

（二）建筑形态破碎拼贴

柯林·罗和弗瑞德·科特认为拼贴是一种技术，是思想的一种表达。[①]在传统文化和当代文化碰撞下，村镇建筑形态破碎拼贴的现象较为普遍，是村民继承传统和追随现代建筑形式的一种思想表达，但取舍不当，与城镇建筑在形制、风貌、功能上不相协调。

沿街道整齐排列的城镇建筑秩序与村庄破碎拼贴式的建筑布局对比明显（图 1–10）。一城带两镇的规划沿 321 省道展开，呈现连绵发展态势，2013 年，厦坪镇城镇建筑已统一改造成现代功能和传统风貌相融，较适应当代生活方式。中心村厦坪村建筑布局依旧保留传统的建筑布局方式，村内老建筑部分已经破旧亟需修缮，西侧的主体建筑基本倒塌无人居住了，新建筑之间的邻里组合形态单调，尺度失调，厦坪村三大组团主体建筑总体形态较为整齐，但是附属建筑混合布局、破碎拼贴却导致厦坪村的整体建筑形态与城镇迥异，一种是相对整齐有序，一种是破碎拼贴。

① 柯林·罗，弗瑞德·科特著，童明译：《拼贴城市》，中国建筑工业出版社 2003 年版，第 92 页。

图 1-10：村镇建筑形态的对比

（来源：井冈山市规划局）

建筑外部界面的形态、材料和色彩处理上五花八门，当地村民顺应了当代建房潮流的趋势，在建筑立面上“铺金撒银”的现象非常普遍，与城镇街道两侧的传统庐陵建筑追求青砖黛瓦的朴素风格迥然不同（图 1-11）。村民后期新建的建筑却贴上了颜色各异的瓷砖，有的是直接刷上了白石灰，有的是土砖房等等；传统的马头墙和斜坡屋顶被平屋顶取代，与井冈山地域特色风貌相违和，如果放任这种建筑乱象必将丢失传统建筑文化，也不符合新型城镇化“美丽乡村”的建设目标。

图 1-11：城镇与厦坪村建筑风貌迥异

（来源：作者拍摄）

除去外表，厦坪村内部空间在使用功能上仍然沿用传统居住和农业生产的功能结构，老建筑单体内部以“一明两暗”[①]为单元，呈对称布局的方式（图 1–12），分割为起居室、储存室、厨房等功能空间，二层为存储空间，宅院置放农具、晾晒作物，设置厨房和卫生间。传统的建筑空间功能已经不适用于现代农村家庭的生活、生产方式，村庄建筑的功能定位很难与城镇的商业、旅游、交易功能相对接。

图 1–12：“一明两暗”老建筑内部空间

（来源：作者拍摄）

（三）基础设施层次割裂

在道路交通方面，城镇内的商业设施连接紧密，便于城镇的内外交通，厦坪村主要道路为一条能够连接至 319 国道的纵向乡道。首先，入户道路和次要道路均不明晰，不能与乡道紧密连接，道路层次在此割裂开。其次，村内道路极不完善，次要道路宽度只有 2 米，远不能满足行车功

① 一明两暗：一明即为明亮会客厅，两暗指两侧光线较暗的起居室，当地的庐陵建筑前后开设较高的窗户，而且尺度不大，以防盗，也防止外部看到屋内，因为当时居住的大部分是老人、儿童和妇女，两侧没有窗户。

能，南组团道路还是碎石和泥土（图 1–13）。最后，目前村庄车辆停放在祠堂前的空地上，或停放在厦坪镇街道和乡道路边，严重影响过往车辆的通行，道路交通问题是村镇差距逐渐加大的重要原因，直接影响村镇之间的联合发展。

图 1–13：未修整的碎石、泥土道路

（来源：作者拍摄）

在给水排水方面，厦坪村有三个自然村由城市管网供水，即厦坪村、毛叶山村、下陂村，其余自然村均采用山泉水或地下水。厦坪村、毛叶山村、官路村是一城带两镇重要示范点，给水由城市管网供给，但是给水管网未连接成环状，有的村民采用管网的自来水，有的则采用井里的地下水，在污水收集方面，厦坪镇大部分中心村的污水未流入城市管网，还是采用传统的雨污合流的方式，沿屋角的明沟或暗渠[①]未经过无害化处理就直接排放到自然水体或者农田内，影响村庄环境，与城镇的整体给排水管网体系割裂，各自独立排放（图 1–14）。

① 明沟暗渠：明沟是指在建筑屋角设置的露天排水沟。以防雨水堆积而渗入地基导致建筑下沉。暗渠是根据道路高低，在道路一侧设置，一方面可以美化路面的同时满足排水功能，一方面，在道路宽度有限的情况下，暗渠表面覆盖的盖板石可以通行，以节省道路空间。

图 1-14：屋角的明沟和暗渠

（来源：作者拍摄）

在环卫设施方面，城镇的环境通常是政府首要关注的目标，中心村和基层村的环境跟不上，缺乏必要的环卫设施作支撑。城镇采用的是分类集中处理，中心村村民垃圾处理的方式是各户自行处理，垃圾不分类、别地焚烧、填埋式处理，厦坪村村民将生活垃圾集中扔在臭气熏天猪牛栏旁，原来设置在村庄西北部的猪牛栏、公共厕所使用率不高，也影响村庄环境。村镇之间环卫设施建设缺乏关联性和连续性。

通过对村镇空间物质要素的现状分析，总结出：整体空间布局不均、建筑形态破碎拼贴和基础设施层次割裂的现状特征，由这三大空间物质要素构成的村镇空间形态建设差距明显。只有解决中心村与城镇建设相互分离的现状问题是本研究的目的，才能适应新型城镇化提出的“城乡协调发展”的要求。

三、空间利益分配的现状

村镇之间除了空间物质形态差距明显以外，空间利益在村镇之间分配不均，同样导致村镇差距加大，利益作为无形的要素，看不见摸不着，利益是物质要素组成的动机，因此，需要透过物质要素来分析空间利益分配的现状特征。

村镇空间的生态环境、土地和产业资源在利用过程中蕴藏着巨大的利益，村镇空间就成了利益主体谋取利益的媒介。但是，由于空间生态资源的稀缺性，人们在资源丰富的空间内竞争而产生利益冲突。[①]

（一）生态空间利益冲突

> “古老的中国土地上，由于世代人的栖居、耕作，留存了丰富的乡土遗产景观，一条小溪、一座家山、一片圣林、一汪水池，都是一族、一村、一家人的精神寄托和认同，它们尽管不像官方的、皇家的历史遗产那样宏伟壮丽，也没有得到政府的保护……。”
>
> ——俞孔坚《回到土地》[②]

村镇的生态资源自然形成具有地域特色的乡土景观，大至“龙山”、“龙脉”，江河湖海，小至一石一木，一田一池，无不意味深长。但受到城镇化的冲击，城镇对乡村生态环境的破坏、生态资源的占用等现象使乡村的生态空间环境利益受损，保留下来的很多已是残貌。（图 1–15）

图 1–15：残貌

（来源：作者拍摄）

---

① 何子张：《城市规划中空间利益调控的政策分析》，东南大学出版社 2009 年版，第 91 页。

② 俞孔坚：《回到土地》，三联书店出版社 2009 年版，第 271 页。

城镇的工业发展破坏了村民集体所有的生态环境，工业效益和农民享受“宜居”的生态环境的权益发生冲突，厦坪镇内沿319国道布点的一些污染性的工业项目，如部分铜业、金属、鞋业布点在农村与城镇的交界处，工业废气、废水破坏了毛叶山村、坪里村和口前山村的空气、耕地和水资源等构成的自然生态环境。城镇旅游业的开发占用农民生态空间，导致政府利益与农民的生态利益冲突。如山田垅村南部大片农田被规划为葡萄种植园，作为乡村种植观光园和游客采摘园，本是提高村民收入的好机遇，但因种植区和村庄北部的畜养空间产生大量的污水，市政收集管网无法配套建设，导致大量污水未经处理直接排入水体，严重污染村庄的水质，对村庄部分生态环境造成严重影响。

（二）土地流转利益冲突

征地已经成为城乡接合部农民利益流失最严重的部分，补偿费的标准相对较低，无法满足各项社会保障的需要。村庄土地属于村民集体的领域性空间，因厦坪镇实施征地开发、征地拆迁、铁路、高速公路建设而失地的农民无地安置，引起系列问题，如困难群体在就业、子女上学和住房等方面的问题，农民的空间利益受损。

菖蒲古村被列为厦坪镇最重要的红色文化旅游景点之一，以果蔬采摘、民俗体验、特色餐饮为主体的乡村旅游服务基地。商业的介入，占用了菖蒲古村中心组团这片承载传统庐陵建筑文化的土地，将其开发为旅游观光点。村民批地建房的利益与旅游开发的利益发生冲突，结果村庄仍处于比较落后的居住状态，村镇建设差距的逐步加大。

（三）产业空间利益冲突

随着城镇的产业化的发展，在政府和开发商对产业经济利益的追逐下，村庄的生态资源被占用、土地被征用，产业深入农村内部占有空间资源而获得的经济利益指向政府的多于村民的，利益在村镇空间分配不均。生态破坏后村民没有资金投入治理，土地征用没有合理经济补偿，农民获益又少，进一步拉大了村镇经济差距。此现象在井冈山各村镇普遍存在，如菖蒲村利用旧有的住宅，规划为旅游餐饮建筑，引导游客在此地旅游用餐，拓展了菖蒲镇的休闲空间（图1–16），为城镇带来更多的经济利益，村民经济利益补偿在经济利益的包围下是否会被漠视？

图 1–16：休闲餐饮空间

（来源：作者拍摄）

村镇空间投入资金和劳动力后获得了利益，而中心村内村民的公共利益受损，甚至是阻碍其发展，最后导致利益在村镇空间分配不均匀，村镇空间在利益分配方面形成两极分化的局面，利益差距越拉越大。

综上所述，厦坪镇村镇在物质形态方面，存在整体空间布局散乱、建筑形态破碎拼贴、基础设施层次割裂的现状；在利益空间方面，村镇生态空间、土地流转和产业空间利益分配不均的现状。这些问题实际上是村镇二元分离格局形成的表象，将导致“村”与“镇”之间的发展差距逐步拉大，催促我们亟须构建一种空间形态协调、利益分配均匀、发展步伐同步、联系紧密的村镇格局，即联合互动的村镇空间。

因此，村镇空间规划的核心就是“村镇联动建设规划”，在城镇和中心村之间形成双向联动关系，下文将从空间形态和空间利益两方面去探讨村镇联动建设规划的具体策略。

第二章 村镇空间形态联动建设规划

第一节 空间布局的协调

分散大城市的提倡者伊利尔·沙里宁提出“有机疏散”的规划思想。他认为城市作为一个有机体，必然存在着生长与衰败的两种趋向，因此，应重组城市空间功能，通过空间功能的“有机疏散”以消除城市矛盾。①

村镇空间在发展过程中同样经历生长与衰败，在空间布局上体现为空间的增长和空间空废化，厦坪镇空间以 319 国道为轴线向两侧的村庄扩张，但是周边的厦坪村空间建设薄弱，导致村镇不均衡，城镇区域拥挤（图 2–1），中心村荒废（图 2–2）。这种空间散乱现象不仅限制了厦坪镇、中心村自身的发展，也导致村镇空间分离化，差距化，不利于村镇稳定发展。因此，需要通过重组村镇空间入手，以缓解村镇之间的差距和矛盾。

图 2–1：拥堵的城镇

（来源：作者拍摄）

① 伊利尔·沙里宁著，顾启源译:《城市—它的成长、衰败与未来》，中国建筑工业出版社 1986 年版，第 23 页。

图 2–2：荒废的中心村

（来源：作者拍摄）

一、由镇到村的空间疏散

从厦坪镇整体空间形态可知，它由城镇和五个行政村沿国道布局而成，以及“一城带两镇”示范区城乡一体化规划的实施，可知城镇逐步向中心村疏散的核心是厦坪镇，目标点是周边的各行政村，疏散轴线为 319 国道，通过构建疏散框架来协调村镇的空间布局。

疏散的核心：因为城镇是政治、文化、经济中心，是村庄物质、人流、信息集散枢纽，是旅游接待中心和客运转换枢纽，故将其定位疏散核心，是村镇联动发展的动力源泉，以带动周边中心村的发展，发挥规模优势，协调村镇联合互动发展。厦坪镇重点构建主次两级村镇疏散中心，主中心是城镇，位于厦坪组团内；次要中心规划在菖蒲行政村组团内，包括菖蒲古村和山田垅组形成的片区，需要承担市域旅游接待、服务和集散中心，旅游产品加工、示范中心等功能。两个片区形成的主次两级村镇疏散核心，各自要承担不同的功能，将疏散核心规划为厦坪镇的商贸中心、现代服务中心、现代物流中心、农副产品供应基地，以此逐步减弱村镇间不协调因素（图 2–3）。

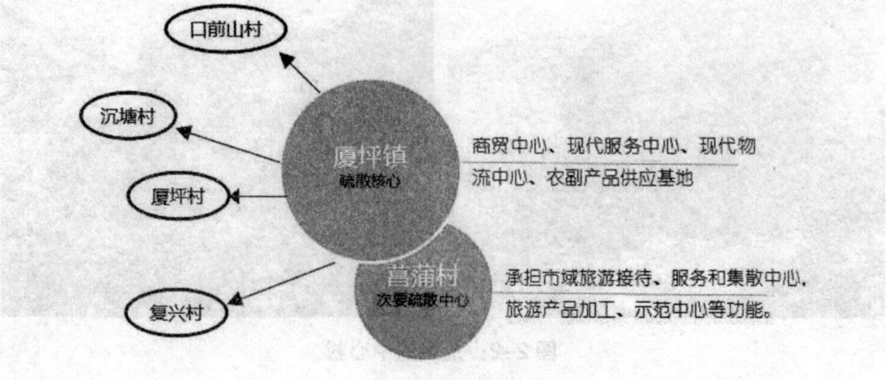

图 2–3：主次两级的疏散核心

（来源：作者绘制）

疏散的目标点：厦坪镇五个组团以厦坪镇为中心，以 319 国道为对称轴的村镇空间结构，在每个组团内以条件优势强、发展基础好、空间位置适宜的村镇联动点（中心村）为领头，聚集农村人口。首先完善组团的基础设施建设，道路交通、给排水等设施，以及组团公共服务设施的统筹，通过公平高效的设施建设来集聚农民。厦坪镇村镇重点发展现代农业和休闲旅游业，在传承和宣扬井冈山红色革命文化的同时，提升村镇环境质量，还可以解决农村剩余劳动力，为农业规模化生产提供有力的支撑，最终缓解村庄与城镇之间相互脱离的现状，使其关联互动、共同发展。

疏散的轴线：厦坪村厦坪组、毛叶山组和复兴村官路组三个精品示范点是重点建设对象，将这三个疏散点串点成带，但是对于厦坪镇，不能只停留在一城两镇城乡一体化规划内，把目标点关注在村镇这个更微观的层面，需要以 321 省道为轴线进行延续和拓展，由东至西串接起口前山、厦坪村、毛叶山村、官路村、菖蒲村，规划为新型城镇化的样板点和“美丽乡村景观带”，即疏散的轴线（图 2–4），以下是每个村镇联动示范点在保留特色的基础上形成关联互动的美丽乡村景观带。

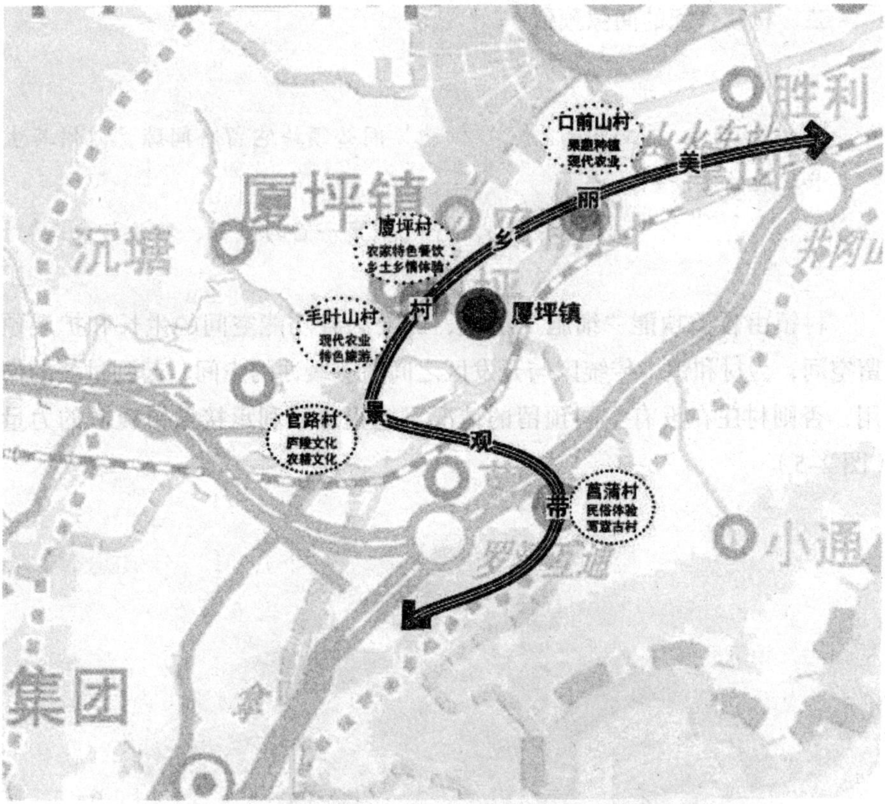

图 2-4：疏散的轴线

（来源：作者绘制）

“一核、一带、五组团”的村镇空间结构由点、线、面综合而成。首先，以厦坪镇城镇为核心向周边的口前山、厦坪村、毛叶山村、官路村、菖蒲村五个村镇联动点疏散。其次，以 319 国道为轴线串联五个村镇联动点，形成美丽乡村景观带，串点成带后辐射到村镇五个组团内部，最终串联成片。达到村镇整体空间布局、建筑形态和基础设施在村镇区域内的串联成片，融洽共存的空间形态。

构建出“一核集聚、一带联动、五团协调”的空间疏散框架，将城镇的功能疏导至中心村，以缓解村镇在空间布局不均的现象，实现村镇空间布局协调发展。

二、村镇之间的间隙预留

“城市由‘细胞’组成，‘细胞’间必须给它留有间隙，以供其生长扩展的空间。”

——伊利尔·沙里宁《城市—它的成长、衰败与未来》①

村镇由各类功能“细胞”组成，需要为各功能空间的生长和扩展预留空间，为村和镇、传统区与开发区之间留有缓冲的空间，起到过渡的作用，否则村庄在没有空间预留的情况下它很难顺利承接城镇疏散的力量（图 2–5）。

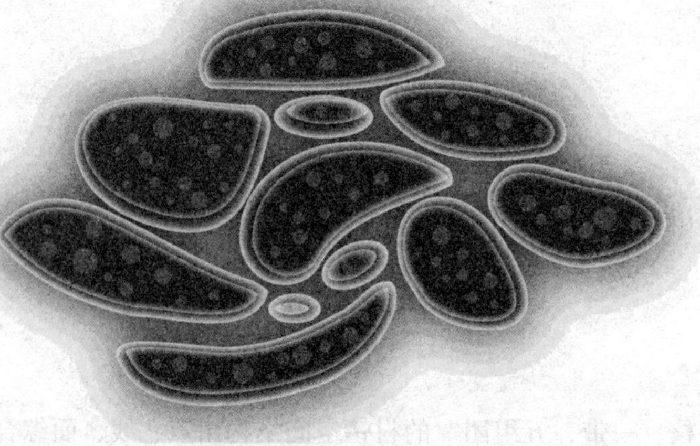

图 2–5：细胞生长预留空间

（图片来源于百度图片）

村内整合：中心村除了要满足村民居住功能外，还要满足游客休憩的功能，才能容纳城镇疏散的旅游休闲服务等功能，其规划较普通的基层村较为复杂。因此，居住空间需要规划农民住宅、设施和公共活动等功能区域；旅游空间需要满足村庄旅游产业发展的餐饮住宿、休闲娱乐、购物商

① 伊利尔·沙里宁著，顾启源译：《城市—它的成长、衰败与未来》，中国建筑工业出版社 1986 年版，第 73 页。

贸、游览设施等功能区域，每个区域都是一个微型的细胞。中心村居民点的建设，还是以聚落模式为先导，遵循一户一宅的原则，整理破旧的住宅和附属房、废弃的宅基地，尤其是空心村基地的整理，重新规划为集中的农民居住区，将村庄土地集约化建设，这是规划的前提，而非占用其他空置地。因中心村土地使用受限，为了到达旅游产业规模化，需要将部分宅基地置换为乡村旅游点建设用地，将厦坪村祠堂旁边旧宅规划为农家乐、茶楼，池塘和竹林（图 2-6）、区域规划为休闲竹林和垂钓台，村庄入口处的废弃合作社规划为特色市场、商业街等，完善村内旅游设施，使居民点和旅游点共融共存。

图 2-6：祠堂旁的池塘和竹林

（来源：作者绘制）

间隙预留：村镇之间预留间隙是为了控制村镇空间蔓延而规划的过渡缓冲空间，并规划为非建设用地，这段间隙主要包括村庄范围内的农林用地、水域、基本农田和一般农田等，[①] 规划的农林用地可用于农林业生产、保证生态环境不被破坏，种植当地树种如油茶树林、樟树林、竹林等；整理村内的水体，对池塘、河流和水渠的驳岸处理、水质净化等；基本农田规划为农业种植、绿化隔离和防护林；一般农田包括村庄零散的菜园地、鱼塘和基本农田以外的低产农田，对于这些一般农田在使用过程中要参照土地特性选择农业设施建设。

村镇、村落之间预留的非建设用地规划为能够满足村民使用和游客观

① 杨郑鑫：《韩城城市边缘区非城市建设用地研究》，《西安建筑科技大学城市规划与设计》2013 年版，第 19 页。

光、休闲、产业示范等功能空间，与整合的建设用地共同满足城镇疏散和中心村的接待功能，以供城镇空间的生长。

三、村内空间的分区管制

厦坪村内空间区域在使用过程中分区模糊，没有按照使用功能对区域进行划分，致使村内出现空间功能混乱的现象。仅通过划分好建设用地和非建设用地是不够的，需要深入到村镇空间内部，对不同区域实施不同的管制政策（图 2–7）。

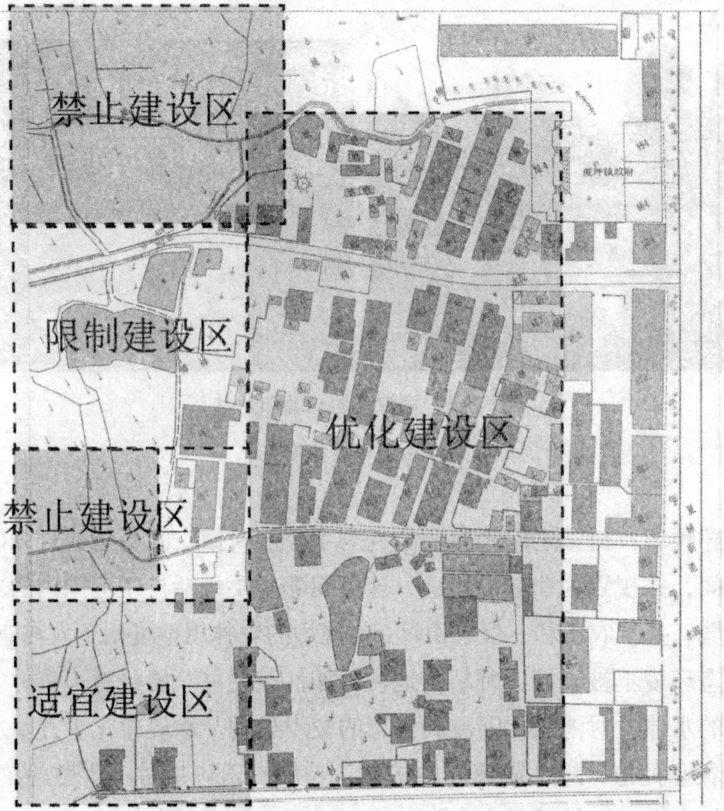

图 2–7：厦坪村空间区域划分

（来源：作者绘制）

（一）优化建设区

优化建设区是指规划时采取保留的区域，根据空间整体结构优化村内现状用地，统一建筑形态和风貌，完善村内交通体系和基础设施，并与城镇连接。淘汰或改造传统的建筑、设施，如厦坪村入口南侧的合作社、破旧祠堂、住宅、附属房等，存在利用的潜力，改善厦坪村内居住环境，规划成为宜居宜业宜游的现代化村镇示范点，提升土地集约利用程度。

规划调整为非建设用地区：厦坪镇 319 国道穿过的区域需退让，10 米范围内禁止建设，其中包括村镇联动点口前山村、厦坪村、毛叶山村和官路村临近国道的新建、扩建、改建建筑，离道路红线 10 米范围内居民搬迁，中间设置景观隔离带（图 2-8）；菖蒲村是泰井高速和井睦高速公路的交叉地带，引导其沿线 50 米控制范围内居民搬迁；城区内 350 千伏高压走廊沿线 20 米范围、110 千伏高压走廊沿线 25 米范围内为非建设用地。

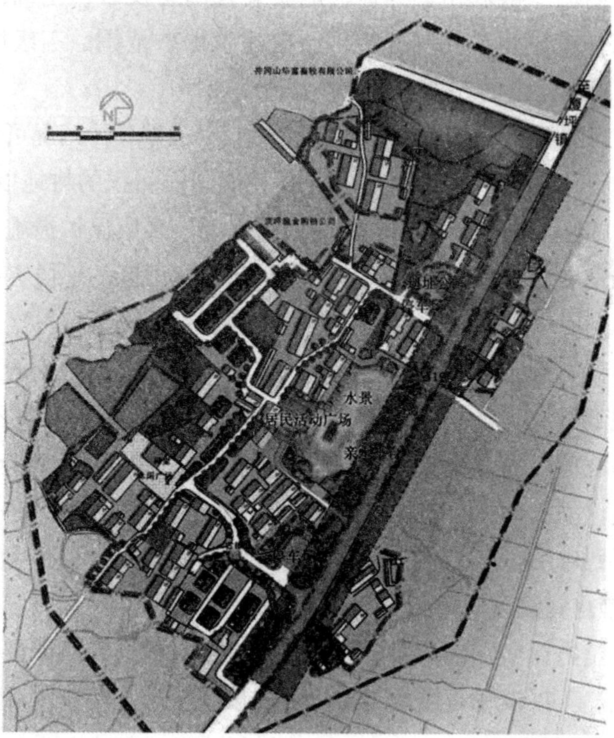

图 2-8：厦道路红线的控制

（来源：作者绘制）

（二）适宜建设区

由于村镇内空间开发使用不均，有的过度开发，有的尚未开发，严重影响了村镇空间发展的协调性。可将尚未开发但适合规划的区域，如荒地和空心村拆除后的区域，经土地整合后重新划定调整为适宜建设区，适宜建设区是井冈山市村镇规划的主要建设的区域。为了保证村庄居住的舒适性，规划设计首先考虑的是拆旧建新的方式，将村中心废弃的旧房拆除整理后划为新的建设区域。

在人多地少的中心村受地理区位的影响，集中建设区并不多，很多村民会为了霸占土地而先占用荒地建设，旧房不拆除导致土地浪费的现象十分普遍。在规划过程中应控制好适宜建设区域的规划步骤和开发强度，待整理后的区域建设饱和后再开发村庄的集中建设区域。

（三）限制建设区

对于村内的一般农田、林地、地质灾害高易发区，基础设施控制用地、文物保护单位建设控制地带、历史建筑保护范围、三级以下河道水面，应采取限制建设的方式，以控制其遭到破坏。

一般农田的保护没有基本农田那么严格，① 根据具体情况可以在经过审批后作为建设用地，但是占用部分需要补偿同样面积的耕地以达到平衡。在厦坪村内的林竹林、樟树林，在规划过程中应采取保护措施，在必要时可结合旅游发展合理布置配套服务设施。在偏远山区的地质灾害高易发区的村民迁移到安全的区域，政府基础设施的建设需要预留一定距离。厦坪镇的重点道路交通设施 319 国道、泰井高速，控制道路两侧的扩改建筑物后退国道规划红线宽度不得小于 10 米，后退高速公路的宽度不得小于 50 米。厦坪镇坑莆村的市级保护文物“红石雕像”，保护范围外各 30 米；厦坪村的市级保护文物“白虎岭墓群”，为山间野外控 60 米，在这个控制范围内不能规划建设。

（四）禁止建设区

对于村镇内饮用水以及保护区、基本农田、林地二级保护区、文物单位保护区域。不得设置与供水需要无关的设施，禁止污染水源的活动。厦

① 一般农田和基本农田：一般农田指规划为农业用地的后备资源，但也属于农田保护区，未来可根据需求变更为建设用地。基本农田分为长期不得占用的耕地和规划期内不得占用的耕地两种，前者是永久性耕地，后者在固定期限内必须保持稳定的耕地。

坪镇坑莆村的“红石雕像”四周30米和厦坪村的“白虎岭墓群”四周各30米，禁止开山林。

对厦坪镇整体空间布局应采取自上而下规划方式，从“空间疏散”到“间隙预留”到“分区管制”，重组村镇的空间过程，使村镇空间布局达到协调（图2–9）。

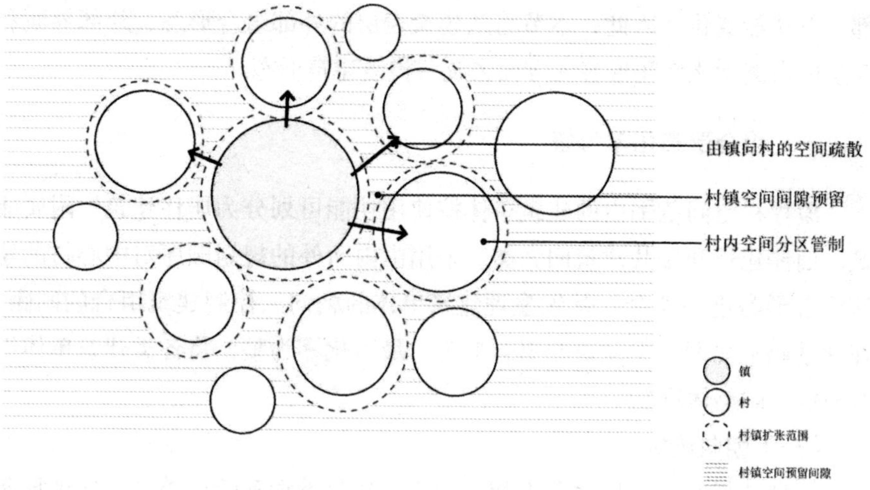

图2–9：空间布局协调

（来源：作者绘制）

第二节　建筑形态的统一

黑川纪章在他的著作《建筑中的新陈代谢》曾提出建筑与城市如同生物有机体一般，都会进行新陈代谢，传统的建筑方法已不能适应当代人对空间的需求，应该主动进行改变。[①] 规划区内的建筑仍然保留传统庐陵建筑风貌和功能，这显然不能满足当代村民的审美和实用需求，也无法满足城镇疏散而来的外来游客的需求。那么，建筑应怎么进行“新陈代谢”，方能适应城镇化的趋势？

① Kisho kurokawa. *Metabolism In Architecture*. Studio Vista.1977：P12.

"建筑产生于室内外功能和空间的交接之处"

——罗伯特·文丘里《建筑的复杂性与矛盾性》[①]

前文已从建筑的室内外空间和建筑体本身分析了厦坪村建筑形态特征，建筑外部——空间布局散乱、建筑体本身——整体风貌凌乱、建筑内部——功能老化。因此，本节将从建筑表层的外部组合形态、外部界面和深层的内部功能空间形态三方面去统一村镇建筑形态。

一、组合形态化零为整

厦坪村空间范围内的建筑单体按使用功能可划分为居住建筑、附属建筑、商住建筑和公共建筑四大类。采用由内而外的规划顺序对中心村的建筑组合形态进行整合。首先整理建筑单体的朝向、控制建筑组合的间距，在此基础上协调各类建筑的组合形态，最后化零为整，将各类建筑单体组合成统一的整体形态。

（一）朝向选择

厦坪镇村镇建筑均以东南朝向为主，建筑类型和朝向单一，在地形条件允许的情况下，新建建筑与老建筑区域朝向要保持协调（图 2–10），可以按组团的形式规划不同朝向，保证建筑朝向灵活性。居住建筑在厦坪村是村庄的核心，建筑朝向应整体保持协调；附属建筑乱搭建现象较为严重，应按照地形条件和整体朝向规划；商业建筑朝向要考虑总体建筑朝向和商业效率双重因素。

---

① 罗伯特·文丘里，周卜颐译：《建筑的复杂性与矛盾性》，知识产权出版社 2006 年版，第 86 页。

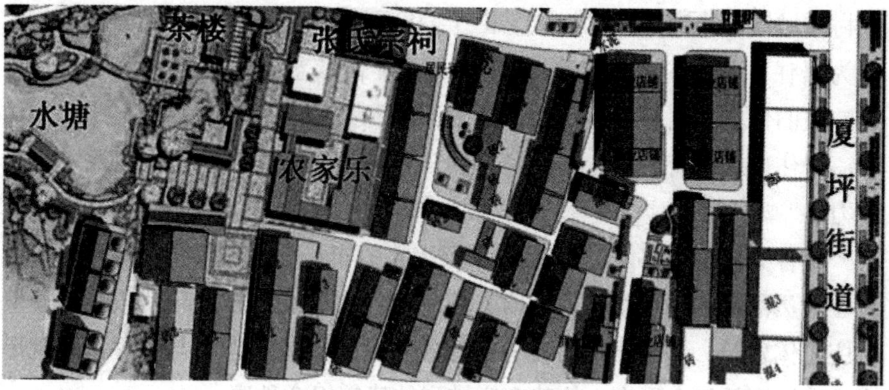

图 2-10：建筑单体朝向

（来源：作者绘制）

（二）间距控制

首先，居住建筑组合的间距分旧房改造和新建两种，旧房改造建筑间距不宜小于南侧建房高度的 0.7–0.9 倍；新建建筑间距不宜小于南侧建房高度的 0.9–1.1 倍，山墙之间的距离不得小于 4 米。其次，附属建筑分组团、分区域整体规划，附属房间距不宜小于南侧的建房高度 4–5 米。最后，每排商住建筑的间距要满足商业人流、物流、防火、卫生、光照间距的需求，间距不宜小于南侧建筑高度的 1.1 倍，山墙之间的距离不得小于 6 米。

（三）形态规整

居住建筑以院落较小或者无院落的单体式为单元，建筑单体组合规划为独栋式和双拼式，保持各自的建筑的独立性、隐蔽性，并呈“一”字型横向排列。

附属建筑与居住建筑混杂存在，破坏居住空间形态，建议重新划定村庄集体附属用房建设用地，按地形特征和整体建筑朝向将附属房规划成为“联排式”的形态，布局在远离住宅的区域，既可以节省空间，也可改善附属房区域的环境。

商业建筑规划在农贸市场的商业区，与厦坪商业街道形成衔接，厦坪村和城镇形成商业互动模式。由于商业需求，商业建筑底层为店铺，上层为居住空间，每个建筑单体组合成联排式形态，呈“一”字型横向排列。破旧住宅和附属房拆旧建新为农家乐和茶楼等商业建筑，与北侧的祠堂、居住建筑保持较宽松的距离，为该村整体建筑组合形态重新注入了新活力。

将各类建筑形态（图 2-11）按照道路的布局分组团组合，也可以按照村庄人员活动的动线绕节点组合，厦坪村三大节点形成的环状景观带集聚村庄总体建筑，呈现出组合整齐、建筑密度均匀的形态，与厦坪镇建筑形成整体协调的组合形态，构建有序排列的建筑组合秩序。

图 2-11：居住建筑、附属建筑和商业建筑的组合形态

（来源：作者绘制）

二、外部界面古今融合

庐陵建筑[①]风貌以马头墙、门窗、墙面为媒介，通过建筑外部材料、色彩、装饰等要素得以表达，但受城镇化综合因素影响，出现古今两个时代的形态混合，与厦坪镇村镇整体风貌不相融。

厦坪村的建筑形态既要能够融合于城镇现代建筑风貌，又能保留村庄自身特色，强调古今之间的协调与对话，保证村镇建筑彼此的连续性。

（一）墙体

马头墙本是为木构架建筑封锁火势、抵御暴风而设计的功能墙面，现如今，其装饰意味已胜过使用功能，两侧马头墙的数量根据建筑进深而定，一般是每侧墙面四个，提炼传统建筑形态弯曲的马头墙等细节元素，运用到扩建改建建筑中，材料使用青砖和黛瓦，马头墙与斜坡屋顶相互穿插组成的形态成为庐陵建筑的重要标志，标志性的公共建筑须强化。

新建建筑的墙面以青砖叠砌成当地常用的两种形态（图 2–12），扩改建筑的墙面应以立面清洗或材料翻新为主，墙面材料使用青色的涂料并勾白线。墙面建造可参考传统庐陵建筑的墙体形态，按照不同材料、工艺可以分为砖墙、松墙、碎石墙三类（图 2–13）：

图 2–12：新建建筑墙面叠砌参考样式

（来源：作者拍摄）

① 庐陵风格：庐陵是旧区划名，秦始皇郡分天下时设立的庐陵县，今吉安市，庐陵文化的人文故郡，庐陵风格建筑以“青砖黛瓦马头墙，飞檐翘角坡屋顶”为特色，广受青睐。

图 2-13：改造建筑砖墙、松墙、碎石墙的参考图
（来源：作者拍摄）

砖墙是最常见的墙体，形态整齐古朴，可用于历史建筑墙体的修复，当地俗称“金包银”，[①] 外层的青砖具备承重、防风雪雨雹的功能，青砖包裹着的土坯层除了具有黏结内外墙的功能之外，还有保温、隔音防噪、防潮的功能。松墙是以碎石砌筑泥土黏合的方式砌筑墙体，与整齐排布的砖墙形态不同，有其独特的形式美感，在新建的茶楼或农家乐等公共建筑的下部分墙体可以使用这种形态，以突出于其余居住建筑。上下逆向倾斜拼接的碎石墙形态在该村古建筑最为常见，厦坪村健身广场南面的文化墙可采用碎石墙，达到墙体稳固性的原则之外，还具有强烈的美感，采用的碎石材料同样是来源于当地的山体，以小块的鹅卵石居多，拼贴成不同形态。

（二）门窗

庐陵建筑侧墙面本无窗户，只在二楼开设很小的窗洞，是为了满足村民和游客居住对光线和空气的需求，在新建建筑侧面开设的矩形窗户，前后墙面开设窗户和门，正墙面的窗户可设计成圆拱形突出正墙面，窗框饰白色石灰，门窗栏杆等构件以木材为宜。

---

① 金包银：“金”指外墙和内墙叠砌的青砖，因其硬度较大，并且有金砖富贵之意，故用金来形容，“银”指内外层的青砖之间填充的泥土层，因其硬度，如同银质般柔软。

该村居住建筑是“一明两暗”的平面形式，大门形态是内凹的矩形门框，主要由石门槛、石墩、木门襟组成，新建建筑的大门可参考这种形态（图 2–14）。旧有建筑的窗户可将改造或修复为砖窗、木窗和石窗三种（图 2–15），砖窗指窗户轮廓以砖块拼接而成方形、拱形形态，建议使用在居住建筑的改造和修复上；木窗由横竖各两块与墙体厚度一致的木块围合而成，以木条横竖穿插窗栏构成的框架形态，窗内部安装木制窗门。石窗分为青石窗和红石窗，呈方形，可以设计成扇形、圆形、海棠形等形状，强化其装饰意味。

图 2–14：新建建筑门框形态的参考图

（来源：作者拍摄）

图 2–15：旧、改建筑窗户形态的参考图

（来源：作者拍摄）

三、内部功能承村接镇

厦坪村建筑现状内部空间形态所反映的使用功能主要满足村民的生产和生活紧密相连，具有明显的栖居气息，与城镇建筑内部空间形态以及背后的使用功能相脱离。居住建筑是城镇最基本的组成元素，它不仅表现出居住功能，还表现出部分增值功能，如商业、休闲功能等。[①] 因此，在集文化和休闲度假旅游相结合的城镇化需求下，对建筑内部空间形态的设计提出了新的需求。建筑空间形态的营造，既要尊重、继承当地建筑内部空间形态以满足村民使用功能，也要针对游客的功能需求，与城镇建筑的内部形态形成一种相互衔接的关系，以满足城镇来往的游客住宿、餐饮和游憩等需要，逐渐向“宜居宜业宜游”功能转变。

（一）宜居建筑

中心村的民居内部空间至少是两层，村庄中心组团的传统建筑一楼为主要居住空间，二楼为储藏空间，长期堆积物品，加之楼板为木材，容易引发虫类和鼠类蜗居。

将一楼整理后更新为符合现代居住方式的集会客厅、厨房、卫生间、老人起居室等于一体的功能空间，利用当地特色的斜坡屋顶将二楼空间重新装饰后，更新为自家居住或游客住宿功能的小阁楼空间，上下层的功能更新需要对地面、墙面和顶面进行防潮、隔热、采光设施进行完善。厦坪村北组团和南组团的新建建筑同样坚持建筑多层发展，一般以两至三层为主，不宜超过四层，内部空间布局向城镇靠齐，根据建筑的区位特征规划为商住功能或居住功能空间。

厦坪村宅基地紧张，部分居住建筑和厨房、卫生间、杂物间等附属用房围合成很大的宅院，虽然有利于农民的日常生活和作业，但是造成土地浪费。建议将其规划到居住建筑内部，杂物房和猪牛栏集体规划，将空间合并到住宅一楼，二楼为起居空间，实现“三分离”；将部分小而散居住建筑空间进行合并形成大空间，有些传统居住空间“两暗”空间分割后体量过小，建议打通后合二为一。除了大空间合并，还可对小空间进行分割，尤其是传统居住建筑二楼隔墙较少，规划时应该分割为体量适合起居

---

① Martin Heidegger.*building dwelling Thinking in poetry lanuage Though*. Harper and row, 1971, P68.

的空间，一楼对称式空间要分割出厨房和卫生间空间。

（二）宜业建筑

厦坪村入口处联排式商业建筑的宅基地形态呈长方形形态，内部空间有限，只能在纵向分割空间，使商住分离，这类商住建筑空间布局略带挑战。建议将商住空间分离，首层规划为商业空间，可根据商业需求进行适当分割，如分割出小型储藏室、接待室、卫生间等；二层按照朝向规划为集厨房、卫生间、餐厅、会客厅、长辈房于一体的纵向功能空间；三层是住户的主要的起居空间，可根据住户需求设置书房或阳台；四层是斜坡屋顶的阁楼空间，预留出家庭晾晒和休闲阳台。

大部分的商住建筑只考虑空间分割，而忽视了“长方形盒子”采光受限，只能接收到前后两侧的光线，中间部分成为“暗房”，空间设计时将楼梯布局在正房的旁边，并将楼梯顶部屋顶设计为天井式或用透明瓦片代替原来的黛瓦，中间开间靠近楼梯的墙面可开设窗户用以采光。合理的商住建筑内部空间形态的规划才能使村庄商业效益提升，与厦坪镇商业建筑空间形态和功能对接。

（三）宜游建筑

室内外空间融合：厦坪村现状没有宜游建筑，在祠堂周围的废弃住宅可改造为农家乐或茶楼等供游客游憩的建筑，通过灰空间的构筑与室外的竹林、鱼塘景观共同形成的室内外融合的“宜游”空间，是该村游览的主要节点。该类型建筑需与室外自然景观相结合，将内部餐饮、休憩空间通过灰空间的过度延伸至室外，形成体验式的游憩空间，在建筑外围设置休闲廊道、庭院（图 2–16）等方式延伸室内空间，客流不多时可作为村民内部休闲活动空间。

对于保存较好、有风貌特色建筑修旧为新，只进行适当的修缮，如更换内部空间老化的材料和设施，更新传统的功能，发挥其旧有价值的同时赋予建筑宜游功能，具备承担城镇的接待功能，比新建的宜游建筑更具魅力，可将旧建筑修缮为特色餐馆、旅馆、茶馆建筑等。厦坪村宜游建筑内部空间不仅满足游客使用，在旅游淡季时同样是村民使用空间，主宾共用，提升了建筑内部空间的使用率。如茶馆可以作为厦坪镇茶叶生产和加工技术培训基地，农家乐在淡季时期可以作为村民办红白喜丧设宴基地。

图 2-16：室外的休闲庭院、廊道

（来源：作者拍摄）

更新村内各类建筑的内部功能以对接城镇疏散给中心村的功能要求（图 2-17），即提升了村内建设，也缓解了城镇压力。

宜居建筑

三楼：游客住房、杂物堆放室

二楼：农户起居室

一楼：会客厅、厨房、卫生间、老人房

宜业建筑

四楼：晾晒区、休闲阳台

三楼：商户的主要起居室

二楼：厨房、卫生间、餐厅、会客厅、长辈房

一楼：商品陈列、接待室、储藏室、卫生间

宜游建筑

建筑内部：接待区、会客区

灰空间：通行、休闲的风雨连廊

宅院：游客休闲活动区、观景台

图 2-17：各类建筑及内部空间功能

（来源：作者拍摄）

中心村建筑的组合形态、外部界面和内部功能的统一，使整个街景立面形成错落有致的形态，有利于吸引游客体验厦坪镇庐陵文化，建筑形态的统一促进村镇旅游业的发展。

第三节　基础设施的对接

村镇之间基础设施层次割裂，缺乏关联性和连续性。从村镇整体布局考虑，基础设施在村庄的空间布局与村镇的空间布局相对应，两者相互制约相互促进。因此，规划由城镇向农村延伸，覆盖村镇的“路网”“水网”“环卫网”的基础设施是村镇联动建设规划的必要内容。

一、路线疏导

层次割裂的道路交通现状若得不到疏导，不仅有碍于村庄内部的交通，村内与外界的交流也会受阻。为实现厦坪镇“宜居宜业宜游”的规划定位图标，本书拟从宜居的村民日常出行道路、宜业的产业连接道路、宜游的慢行游憩生态绿道三方面来探讨厦坪村道路规划。

（一）村民日常出行道路

村镇之间道路系统规划不平衡，厦坪镇主干道途经八面山大道和井冈山大道，只是便于游客和居民的境内外交通，中心村道路无法与城镇道路连成系统。依照合理的路网密度和道路间距规划村庄内部的日常出行道路，并与城镇道路相衔接，在此基础上分组团增加乡村公交车的数量，各组团路线设计满足各村村民出行要求。

乡村村民日常出行道路按照主次关系可规划为村镇主干道、乡村干路和乡村支路三类（图 2–18）。厦坪村的干路依旧是北侧的入村主道路，是厦坪村连接沉塘村和城镇的乡村干路，但是路面需要修整和拓宽。规划以乡村公共、小汽车、电瓶车、自行车和小型运输车的行驶为主，道路红线控制在 7–8 米；将厦坪村的支路规划为鱼骨状，便于交通可达性，因为这是村民使用频率最高的道路系统，以步行、自行车和电瓶车的行驶为主，道路红线控制在 4–6 米。

图 2–18：村镇主干道、乡村干路和乡村支路

（来源：作者拍摄）

（二）产业连接道路

厦坪村内的产业资源丰富，村镇经济关系日趋紧密，跨越村镇的生产功能逐步增强。但是，村镇之间道路系统规划不平衡，忽略了资源优厚的基层村，导致村镇产业链的上下游环节对接不上。通过产业连接道路的规划便于村镇产业链上下游环节之间的物质、人员和信息的互动，协助以农业为主的产业链在村镇形成，以促进产业链上下游的交流。将产业连接道路划分为村镇间道路、村内道路。

村镇间的乡村主干道可规划为产业原料和产品运输的主要道路，与村民日常出行道路功能复合，如将厦坪村入村主干道规划为连接城镇和沉塘村的产业联系道路。也可按需求将生活和生产道路区分开，如将山田垅村西侧的葡萄种植园与居住区的道路区分开，使居住区、乡村公路、产业种植、畜禽养殖区等区域分开，以货运车、乡村公交、小汽车、摩托车、电瓶车、自行车的行驶为主，规划为平坦较宽阔的水泥道路，红线范围在7–9 米，方便一辆小汽车和一辆货运车会车的宽度。

村内道路是村内产业区主干道和支路，农户生产使用较频繁的是产业区主干道，规划为 2–3 米的水泥路，满足农业车辆的通行；产业区内道路是产业区支路，使用对象为步行农户，路宽度 1–2 米，采用素土夯实或碎石路面，满足生产、加工和收获农产品等活动需要的宽度。

产业交通设施也要相应配置，以便产品在村镇的中转和储存，如在山田垅村的葡萄种植园的南侧设置雨篷式产业车辆停靠点和产品储藏仓库，与村庄出行道路和村庄的其他车辆停靠点保持一定的距安全离以防交通相互干扰，也便于农业原料和产品的装卸，也避让了北侧临拿山河的滨河游憩绿道；基层村的产业种植区和畜养区的停靠点设置在组团入口处，村庄规模较大的应该另外设置产业专用的停靠点，便于村民将生产的产品运输至下游产业基地加工。通过路侧行道树的高度和层次设计、清晰的路标设计、绿化隔离带的规划保证产业运输及装卸的安全性，防止车辆噪音和灰尘对村民的影响，尽量保留乡村田园风景。

（三）慢行游憩生态绿道

通过构建通达性好、环境优美的生态绿道（图 2–19），完善厦坪村观光旅游路线，为旅游深入乡村提供条件，同时也丰富了居民的日常活动，因此，应将慢行游憩交通作为村镇整体交通体系的重要内容。[①]

---

① 温碧莉：《浅谈游憩视角下旅游城市慢行系统规划——以桂林市为例》，《广西城镇建设》，2012 年第 8 期。

图 2–19：慢行游憩生态绿道

（来源：作者拍摄）

厦坪镇规划区内的慢行游憩生态绿道以写意古村和欢乐农家为主，写意古村的“菖蒲古村—葡萄园—旗杆石—惜字炉—白虎岭墓群”慢行路线，欢乐农家以官路村为中心的“红石雕像—红米酒作坊—厦坪农家乐”慢行路线等，沿途将厦坪镇的旅游景点、中心村和乡村田园自然风光引入，以自行车和步行为主，通过慢行游览线串联各服务中心和景观点，进而形成完整的慢行体系。

村镇慢行路线结合村镇主干道布局在两侧，为了方便游客原地换车，电瓶车和自行车的起讫点、自行车的租赁点、寄存点与公交车和客运班车的停靠点结合设置，临近乡村游览点较近的区域，可将慢行绿道延伸至乡村内部，串联村庄内部的游览节点，为游客和村民提供运动、散步的场所。拓宽现有的村镇道路，增设健身步道，路侧配置本土特色的植物景观树，常见的有桃树、李树、桂花、竹子树等植物，健身步道种植本土行道树，灌木以藤蔓类蔬菜种植，如南瓜、丝瓜、苦瓜等，使游客感受异于城市的乡土景观。

中心村的道路是连接农村和城镇的交通联系，实现村民共享基础设施成果；实现村镇产业互动，为村民产品原料和生产加工提供运输条件；实现乡村旅游点的串联，为游客提供便捷的游览路线，各类道路串联功能空间（图 2–20），实现村镇呈“井”字型块状发展、相互衔接、协调发展。

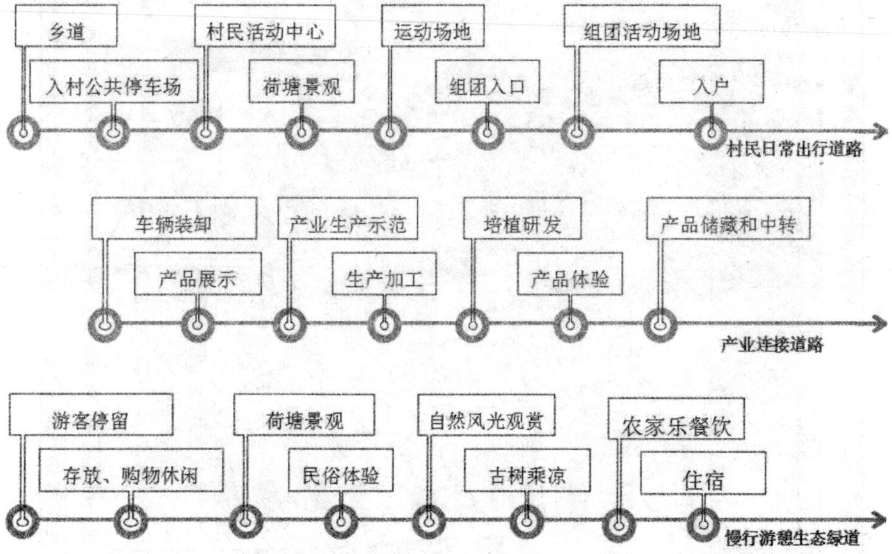

图 2-20：各类道路串联的功能空间

（来源：作者绘制）

（二）水网延伸

厦坪村给排水设施现状较分散，未与市管网相衔接，结合现有规划，近、远期兼顾，在充分利用现有给排水设施的基础上，将市管网延伸至中心村，使给排水管网尽可能连成网状（图 2-21）。下面从给水、雨水和污水三方面展开村镇给排水管网设施的规划。

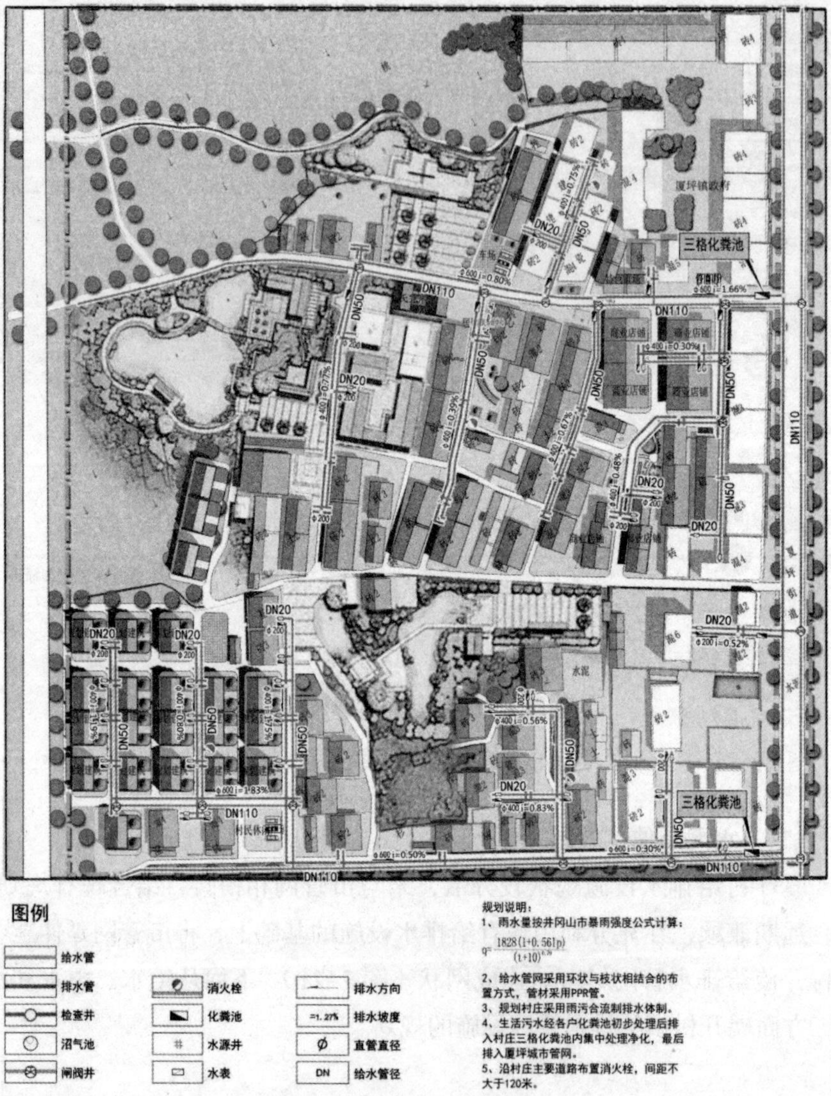

图 2-21：厦坪村网状给水排水图

（来源：作者绘制）

给水：中心城区水源以足山水库和罗浮水库水及山泉水为水源，厦坪镇属于中心城区范围，因此，北侧由足山水库供给，南侧由罗浮水库供给，厦坪村处于北侧，且处于国道旁，由足山水库供给，采取与城市管网联网供水的方式。不在水库辐射范围内的偏远基层村由地下水或山泉水供给，[1] 并沿厦坪村内的主干道边缘的人行道或绿化带敷设，给水管网尽量连接成环状，方便新城区管网就近接入给水管。村内水河、湖、塘众多，可在村庄北侧水塘旁设 1 个消防取水码头，同时考虑充分利用各水塘作为村庄的消防用水；在消防设施方面，根据实际情况，消防栓作为后期规划每 25 户设置一个消防栓，在公共活动场所配置灭火器。

雨水：基于厦坪镇以及周边较集中的村庄居住密度较高，故宜采用雨污分流制排水体制，管网与新城区总管道相连，沿规划道路敷设，按村镇现有地形条件排入城市管网中，收集后排入周边自然水体拿山河中；较分散的村庄结合实际情况采用雨污合流的排水体制，高水高排，低水低排，雨水管渠也沿规划道路敷设，按村镇现有地形条件和自然沟渠就近排入自然水体中，既能预防山体洪水灾害的发生，还能调节村镇微气候。

污水：厦坪村污水排放无序，修建的沟渠已废弃，将其整修并充分利用，保留新城区现状污水管道以及沿拿山河北岸敷设的污水主干管，厦坪村的雨污分流经过城市管网排入新城区污水处理厂进行处理，污水管尽量顺应道路坡度埋设，减小管道埋深。村内不同区域的污水处理方式各异，污水处理方式以污水处理厂、生态湿地处理相结合。

厦坪镇村的生活污水集中流入新城区污水处理厂处理，处理后的污水必须符合标准后排入拿山河，含有特殊污染物的工业污水和医疗污水必须经治理才能排入井冈山市政污水管道。部分区域采取生态湿地处理，如村内西侧的居民生活污水可经过各户三格化粪池处理后排入西南侧地势较低且水系较丰富的生态湿地，用于农田、产业种植区的灌溉，湿地内采用挺水植物潜流式系统，对其进行再次过滤处理，最后排入自然水系中，以保护水体。

三、环卫跟进

厦坪镇村镇环卫设施层次不一，城镇环卫设施的配置水平高于村庄，种类也较齐全，中心村和基层村配置等级较低，环卫设施得不到统一建设和管理，与城镇环境呈两极分化的局面，厦坪村规划区内零散建有私人旱

[1] 《井冈山市“一城两镇”示范区城乡一体化规划》，江西省城乡规划设计研究院 2012 年版，第 41—43 页。

厕和牛棚，存在粪便清理不及时，垃圾乱扔现象，污染环境，危害健康。因此，从村庄的改厕和垃圾处理两方面的环卫跟进以提升村庄环境卫生。

通过农村改水改厕，拆除北组团西侧散建的旱厕，鼓励各户在屋内自建厕所，商业建筑和公共建筑也尽量规划在建筑内部。并引导村民建造沼气池设施，将污水和人畜粪便引入沼气池，使之无害化、资源化，粪池宜与沼气发酵池结合建造。拆除现有的牛棚猪栏，统一规划在居住区的外围，或逐步发展机械化种植，以农机代替耕牛，进一步改善农村环境卫生面貌。

垃圾点的布局：厦坪村居民点被道路分割成三个组团，垃圾收集池的布局沿道路分组团布局，只是布局的方式不同，垃圾池的布局应考虑以下几点：第一，在祠堂、农家乐、健身中心、商业街道等公共场所处应沿道路设置较小的垃圾筒，将垃圾隐蔽在桶内，起到美化厦坪村乡村风貌；第二，以村庄环境为前提，规划在不影响村庄的水域、空气和风貌的位置，尽量避开各组团的水塘、村庄风口处、夏季主导风向的上风向处以及景观节点等位置，若实在有必要可通过植物遮蔽；第三，垃圾池的规划要基本满足 200 米组团范围内住户需求的情况下沿道路布局，以便环卫员收集，并运输至城镇处理。

垃圾的分类处理：各户自行将生活垃圾粗分为四大类：一是金属、塑料、玻璃、纸张等可回收垃圾作为再生资源回收利用，村民可自行积累后卖掉；二是有害垃圾，如对环境有毒害的废旧电池、农药瓶以及不可降解的塑料袋等归类为收集后处理的垃圾；三是可自行堆肥的厨卫垃圾、农作物秸秆、植物枝叶等可焚烧和堆肥垃圾，部分果蔬种植户可以生态自行堆肥，或者直接还田，不污染环境的前提下可焚烧；四是砖石、沙土等惰性垃圾，就地处理，如填埋或道路整修和建筑填土等。

厦坪村的环卫设施和村庄空间规划一致，分城镇、中心村和基层村上中下三个层次进行垃圾中转。首先，按照“户粗分、村收集、镇转运、市处理”[①] 的上下层次的垃圾收集和处理体系，各户村民按照以上四类垃圾进行粗分，鼓励村民利用有机垃圾作为有机肥料，逐步实现有机垃圾资源化。

① 高庆标，徐艳萍：《农村生活垃圾分类及综合利用》，《中国资源综合利用》，2011 年第 9 期。

第三章　村镇空间利益协调的实现路径

空间利益要素是村镇空间形态形成的内在动力，村镇规划只停留在表象的物质要素上是不够的，需要深入到空间内部的利益要素，空间利益在村镇之间分配不均导致中心村和城镇的空间形态也随之发生变化，村镇空间利益差距也随之加大，形成村镇空间两极分化的格局，这是空间利益分配不均展现出来的面貌，具体通过村镇生态空间、土地流转、产业空间三大物质形态表现出来，加之，规划是利益协调的有效手段。因此，需要从这三大空间物质形态的规划以协调村镇空间利益。

第一节　生态环境的利益权衡

"地球生态系统的这一浩劫过程，其速度究竟有多快，规模究竟有多大，以及何时能停止，完全取决于城市规划和设计的效果。"

——理查德·瑞吉斯特《生态城市－重建与自然平衡的城市》①

在城镇化的影响下，乡村生态环境不断恶化，资源不断消耗，削减乡村建设资本，利益受损，需要通过生态空间的规划去权衡村镇生态环境的利益冲突问题，既能维护村镇生态环境，亦可使空间利益在中心村和城镇达到平衡。

① Richard Register. Ecocities: *Rebuilding Cities in Balance with Nature* (*Revised Edition*). New Society Publishers, inc, 2006. P17.

一、生态控制

人口密集的城镇区域生态环境破坏现象比农村严重，如工业废气、污水的随意排放，生活垃圾任意处理行为都将严重污染周边村庄的空气、土壤和水质，损害周边农民的生态利益。城镇化过程中生态环境污染现象普遍存在，规划以生态控制的方式为主，控制的对象包括居民、商户和入驻企业，控制内容主要包括居民生活和企业工业的生态污染。

居民自身的生态污染来源于生活废弃物的随意扔放，对此制定相应的控制标准。首先，完善城镇生态保护制度，主要包括生活垃圾处理、给排水设施、景观绿化的规划标准，控制生态资源如水、土、空气的消耗和污染，对违规者采取相应的处罚条例，所谓无规矩不成方圆。然后，通过生态宣传去控制和引导居住者的生活习惯，最直接的方式是在周边的中心村建设生态农村示范点，引导村镇居民和农民建立生态意识，以意识控制居民主动保卫集体所有的生态资源；再结合生态设施的配置提升城镇的生态环境。

对入驻的企业，政府应该严格把控其污水和废气排放设施并制定排放标准，亦或由政府代建排污设施，在生态处理方面掌握主导权，安排部门定期检查；设定严格的生态门槛引导生态污染较低的企业入驻镇内，对生态副作用较大的入驻企业要慎重考虑。对已经造成生态污染的企业，需要建立相应的治理和规划措施，将果蔬种植、农业种植、树林等植物绿化以及河流湖泊等水体作为生态海绵组织，与企业在布局上的合理规划，自然绿化如同“海绵”[①]一般（图 3–1），在适应企业生态环境污染方面具有良好的弹性。

① 大自然具有海绵的特性，对雨水吸收、储存、净化作用，在需要时又能释放出来加以利用。而自然的绿化植也具有海绵吸收和释放的特性，吸收污染气体、污水，释放新鲜空气调节生态环境、区域气候的作用。

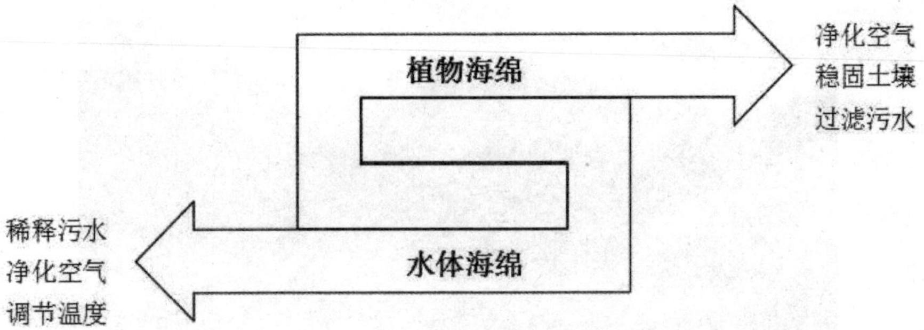

图 3–1：生态海绵组织

（来源：作者绘制）

二、生态修复

生态环境优美的农村成为利益主体聚焦、追逐的目标，于是对村庄的地形地貌、气候、土壤、水纹、动物等生态要素进行破坏、遗留残局无人收拾的现象并不少见。由此，村内被破坏的生态要素所形成的生态结构必须得到修复，这是生态利益权衡的首要举措，对生态物斑块以及生态廊道进行修复。

厦坪村内的生态斑块以植物群落、农田、水塘等形式出现，与居民住宅混杂并存。被工业生产破坏的生态斑块修复需要与居民点的规划协调统一，建设为密闭植物林、竹林、养殖等观赏性空间（图 3–2），以防止人为的破坏，成为居民点之间有机联系的生态空间。如莒蒲古村北侧的拿山河与环形池塘组成的区域，由水系、植物等生态要素聚集形成的生态斑块保存尚好，通过密闭植物的围合，营造的软景成为滨河公园与南侧居住区之间的天然屏风，与村庄主入口的开放空间形成"动""静"两区（图 3–3），即满足了村庄保护生态环境的权益，又提升了厦坪镇旅游产业发展的利益。

图 3–2：竹林、养殖等观赏空间

（来源：作者绘制）

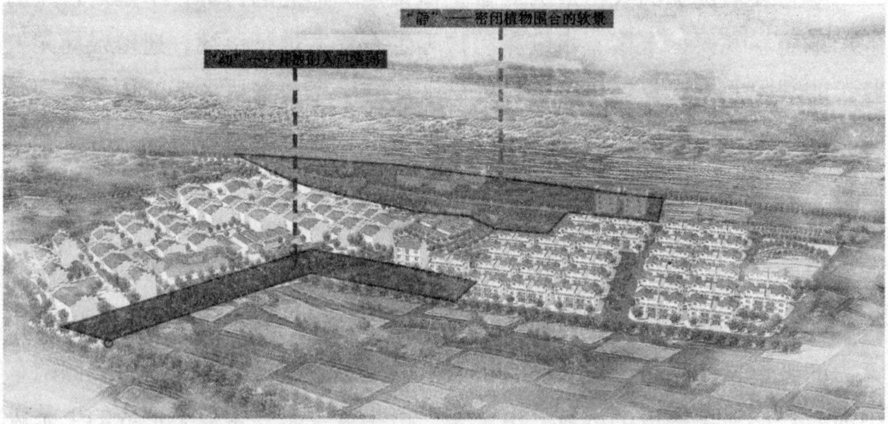

图 3–3：生态修复后形成对比的“动”“静”两区

（来源：作者绘制）

美国保护管理协会（Conservation Management Institute，USA）从生物保护的角度出发，认为生态廊道是供野生动物使用的条带状植被，促进两岸生物因素的交流和运动[①]，是动物流通的重要通道。因此，有必要修复

---

① Weckstrom J,korhola A.*Patterns in the distribution,composition and diversity of diatom assemblages in relation to ecoclimatic factors in Arctic Lap land*.Biogr,2001,28(1):31-45.

村内现有的生态要素构建一条围绕拿山河及其支流为主干的“河流生态廊道”，建立以水性植被为主的河堤防护林，供河内和河流两侧的动植物流通；沿村镇的主干道、村道以及两侧的绿化设置一条人工“道路生态廊道”[①]，两侧配置本地树种，在不破坏原始生态资源的基础上连接村镇断裂的景观片段，串点成带，保证河流和道路廊道的连通性，打开居民点与周边连接城镇的水系、绿地、山谷的连通性（图 3–4），形成村镇风道，保证气流顺着水系贯通到各村镇居住点。

图 3–4：居民点与周边连接城镇的水系、绿地的连通

（来源：作者绘制）

物种的延续需要保留其生长的生态环境，保持物种的繁衍性和流动性，就地建设自然保护区，修复各类被开采过的生态景观如山地、湿地、林地、水域，并保持各生态功能要素之间的连通性，如高速公路上应根据环境特征设置动物流通的通道，河流与湿地设置缓坡以利于动植物的扩散和基因交流，通过物质生态环境的修复，保证物种的多样性和持续性。

生态廊道的设置以修复村镇现有的生态要素为主，而不是大动干戈人为建造，通过生态廊道的设置串联村内分散布局的生态斑块，修复成生态健全的乡村景观，保证村民享受生态环境的利益，使之与城镇生态环境利益相权衡。

① 王纪斌：《生态型村庄规划理论与方法——以杭州市生态带区域为例》，浙江大学出版社 2011 年版，第 20 页。

三、生态协调

中心村是城镇和农村之间的过渡地带，村镇间的农田、山体或者河流等生态要素，在城镇和乡村双重破坏下产生了利益冲突，因此，以生态协调的方式去权衡城镇和农村的私人利益、公共利益之间的矛盾。

首先，部分旅游区的建设要占用农村的生态资源，关于这块区域的生态协调则需要让当地民众参与其中，鼓励村民回乡创业，一方面，可以监督外来开发者对生态资源的过度利用，自觉保护本地的生态资源；另一方面，可以从中获益，还可以照料留守的儿童和老人。其次，厦坪镇外围部分的养殖场和种植区，尤其是沿 319 国道两侧，大部分使用化肥和农药，破坏周边村民的农田土质、水质和空气，建议使用污染系数较低的化肥和农家肥，排放废弃物要通过无害化处理后排入城市管网系统处理。最后，市政项目在过渡地带进行规模建设时，政府部门要严格评估环保系数，还要制定相应的环保措施，尽量防止挖山、填塘、改路等行为，保证周边居住者的享受可持续生态环境的利益。

村镇生态环境利益的权衡分“控制”“修复”“协调”三个步骤进行，首先，通过生态指标制定和空间规划去控制城镇对生态环境的继续遭到破坏；其次，将损坏的生态资源修复并串联村镇生态斑块为相互衔接的生态廊道；最后，在村镇过渡地带采取生态协调的方式去权衡乡村和城镇之间的生态利益。

第二节　土地流转的利益补偿

土地是财富之母，而劳动才是财富之父和能动要素。[①] 利益主体的综合劳动使土地生产具有价值从而获取利益，厦坪镇村镇之间在土地流转过程中会出现的三大利益主体诉求不一，即地方政府、土地开发者和土地流转村民各有所求（表 3–1），如何通过流转补偿机制协调村镇之间的利益冲突成为本节要探讨的问题。

---

① 中共中央马克思恩格斯列宁斯大林著作编译局：《马克思恩格斯全集》，人民出版社 1972 年版，第 382 页。

表 3–1：利益主体的利益诉求

利益主体	利益诉求
地方政府	耕地保护、流转收益、农村生活保障、生态环境
土地开发者	开发成本、产出效益
转出村村民	生活保障、流转收益、生态环境

（来源：作者绘制）

一、耕地反租倒包

村委会以反租倒包的形式将承包给村民的土地以租赁形式集散为整，统一规划[①]，在固定年限内将土地的使用权根据市场需求承包给农户、种养大户、农合组织、农业龙头企业、旅游开发商等的土地经营方式。根据流转后的土地使用性质，将村庄耕地通过租赁和承包的形式进行流转，村镇之间在土地流转过程中村民利益补偿机制有租金补偿、入股分红和股份合作等，根据具体情况选择补偿机制，提高市场对土地利用率，满足城镇发展对农村土地日益增长的需求，有效利用土地和维护农民利益。[②]

二、空心村原地代建

在原基地以社区化土地换取农村空心村的方式达到城镇化目的，以土地转包的方式将旧村改造为城镇化社区，使村镇联动点融入城镇，实现村镇联动建设规划的目的。具体的操作方式如下：

空心村的宅基地重新规整交由相关部门代建为社区式住宅，以城镇化的社区住宅代替原有的空心村废弃的住宅，相关部门依据户主原有宅基地面积设定对互换后住宅的代建费，在坚持“一户一宅”的原则下，出售给无房的户主，但是销售对象以村内无房且有建房需求的用户为主，因为据调查结果显示大部分空心村户主已新建了住宅才废弃旧宅，对于不愿购房的原有宅基地农民给予一定的土地转让费。社区规划标准要考虑中心村的

① 高扬：《创新农用土地流转机制研究—以日照市为例》，山东大学国际贸易学 2011 年版，第 48 页。

② 《关于厦坪镇通过土地流转加快农业农村发展的调研报告》，井冈山市厦坪镇政府 2013 年版。

城镇化因素，还要保留旧建筑的朝向和秩序（图 3–5），以便传承部分传统居住习性。

图 3–5：保留旧建筑秩序的“社区”

（来源：作者绘制）

三、征用地择地互换

以土地互换的方式另选空置地块换取因城镇扩展而被占用的村庄土地，补偿失地农民的利益。被征用的土地规划为城镇旅游基地和商业街道以达到城镇化的目的，将旧村改造为兼具商业和生活气息的城镇化新农村，真正达到村镇联动，与城镇联合发展。下面以厦坪村为案例具体探究：

择地互换的方式是空心村基地或其余未使用的土地被政府或开发商建设为城镇设施用地，因此，可以将厦坪村原有的合作社规划为商业街，中心组团的空心村土地被规划为城镇的农家乐餐馆，与村庄西侧的生态景观结合形成了城镇休闲娱乐基地，政府根据原有基地的面积为参考，将西南侧同等面积的一般农田变更为建设用地，以换取占用的废弃合作社基地和空心村宅基地，作为土地流转的利益补偿。其余村镇联动点如菖蒲古村受古村落保护规划原则的限制，西侧老宅地的建筑保留以保证古村建筑风貌的协调统一，城镇形象提升，作为土地流转的利益补偿，规划时建议另择建设用地换取原基地（图 3–6）。

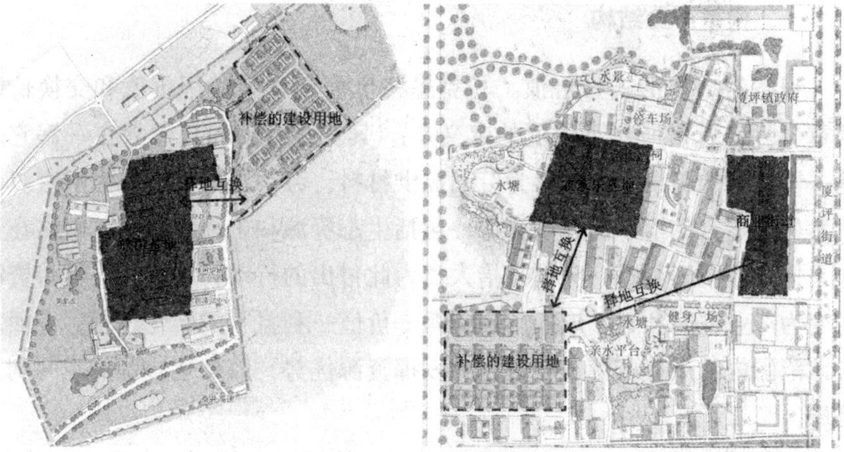

图 3–6：山田垅村、厦坪村的择地互换

（来源：作者绘制）

有些重新安置的地块不在本村范围的，农民就业和居住权益因居住环境的变化而受到损害，应该为农民提供就业机会以及便利的生活条件。在就业方面，可以在安置区附近设置商业店铺使部分村民就地创业，提供厦坪镇周边工业园区的工作机会等；在生活方面，要考虑逐步解决好困难群体子女上学、老年养老等方面的问题，解决农民向市民转变的系列问题。

土地流转过程中分耕地、空心村宅基地和政府征用地三类进行利益补偿，耕地采取反租倒包的形式，建立租金补偿、入股分红和股份合作的补偿机制；空心村采取原地代建的方式达到村民城镇化的目的，以住房和补偿金作为占地补偿；政府征用地采取择地互换的方式，为村民提供住房、就业、上学、养老的机会作为征地补偿。

第三节 产业空间的利益调和

由于缺乏相应的产业规划，致使村镇产业结构层次模糊，布局凌乱，产业价值不能得到有效的开发利用，产业空间利益获取困难。因此，需要构建布局在村镇各个层次的产业链，通过地域分工①的形式让农村和城镇均有序地参与到产业结构的运作过程中，使经济利益在村镇各区域合理分配。下面以产业链为切入点规划村镇不同层次的空间：

一、构建产业结构

利益的表现形式为价值。马克思将价值定义为使用价值和交换价值两重属性，恩格斯对于价值的定义是："其实，劳动和自然界在一起它才是一切财富的源泉，自然界为劳动提供材料，劳动把材料转变为财富。"②自然界是指自然给予的各项资源，包括生态资源和土地资源等，财富在这里是指产业空间利益，劳动是指人类为此付出的行动，即我们人类将资源转变为产业空间利益，形成了"资源—价值—利益"的转化过程。下面对村镇范围内的产业资源进行整合，发挥资源优势，以构建协调的空间利益格局。

通过厦坪镇产业规划的实践经验，将村镇现有的产业资源进行分类：第一产业为农业、林业、畜牧业及渔业，第二产业为工业，如陶瓷工艺厂，第三产业为生态旅游服务业（表 3-2）。具体如下：

---

① 亚当·斯密（A.Smith）明确提出了"地域分工"学说，20 世纪 20—30 年代，俄林（B. Ohlin）用相互依赖的价格理论取代劳动价值论，进一步提出"域际分工"学说。这两种学说都以商品生产为前提，其核心是因地制宜、扬长避短、发挥经济优势，故具有相应的科学性。村镇地域差异是地域分工的物质基础，生产专业化是地域分工的具体表现，地域分工后形成的生产专业化是产业链形成的基础和前提。

② 李济广：《马克思价值论原意与商品价值论分歧的认识根源》，《广西右江民族师专学报》2005 年第 5 期。

表 3-2：村镇产业结构表

村镇类型	产业资源	产业类型	具体项目
基层村	生态环境资源、土地资源	第一产业：农业种植业、畜牧养殖业	葡萄、猕猴桃、草莓、西瓜、蜜柚、紫薯种植和映山红、木槿花花卉苗木种植；娃娃鱼、太空乌鸡养殖
中心村	生态环境资源、历史文化资源、土地资源	第二产业：旅游产品和农副产品加工和运输业 第三产业：旅游业	庐陵文化、农耕文化为主题的文化旅游产业；以果蔬采摘、民俗体验、特色餐饮为主题的乡村旅游服务产业
城镇	交通资源	第二产业：产品加工、运输和储藏基地 第三产业：休闲服务业	农业原料、农产品交易服务、交通枢纽、公共设施

（来源：作者绘制）

将村镇空间资源转化为价值，价值转化为不同形式的产业利益，构建出以城镇、中心村和基层村为中心的产业结构。目前由于村镇三个地域产业空间各自为政，利益结构呈现悬殊、分配不均的状况，可通过村镇产业空间规划来协调产业利益的分配。

二、协调产业利益

协调空间利益的路径多样，本研究主要是通过产业链的规划路径来协调村镇产业经济利益分配不均的问题，将产业链布局在村镇的不同区域，发挥产业资源优势，形成区域分工合作的形式，按照村镇在产业链内充当的功能角色的不同，对城镇、中心村、基层村的产业空间进行分类，使原本相互孤立的产业形成联合互动、互供互给的关系，缩小村镇产业空间的利益差距。

（一）源点——产品生产和加工：基层村位于产业链上游，是第一产业农、林、牧、渔产业区，为中游和上游环节提供原料和初级产品。首先，将村庄土地集约利用，化荒地为宝地，种植花卉苗木、木槿花、竹荪、西瓜，养殖太空乌鸡、生猪、鸽子、竹鼠、白鹅等优势产业。可以降低产品生产和加工的成本；其次，充分利用村庄自然生态资源，如水塘长期储蓄的雨水、河水以及可以提供充足的灌溉水，规模足够的话亦可发展养殖业，山林资源规划畜牧业，发挥好产业链源点的的作用；最后，投入资金和劳动力将资源转化为利益。扮演好基层村第一产业生产和初步加工的角色，为产业链连接点中心村的产业加工做好基础准备，相反中心村通过产业示范作用提升基层村的生产效率和质量。

（二）连接点——产业示范和运输：城缘村处于产业链的中游，是下游和上游的连接点，将初级产品和中间产品加工为最终产品送入下游市场。首先，有充裕自然生态资源和土地资源的中心村规划产业示范区，对基层村的同类产业起到示范作用，提升基层村产业利益；其次，利用中心村连接集镇和基层村的区位优势，将其设为产业技术示范基地，厦坪镇大部分中心村是靠近 319 国道和泰井高速等通往境外的道路，这部分村庄可以规划为产品运输的中转站；最后，在条件允许的情况下可以结合空间资源发展旅游业、服务业，设为观光休闲农业基地，将复兴村的官路村、坑埔村，厦坪村的毛叶山村的花卉苗木基地提质扩容，串连成片打造成观光休闲农业基地。发挥 4A 级乡村旅游示范点的品牌优势，继续优化菖蒲古村建设，增强其影响力，为其余村镇的旅游产业规划起到示范作用，提升产业发展带来的利益。

（三）中心点——产品集散和交易：城镇处于产业链的下游，是各类上游和中游产业链交汇的中心点。首先，基于其优越的区位特征，基层村和中心村将最终产品集中到城镇交易，任何产品只有通过交易才能使上中游的基层村和中心村均获取到经济利益，否则所有中间产品的价值就不能实现。其次，城镇作为区位和产业链的中心点，同时也向上中游输送生活和产业原料，为整个村镇的集散点，保证各村镇原料均等供给。最后，需要规划存储空间，保证上中游产品、原料能够安全、便捷地集散，实现产业互动。

村镇产业规划能够促使村镇发挥本地产业资源优势，通过投入资金和劳动使产品具有交换价值和使用价值，将价值转化为利益。产业链的植入使村镇原来独立运营的产业联合互动，使处于上游的基层村通过产业生产和加工并输送至中心村、城镇交易获得经济利益，处于中游的中心村通过加工初级产品获得经济利益，通过产业示范提升基层村的产业效益，处于下游的中心村通过产品和原料的运输和集散获得经济利益（图 3–7）。产业空间的经济利益最终在村镇之间均等分配。

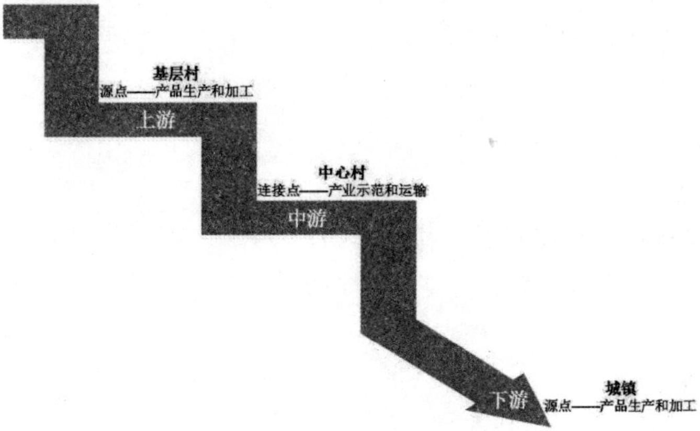

图 3–7：村镇产业链

（来源：作者绘制）

有了产业利益为经济基础，才能为村镇建设规划注入新鲜血液，渗入活力源泉，避免“图上画画，墙上挂挂”的现实问题，突破纸上谈兵的局限，将村镇联动建设规划落到实处。因此，产业链的联动建设规划是协调村镇产业空间利益的必要选择。

第二篇

村落篇

集体记忆下传统村落空间形态的传承与再造——以井冈山菖蒲古村为例

第一章　集体记忆与传统村落空间形态价值的传承导向

第一节　集体记忆的概念界定

集体记忆是一种连续的思潮，记忆从过去只保留了存在于集体意识中活跃并能够存续的东西。集体记忆这一概念由法国社会学家哈布瓦赫在提出，定义为“一个特定社会群体之成员共享往事的过程和结果，保证集体记忆传承的条件是社会交往及群体意识需要提取该记忆的延续性。”[①]集体记忆是一种在集体性的视角下对特定区域的普遍认同与共鸣。集体记忆并非是仅仅对于过去的记忆重构，而是在以历史时间为连续的基点对于变迁、延续发展、更新保护的整体连续性的探讨。

集体记忆是将每一单个体联系在一起成为一个承袭着共同文化传统的群体，该群体在认同的基础上，尽管随着时空的不同而有所变化和差异，但是该群体的集体记忆则体现出一定的社会性及文化性特征，不论任何形式的记忆都具有这些特征。传统村落中的历史、文化等都是其发展过程中长期积淀的结果，成为具有历史性的遗产留存在我们现实的环境中，其历时性与共时性凸显一个传统村落的文化特殊性与连续性，而集体记忆在传统村落中的重要作用便在于保持村庄历史文化的连续和身份特征，也正是因为集体记忆的存在，传统村落的物质结构与社会文化的演变受制于内在发展规律的影响，才表现出了不同于其他村落的独特特征与形态，故以集体记忆来切入传统村落的研究更具有意义。

---

① ［法］莫里斯·哈布瓦赫著，毕然 郭金华译：《论集体记忆》，上海人民出版社 2003 年版，第 39 页。

第二节　传统村落空间形态的三个记忆维度

在记忆的过程中通常具备三个维度：神经记忆、社会记忆和文化记忆。第一个神经维度是由文字和图像等物质信息载体构成的社会交流能刺激的记忆，多指的是个体作为神经网络的记忆，是构建人类记忆的第一个层次——生物学中的神经结构；第二个社会层次的记忆维度是作为交际网络的记忆，且作为一种社会结构借由人际交往和语言交流得以构建和维持的社会记忆，其不能脱离个体记忆而存在；第三个文化维度是以符号媒介作为载体通过社会交往和沉淀保持更新、通过个人记忆而被激活唤醒的集体符号结构相关的文化记忆。集体记忆既包括在必然超越个体的近群体记忆和家族为架构的社会记忆中，也存在于超越个体、时空而统一的文化记忆中，个体除了个人认同外也获得了文化认同，从而产生强烈一致的大我身份认同的记忆形式。

我国传统村落承载着数千年来农民的真实生活，人们根据地域环境、民族风俗、亲缘关系等形成了形态万千的村落空间形态。传统村落是有记忆的生命集合体，而集体记忆作为历史的积淀，存留于村落空间形态中，记忆的艺术魅力使得村落由瞬间变成永恒。村庄记忆的载体作为一种社会性存在，在社会时空中保存记录、再现认同的实践建构。村落空间形态的形成与集体记忆的建构性便可知——记忆和空间就存在着一种牢不可破的关系，村庄记忆载体需要以空间存在形式所认知。

诺伯格·舒尔兹在《存在·空间·建筑》中，构建了存在空间的概念框架，分别从中心、方向、区域三个要素的不同阶段来表述存在空间，传统村落的空间形态则是其具体表现之一。[①] 运用其存在空间理论结构框架可将传统村落空间分为：中心一建筑单体、方向一街巷道路、区域一空间肌理。围绕这三个村落载体探讨与集体记忆之间的深层联系，以挖掘传统村落中的记忆维度。

---

① [挪] 诺伯格·舒尔兹著，尹培桐译：《存在·空间·建筑》，中国建筑工业出版社 1990 年版，第 21 页。

诺伯格·舒尔兹提出 5 种空间概念，一是实用空间，将人统一在自然有机的环境中；二是知觉空间，是相对人的同一性而言必不可少的空间形式；三是存在空间，是指把人类归属于整个社会文化的空间；四是认识空间；意味着人对空间进行思考；五是理论空间，则是提供描述其他各种空间的工具。

表 1-1：记忆载体分析表

维度	神经记忆	社会记忆	文化记忆
载体	个体大脑	社会交际	符号媒介
村落载体	单体空间	巷道邻里空间	肌理空间

（图表来源：作者绘制）

一、神经维度：个体记忆与单体空间形态

个体记忆并不是完全孤立、自我封闭的。要忆起过去，人们常常需要借助他人的记忆，这就构成了不同的家庭记忆。哈布瓦赫提到："无论如何，家庭记忆用从过去保存下来的这类要素制造了一个框架，它努力让这个框架保持完好，并让它成为传统的家庭装备。……这个框架里还编织进去了家庭本身对这些事实和画面的评价。"① 那些决定家庭精神的传统观念和评价让个体或者后人忆起家庭生活中的某一事件，从而获知观念形成的背景和每个家庭所特有的传统。传统村落中这些家庭观念和个体记忆无不都反映在村庄建筑中。村庄建筑是在时间、事件中对特定村落的一种空间叙述。比如吉州钓源古村的民居建筑门窗，其雕刻依据卦相使我们推断出当时家族的成员结构、家族为官背景及其主人郁郁不得志的心迹。如图 1-2 所示，村民家中雕刻的麒麟在奔跑本应做平步青云、昂首向前姿态，却回头仰望、踌躇不前，体现当时主人的内心郁结。

图 1-1：村民家中木雕门窗

图 1-2：村民家中木雕门窗样式

（图片来源：作者拍摄于吉州钓源古村）

① ［法］莫里斯·哈布瓦赫著，毕然 郭金华译：《论集体记忆》，上海人民出版社 2003 年版，第 42—43 页。

村庄建筑作为村落的物质结构，是存在于村庄生活中的一种最直接的人工记忆装置。村落的建筑多以组团的形式出现，是以同姓同宗几代人共同生活的合院住宅来组建家族的活动空间。在中国的传统村落宅居中大都是世代居住的封闭形式，建筑空间中承载了整个家族的记忆，甚至于一个家族的兴衰历史印记都反映在特定的单体建筑中。在传统民居建筑中，传统营造技艺下建筑风貌的展现，譬如建筑形制、特征、材料装饰等都与当时这个以血缘为纽带的家族的审美情趣相符，从中我们能探索到村落发展过程中所遗失的记忆（图 1–1）。而在这样的物质空间结构特征中更能够真实地反映出个体记忆、家族记忆与村落建筑的关联性（图 1–2）。

二、社会维度：社会记忆与巷道邻里空间形态

社会记忆是通过共同生活、语言交流和言语而产生个人记忆的协调，而集体记忆是建立在经验和知识的基础之上，通过各载体把记忆固定到未来符号的框架中，并以此与后代之间维系一种共同的记忆。我们中的每个人都或多或少的是若干群体的成员，一个社会的记忆会尽可能的延伸至群体记忆所及之处，它们就是这些群体记忆组成的。

在传统村落中，住宅的数量占村庄建筑数量的 90% 以上，以住宅为中心，同住宅周边空间有关联的区域便是宅居邻里空间。这些空间成为村落中的节点与线，同居住在村庄内的世代人的日常生活密不可分。在符合建设的风水理念、宗族礼仪情况下，村内人的使用方式以及约定俗成的民间习惯就成了宅居邻里空间形态的决定因素。

村落中的传统建筑形态大体一致，青砖黛瓦的建筑背后是人们生机盎然的生活场景。通过每一户设计精致的门窗等细部来点缀巷道界面，沿着巷道线性的姿态铺展开来，呈现出灵动的街巷景致。在宅居邻里空间中巷道是串联人们集体记忆的线，是各个体的社会记忆的一种记忆场所，供乡民们进行停留、驻足、交往。乡民们在巷道空间内散步、观赏、倾听、交谈等活动都成了他们生活中的乐事。从古时起，巷道就扮演着村落中重要的公共交往空间的角色，邻里之间的巷道两侧的界面成为促进村落活跃最为积极的元素，乡民们在巷道的某个具有一定的面积与场所感的区域进行交流沟通，有时会是小型的广场空地或者是巷道的转折点，这些节点成为人们集体记忆的重要承载场所。比如婺源虹关村的埠头和井台，这些水边

的悬挑石阶和巷道中公共井台曾经是村民们洗涤、闲聊的场所，（图 1–3）（图 1–4）人们在交谈的过程中得到快乐和满足，在宅间巷道空间的组织中烙下了世代村民生活行为的烙印。

图 1–3、图 1–4：村民们在巷道的水圳前洗涤、石板凳上交谈

（图片来源：作者拍摄于婺源虹关）

巷道的方向感十分的明确，这都来自于村落特有的水系、地形、坡度等因素。曲折的巷道穿透距离不是很长，巷道两侧的建筑体量、建筑色彩及材料都大致相近，促成了巷道邻里空间的延续和统一的风貌（图 1–5）。村落中的巷道构建了乡村生活的公共空间活动，形成了丰富的村庄物质文化生活，加强了人脑中对于村庄的方向感，激发了个体对于过去集体记忆的反应（图 1–6）。

图 1–5：巷道　　图 1–6：巷道所表现出的方向感

（图片来源：作者拍摄于婺源虹关）

三、文化维度：历史记忆与传统村落肌理空间形态

卡尔维诺在《看不见的城市》中说道："城市不会诉说它的过去，而是像手纹一样包容着过去，写在街角、窗户的栅栏、楼梯的扶手……每个小地方都一一铭记了刻痕、缺口和卷曲的边缘。"[①]实质上在传统村落形态中也是如此，我们可以设想，一个村庄的历史是一系列改变乡民生活的重大事件的可靠组合，它保存了村庄命运的记忆，而事件所发生的时代已经失去了任何意义，但其本身的精神内涵不会有任何的丢失。

传统村落的空间肌理是由村庄内建筑、巷道、空地共同作用所呈现出的整体布局的空间密度、建筑色彩明暗、材质表现等诸多特质，是一种综合的视觉感官反映，强调对传统村落整体布局的把握，这种肌理是人们的集体记忆中至关重要的组成部分。尽管很多村落的历史成因各有不同之处，但是整体的空间形态构成却有共同的特征。

譬如徽州村落受到现代文化的渗透渐渐筑起了新的楼层，割裂了村落整体布局的空间关系，以及那些老建筑中的墙面色彩也在时间中不断变化，沉积村庄的历史记忆。因此对传统村落空间肌理的破坏，同时也是对于人们记忆的摧毁，一旦村庄的肌理被破坏，人们就很难再找回对村庄的认同感、亲切感与归属感。

第三节　乡村文化构建与村落价值的传承导向

乡村文化所包含物质文化、氏族群体、观念意识、口头方言等内容，是村落始建以来集体创造、集体保存、传承的重要脉络。而文化对于传统村落来讲也是一种活力和延续，它是村落集体建构与认同的产物，同村落里生存了世世代代人们的精神直接相关。城市文化的冲击将乡村原本相对封闭、稳定的文化系统打乱，导致文化趋同的现象屡现，不仅造成千村一面，且改变看乡村人未来的生活方式、行为习惯等。不同的村落文化只有呈现出不同程度的差异性才能避免复制乏味，才能使之各具特色，那么对于深层文化记忆的召唤与回归则是传统村落保护更新过程的重中之重。

---

① ［意］伊塔洛·卡尔维诺著，张宓译：《看不见的城市》，译林出版社 2006 年版，第 20 页。

传统村落也是历史的沉淀物，在每个历史时期都会留下文化的印记，它们不同于城市的文化记忆。一方面，传统村落大都以血缘关系为纽带的社会结构群体聚居成村，形成了一个以同族血缘为核心组织的封闭社区，他们之间形成了属于自己的宗谱民俗、设置了符合自己村落的乡规民约，而后形成了自身积淀的村落文化；另一方面，他们之间紧密的联系沟通，将自身个体的记忆与历史的记忆交织在一起，最终形成对一个传统村落的审美认知，这是在社会实践及认同的基础上产生连带的情感和共同的意志，实质是文化认同的建构形成。

传统村落空间形态受整体环境与观念意识的影响，村落文化脉络是环境空间的潜在背景，渗透在村民的潜意识中。基于集体记忆的理论架构，建设者所要关注的不仅是从传统文化中寻找村落形态生成的根基，更多的是要基于历时性及共时性的聚居状态，利用现代技术对传统村落中具有特定场景的建筑、村庄环境进行合理有效的功能更新表达。

在历史的不断积累和堆积中，传统村落地域的文化记忆得以延续发展，倘若拆掉了某个历史时期的老建筑，它与村民间保持的联系同时也将消失，村落的历史发展链条便会发生断裂，人们对根的欲求也就戛然而止、无法延续。

一、守望——一张谱烙印的宗谱民俗

对于维持记忆场所的持久延续性而言，群体定期开展纪念仪式是十分必要的，集体记忆只有在对特定的群体赋予特殊意义，这些记忆的情怀能够促使他们愿意去保护延续下去。若该群体因为各种因素的干扰离开且失去联系，或是拆除了先前的纪念场所，或该记忆场所不再像之前那样引起共鸣，或不再场所内开展任何的相关纪念仪式，该群体的集体记忆也不再受任何特定群体的保护，那么这些记忆的消失只是时间问题。

集体记忆通常需要借助生活中的实质对象来激发与维持，利用人物、场所、历史事件及能够体现过去的象征意象等记忆载体的多样方式来进行记忆输出。世代留存下来的族谱作为传统村落集体记忆的载体。借助族谱，村落能够实现代际传承，且不受个人的限制，族谱承载着村民们世世代代的集体记忆。再者，与族谱相关的民俗生活也提供了维系村庄集体记忆的社会环境。

在大多数传统村落中或多或少遗留下来了一些定有的村民风俗或宗谱礼仪，为此来祭奠先祖、重拾记忆。在江西已有编修族谱的传统村落中，有的村庄习俗会在每年的正月初一举行“拜谱”仪式，宗族内的男性后代祭拜族谱、祭奠先祖，本族女性后代是不允许祭拜的，体现了男尊女卑的意识观点。这些族谱供放在村落的宗祠或是公共堂屋内的香阁上，族谱上的姓名按照辈分的排行。族谱中记载着一个宗族的姓氏缘由、记载着宗族的始祖业绩和村庄迁徙变迁的过程，即使随着世代繁衍、氏族分支，族人之间的血缘关系愈来愈淡薄，但是只要族人们顺着族谱上的世系追溯，总能找到彼此间能够共享、认同的集体记忆。（图 1–7）纵使已离开村庄多年的本姓人重归故土时，仍然对村庄的记忆犹新，对村庄的认同体现一致。村民们往往也是依据族谱的世系来强调他们对村落的认同，让他们自己始终有着与群体同出一源、同属一脉的集体观念，从而使村庄凝聚力提高不断延续下去。正是凭着族谱这种集体的记忆载体，村民世代维系着全村一体的观念，并在每年的民俗生活中周期性地进行集体回忆，使得村庄的集体记忆得以维持并传承下来，从而使得村民们保持着一种心理认同，这也就保持了村落的高度整合性和统一性。

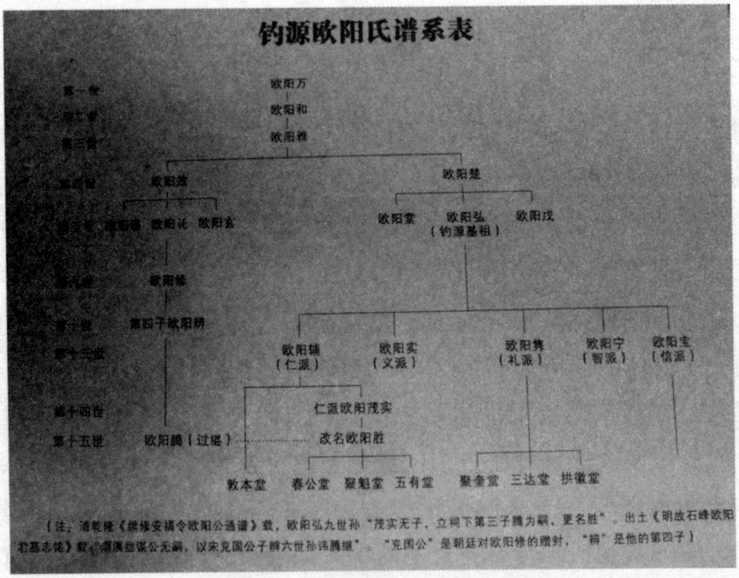

图 1–7：钓源欧阳氏谱系表

（图片来源：作者拍摄于吉州钓源古村）

二、楔入——律人律己的乡规民约

在传统村落中，都有着一套约定俗成的习俗，而这些习俗有的是以明文规定的形式出现，是我们通常所称的“乡规民约”，有的是以一些不成文的形式出现，或是大家所认可的规范，我们大致称之为“禁忌”。这两套习俗相辅相成，共同制约影响着村民们世代的生活。

在明清时期，乡约多为乡里有威望的老人或士绅来制定一些规范，有的乡约是世代传承下来的祖训。在新中国成立以后制定的乡规民约，模式与明清时期的乡约有所不同，在执行上显得较为严格。

钓源古村的先祖欧阳修品德与文章兼备，“画荻教子”的著名典故影响了后人，同时也影响了钓源古村的世代子孙。欧阳修的品德让其家族的后人树立了节义立家的志向追求。“以忠事君、以孝事亲、以廉为吏、以学立身”是钓源古村的子孙后代做任何事情的标准，“忠、孝、廉、学”四个字让家族的节义祖训形成了村民们约定俗成的规范和道德标准。历史上在钓源古村出现了9位进士、30余位举人、20余位五品以上官员，一直都秉承着钓源先祖的节义精神。明朝中后期，经商的风气盛行，一代代的村民走出家乡经商立业，但都没有忘记家规祖训，他们将其刻在墙上来教育子女后代。（图1–8）“居身务必质朴，训子要有义方，莫贪意外之财，莫饮过量之酒……”正是这样梯度濡染的文化熏陶，家族的后人做人行事都以其家规祖训为准则来约束自己的行为，形成了钓源古村令人所敬服和钦佩的特有的古村落文化。

新中国成立后，钓源古村被纳入历史文化保护名村，政府与村领导给钓源古村制定了一个村规民约，其约束力与古时的家规祖训有所不同：“1、不论何人在景区内寻衅滋事不听劝阻者，造成后果的除赔偿损失外，扭送公安机关处理；2、进入景区应增强防火意识，严格野外用火，如用火不当、乱丢烟蒂、火柴头、放爆竹等引起山林火灾，根据情节轻重，责令赔偿损失，情节严重的送交公安机关或其他有关部门处理。……5、不准在景区规划范围内新建房屋，一经发现立即拆除。”[①]（图1–9）类似这样的村规民约经过了村民公议后，便要严格执行，不守村规者将受到惩罚。新的村规民约更多的是对本村落资源的维护、明确乡民对村庄共有资源的责任

① 摘自吉州钓源古村村口公示的《村规民约处罚条例》。

与权利、对村庄建设与管理的条例办法等方面来进行奖罚的规定，有的村规还会为避免村落内部的纠纷和摩擦来制定调解矛盾。不论哪种乡规民约形式都有着传统村落在各个时期自己的村庄文化，他们以不同形式来存续村庄的集体记忆与文化认同。

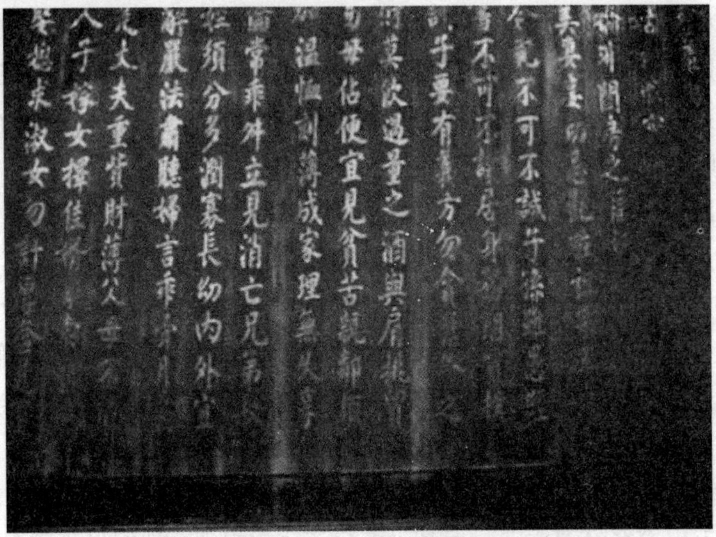

图 1-8：钓源古村村民家中刻金箔字家规

（图片来源：作者拍摄于吉州钓源古村）

图 1-9：钓源古村村规民约

（图片来源：作者拍摄于吉州钓源古村）

三、承袭——梯度濡染的村落文化

村落文化是传统聚落中内外因子互动产生的深层机制，即使是最简单的文化传统也是内部特有规则的外现，同时也是构成传统村落复杂系统的基础。不同文化的传统村落所表达出的策略、特征也各不相同，但彼此之间又相互关联且在一定的条件下存在互相渗透的可能。传统村落空间形态中的文化内涵一般分为两个方面，一方面是通过物质作为村落文化的直接载体，比如徽派民居建筑中的木雕、石雕所体现出的传统雕刻文化，其雕刻的内容有的会加入些家族的观念与村庄所流传的故事。这些物质文化是具象的呈现，易得到人们的肯定与理解。另一方面是通过非物质文化遗产作为村落文化的精神载体，非物质文化是抽象的呈现，较难被外来人所认知，但却是村落文化内涵的灵魂，更加体现一个传统村落的文化认同与文化根源性。其非物质文化多表现于一个群体的特有方言、传统技艺、传统文化场所等精神映照物。

在传统村落中一个重要的建筑空间——以宗祠为核心的精神建筑空间，更加凸显村庄的文化价值导向。传统村落形态的整体布局中多以“尊”、“亲”等宗法理念，配以祠堂为中心场所的祭奠宗族祖先的礼拜空间。这些铸就了传统村落的精神文化，同时也是传统村落文化记忆中不可或缺的一部分。村民在这个特殊的建筑空间中往往能够反映出乡民敬老尊贤、礼貌文明的传承美德，同时也体现出“天人合一”的系统理念，宗祠所折射出的风水格局展示出了特定传统村落的宗族观念文化。记忆的保存与维系，往往也依赖着宗祠的空间场所，一个传统村落的族谱、先祖牌位供放在宗祠内，这样的神圣空间本身就具有维系其集体记忆的功能，且架构了传统村落的人文社会伦理的价值导向与传承教育。

在吉州钓源古村中的有一座最为重要的祠堂——惇叙堂，其建筑形式是以“一大两小”的三口天井围合，形成了“品”字形。在族人祭拜祖先、婚丧嫁娶等一些重要活动都在惇叙堂举行，站在厅堂中每个人都能感受到祖先的劝勉和告诫。耕读传家、崇文重教是族人世世代代所恪守的文化传统，如今的钓源人依然有着一传统：钓源孩童在入学之前需到惇叙堂接受先祖的洗礼，听述老人的教导。他们以先祖为荣、以读书为尚、以节义为品，成为钓源人的传承价值导向，将崇文节义的传统文化代代相传，

涌现了一批有学识的文化后人。（图 1–10）

朝代	姓名	身份	职位
唐	欧阳弘		博士
南唐	欧阳季东	进士	屯田郎中
宋	欧阳通	进士	
宋	欧阳叔豹	举进士	
宋	欧阳仲熊	举进士	
宋（元）	欧阳原功		翰林学士
宋（元）	欧阳德器		翰林院侍讲
明	欧阳重	进士	都察院右佥都御史、云南巡抚、三边总都
明正德	欧阳盛		云南按察司经历
明	欧阳季彦		太平府通判
明	欧阳理	举人	兴化教谕、淮安同知
明	欧阳策		朝议大夫
明	欧阳季乾		奉政大夫
清康熙	欧阳齐	进士	翰林院庶吉士
清康熙	欧阳天惠		内阁中书
清康熙	欧阳庵清		宁州学正
清乾隆	欧阳衡		宁国知府
清	欧阳模		兵部郎中
清	欧阳萘		内阁中书
清嘉庆	欧阳桀		内阁中书、资政大夫
清	欧阳慎		兵部职方司郎中、奉政大夫
清嘉庆	欧阳杰		国子监监臣
清	欧阳煦		光禄寺署正
清	欧阳动生	进士	平乐推官、宝坻县令、武昌同知
清	欧阳新	进士	苍远县令、连州知州、庆远、镇安知府
清	欧阳徽柔	岁贡	广信教谕
清	欧阳爌生	拔贡	云南马龙州知州

注：族谱等史料大多在“文革”时被毁，据零散族谱和出土文物拟制，空白处存疑待考。

图 1–10：钓源古村出现的历史名人表

（图片来源：作者拍摄于吉州钓源古村）

第二章 记 忆

——菖蒲古村空间形态要素的调研分析

“窗明几净室空虚，尽道幽人一事无。莫道幽人无一事，汲泉承露养菖蒲。”

——宋·曾几《石菖蒲》[①]

一小溪流入四面环山、形状似“井”的山坑中，故称此溪为“井江”，因村建在其山坑的平地上而得名“井江山村”，“江”当地读“岗”，后演变为井冈山村，随着村庄的辐射发展成为现在的红色革命摇篮——井冈山市，是江西省吉安市下的县级市，地处湘赣两省交界的罗霄山脉中段，古有“郴衡湘赣之交，千里罗霄之腹”之称。[②]而菖蒲古村隶属于井冈山市厦坪镇，位于厦坪镇南面偏东2.5公里处，面积约1平方公里，其中耕地面积约380亩，水域面积约80亩，近500余人，其中有110余户农户。

现菖蒲古村分别有三个村小组——南城陂、山田垄、百谷庙。菖蒲古村始建于明朝末期，迄今有500余年历史，其中南城陂组于明朝末期吴姓从永新东门迁居此地开基，清朝同治年间，王姓又由永新县北门土家屋迁居此地居住，而山田垄组在清朝雍正年间，尹姓从宁冈县大陇迁居田头、垇下、南城陂立基，后由南城陂分居此地立籍。[③]菖蒲古村属丘陵平原地带，平均海拔260米，气候温和、雨量充沛，自然资源丰富，大山环绕，

① 摘自曾几的《石菖蒲》。曾几（1084—1166）南宋诗人，字吉甫，自号茶山居士，江西赣州人，徙居河南洛阳，历任江西及浙西提刑、秘书少监、礼部侍郎。

② 摘自百度百科：http://baike.baidu.com/subview/22614/7473291.htm

③ 参见《井冈山地名志》，由井冈山市地名办公室于1986年七月编纂完成。

山清水秀。村内民风淳朴，尊崇礼义仁信，民居风格多以庐陵风格为主，青砖黛瓦、飞檐翘角，风格秀丽（图 2–1）。

图 2–1：菖蒲古村区位分析图

（图片来源：作者绘制）

第一节　时空记忆——村落物质形态的自然要素

> “当一个群体融入并成为某个空间的一部分时，他们就会按照自己的意象去改变空间，但与此同时，他们也会屈从并适应与之相抗衡的物质存在的环境内。”①
>
> ——莫里斯·哈布瓦赫《论集体记忆》

尽管每个时代的村落记忆载体通常会以自身的结构逻辑与美学模式来对传统村落原有的空间形态做出适当的调整与改变，且以此来影响和规范乡民们的生活方式与思维意识。但是在传统村落物质形态不断演化的过程中，村落空间布局还是能保持一些较稳定的部分，而这些又都取决于乡村文化、价值导向，村庄文化所赋予乡村区别于其他村落的独特物质形态特征。人们通过认知传统村落的物质形态中自然要素与人文要素，能够清晰地阅读到村落变迁的历史，还能够了解到村庄物质形态留存下来痕迹与结构特征。比如依赖着物质形态的自然要素形成的空间布局、巷道、建筑等这些能够为乡民提供生活生存的空间。传统村落在生长变化中感知时空连续性，由于现代文化与观念的渗入，村落被分隔改造成模糊的印象或者短暂的片段，有记忆的空间成了一系列流动变化的场景（图 2–2）。

---

① ［法］莫里斯·哈布瓦赫著，毕然 郭金华译：《论集体记忆》，上海人民出版社 2003 年版，第 31 页。

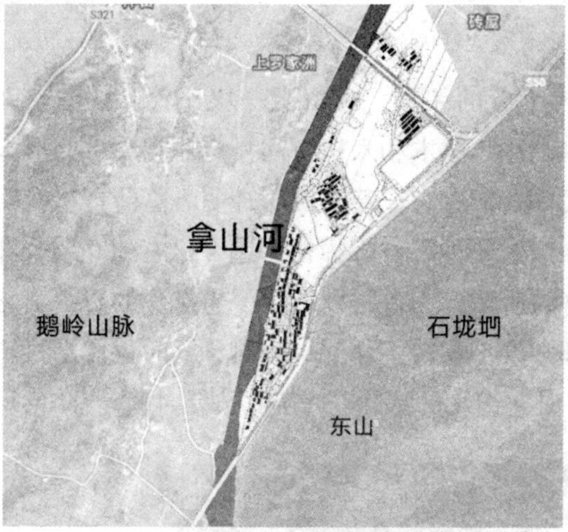

图 2-2：菖蒲村落整体空间形态

（图片来源：作者绘制）

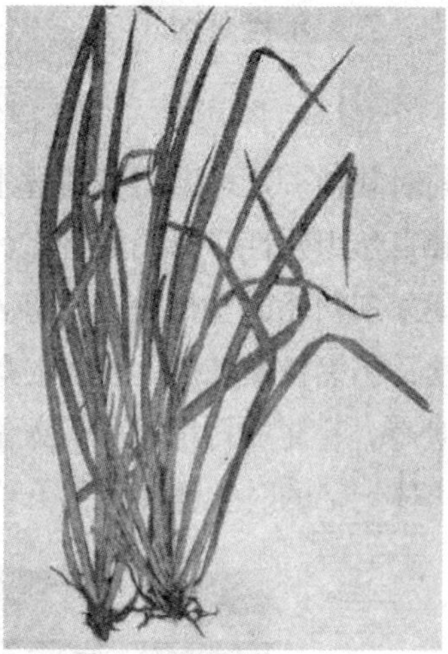
图 2-3：石菖蒲·中国画

（图片来源：http://image.baidn.com）

一、形态识别

古人多咏诗话菖蒲，在北宋文学家张耒的《石菖蒲并序》中这样写道："岁十月，冰霜大寒，吾庭之植物无之悴者。爰有瓦缶，置水斗许，间以水石，有草郁然，俯窥其根，与石相连络。其生意畅遂，颜色茂好，若夏雨解箨之竹，春田时泽之苗，问其名曰，是为石菖蒲。"[①] 这是对植物的菖蒲叙述，菖蒲长于水泽溪涧，与水相生相伴，这在探寻菖蒲古村的自然风貌时，有着许多相似契合的地方（图 2-3）。在俯瞰菖蒲古村时，其三个村小组连成一带，东西两面山石成脉，置于山垅中，日新月异，生长成村，其空间形态颇似一簇菖蒲之貌。诗人戚龙渊曾赋诗道出石菖蒲盘根结节屹立于山岩石缝中的风骨气节："一拳石上起根苗，堪与仙家伴寂寥，自恨立身无寸土，受人滴水也难消。"[②] 菖蒲古村在历史的冲击洗礼中，也映照了同石菖蒲一样"节义为品"的精神传承。

① 摘自张耒的《石菖蒲并序》，张耒（1054—1114）北宋文学家，为苏门四学士之一，字文潜，号柯山，楚州淮阴人。

② 摘自戚龙渊的《赞石菖蒲》，戚龙渊，明代诗人。

二、年代识别

古村的择基在入口处往往十分的注重，总留出一块比较开阔的空间同时栽种一片地方树种的林木，这些林木和入口空间具有非常原生的形态和自然识别性，村民们世世代代守护着它，甚至敬若神明。菖蒲古村在明朝末期初建时，祖先在村落入口处便种下一棵樟树、迄今已有500余个春秋，仍然枝繁叶茂，庇佑村落的后辈，为古村留下了一份宝贵的历史文化遗产。菖蒲古村世代的后人都常聚于古树下休憩、闲聊，同时也成了村庄集体记忆的时空物证，留下了时空记忆的感知与考究（图2–4）。

图2–4：菖蒲古村入口处的老樟树

（图片来源：作者拍摄）

在菖蒲古村过去改造建设中强调村落统一性时，人们的注意力更多地集中在形态显著的建筑物上。建设者习惯远距离探究村落的建筑形态，而村落的自然环境、乡村人、建筑物三者之间的相互作用与联系往往被忽略弱化了。从俯瞰、远眺的视角观察菖蒲古村，村庄鸟瞰全景给我们提供了古村的整体轮廓及街巷流通系统，还表现出了尹氏宗祠这个特定建筑与村庄建筑区域组团在整体环境中所占据的重要地位。但是，我们从这样一个特定角度来捕捉菖蒲古村一些有价值信息时难以有说服力。我们只能够看清菖蒲古村的物质性道路结构与街巷建筑之间的逻辑关系，而与记忆人、历史事等与村落民生戚戚相关的场所精神被无形的抽离出鸟瞰画面，村庄整体结构布局并不能完全地提供给我们一种处于自然状态下产生的乡村同一性和秩序认同。

图 2-5：莒蒲古村局部鸟瞰图

（图片来源：厦坪镇政府提供）

村落的集体记忆受自然环境要素的制约并使其发生阶段性的变化。倘若村民的记忆脱离事件最初发生地的环境限制，使其不受到村庄变化的影响，往往需要与村庄特定的场所产生联系，否则记忆将容易被遗忘（图 2-5）。

第二节　家族记忆——村落空间形态的物性要素

“家庭在共述过去时是在庆祝自己的集体历史，对自己集体技术的这种更新和续写，是在给家庭成员实施对自己家庭的社会认同的坚信礼。”①

——安格拉·开普勒《个人回忆的社会形式——（家庭）历史的沟通传承》

① 哈拉尔德·韦尔策著：《社会记忆：历史、回忆、传承》中安格拉·开普勒编写的章节：个人回忆的社会形式 -（家庭）历史的沟通传承，第 92 页。

家族记忆的框架更多的是由观念构成的，这是一些关于许多个人和许多事实的观念，其还具有一个或多个群体所共有的全部思维标志。这些观念是具有历史性的，且具有整个群体或几个群体共有的思想观念特征。在每一特定家庭内，除了整个村庄所共同遵守的社会规则外，还存在着一些思考在内的习俗与模式，这些形式都被强加给家庭成员的观念与情感，甚至是以强加的方式实现出来，每个家庭或家族所特有的传统从普遍的、非个人的观念所构成的背景中凸显出来。物性要素充分体现了参与主体通过自身的参与对记忆效果的影响。村庄记忆客体不是抽象概念，而是与具体生动的现实生活相关，这所指的是村庄内发生的重大事件、日常生活故事等，它们所构成的所有村庄记忆载体蕴含的文化传统和思想理念。通过村庄中的主体亲自、重复的身体实践来加强其记忆，村民不可能回到某个特定的历史时空中去亲身体验以获取曾经发生的村庄记忆信息，但是记忆主体借助自身参与的主动性所产生的心理变化能够对记忆客体有更加真实直接的物性体验，甚至还能够在反复的物性体验过程中使记忆主体形成相对稳定的生活习惯与行为方式来延续传递村庄的记忆客体。

事实证明一个集体的成员用个人实践与社会实践来表达和保存集体的过去观念，实践本身所具有的沟通性或者与沟通相关联的行为可以成为有效传递村庄记忆客体的物性载体。物性要素反映出的村庄记忆与身体实践之间有着紧密的联系。村民个体通过在村落空间形态中自身实践行为的介入与回应来获得村庄记忆信息，从而更加深刻的诠释定义菖蒲古村既有的空间形态。也正是同姓氏族在村落中的世代居住与沟通交往等行为活动创造出自己的生活方言与历史文化，才形成了村庄整体环境的空间意义。

菖蒲古村与其他庐陵村庄择址开基的习俗相类似，同属于庐陵文化系统中。在村落择址建设之始，先有风水卦相大师占卜选址建开基房，又称开朝建筑。其选择的建筑形式与朝向在后面的建筑群建设时需与之一致。村民在建房时家庭观念左右着他们的生活行为，比如对于建筑内部空间的布置仍延续着长幼尊卑的传统家族观念，以厅堂的太师壁为靠，“左大右小”的辈分决定房间的归属，一般长兄住太师壁左边的屋内。这些家族的理念一直伴随着时间的更替遗存下来，时至今日，菖蒲古村的老宅子里若有几个兄弟姊妹，便是以这样的形式分派房间。建筑内部的装饰多采用墨绘来表达当时的吉祥纹样或对联，而墙体在建设的当时有一定的风俗说法，比如“金砖包银”。在菖蒲人的记忆口述才知一般墙体会用石扇或木扇进行整体包装，有钱人的“金砖”指的是木扇的墙面装饰。通过这些建筑民居以物化元素的方式来诠释了家族的记忆，在菖蒲人的记忆里，已经成为他们对村庄生活的认同标准。

村民还通过强制性的身体实践或者说是一种社会性的实践“仪式”来传承村庄发展与延续，从而达到村庄集体认同的行为方式。不论采用何种的形式，仪式都要求村民通过其身体力行的参与，来达到体验及巩固集体记忆、家族记忆的目的。借助身体行为、语言等行为活动在现实中重复演绎展现村庄过去的历史事件与情境，帮助村庄其他参与者在集体记忆中直观地体验过去，同时认同接受村庄的历史价值、体验村庄共同体的凝聚力。由于仪式通常与村庄发生过的重大事件或人物相关联，因此个人对于记忆场所潜在短暂的空间记忆便很容易转变为积极的村庄家族记忆。菖蒲村的族谱内记载了尹氏先祖及大事记，是村民们集体记忆的直接表达。无论是始祖迁徙、革命斗争、还是尹氏家族某位后代传人光宗耀祖的事迹都是村民世代的集体记忆，而在特定节日中举行一些与氏族相关的集体活动，通过族人对后代不断叙说历史与反复仪式化的物性参与，能够保持维系且强化村民的集体记忆。

第三节　场域记忆——村落空间形态的场景要素

“记忆是场景化的，它所通过的场所的空间布局在不经意间突然显现。”①

——莫里斯·哈布瓦赫《论集体记忆》

集体记忆的维系与保持有赖于社会环境与生活场域的支持。正是因为集体本身是没有记忆能力的，集体记忆为特定群体提供了一种具体的生活情境和一个翔实的记忆框架，而个人正是利用其所身处特定群体的生活

① ［法］莫里斯·哈布瓦赫著，毕然 郭金华译：《论集体记忆》，上海人民出版社2003年版，第68页。

情境去记忆或再现过去。场景要素是村庄记忆所依托的场域的一种表现形式，其与村民的生活环境、历史事件、乡村习俗等记忆客体材料共同促成了记忆主体所产生的氛围感受。

集体记忆通常借助场域环境的激发以场景图像反映在人脑中。一些经历过或未曾参与的事件等在不经意间受到场所情境的刺激与触发不断地呈现出来，勾画出一幅幅与村庄记忆主体的情感相交织的生活场景。人们通过场所记忆反映在人脑中的表象来捕捉与村庄相关的重要信息与片段图像，这些单一的视觉记忆与记忆主体在场景体验历史情节时的心理状态都具有一定的内在主观性。场域记忆通过外在的空间环境表现形态与内在的记忆暗示，使得一些不在场所内的记忆图像主观的介入到现实中，然后记忆主体不断地对村庄一些特定历史事件与场景环境的回忆，促使其场景记忆特征与其他村庄区别开来，形成了古村整体印象保留在其意识形态中。人们在受到场域记忆所带来的情感触发下，记录了集体记忆载体所涵盖的信息与内容，当类似的情感或记忆载体再次出现时，能够及时地回忆起之前记录下来的信息，这充分体现了村庄记忆客体对主体的记忆信息所产生的作用，且更加侧重于记忆载体的综合特征对记忆主体所产生的情感反映。

一、巷道

场景化要素包括村庄的空闲块形场地、具有方向性的巷道、具有序列位置的肌理空间等。村落空间通过建筑物的实体或界面围合出来，其围合的程度体现村庄的封闭性特征。村落内组团强调体量感的建筑群体来界定连续性的巷道立面，以线型流动来规避人在行走体验中可能产生的方向混乱，菖蒲古村的单元组织利用巷道模式的空间作指引，不同巷道节点与建筑空间的开闭与围合使得村落空间肌理与整体布局的限定提供了自由多样化空间组织的可能（图 2–6）（图 2–7）（图 2–8）（图 2–9）。

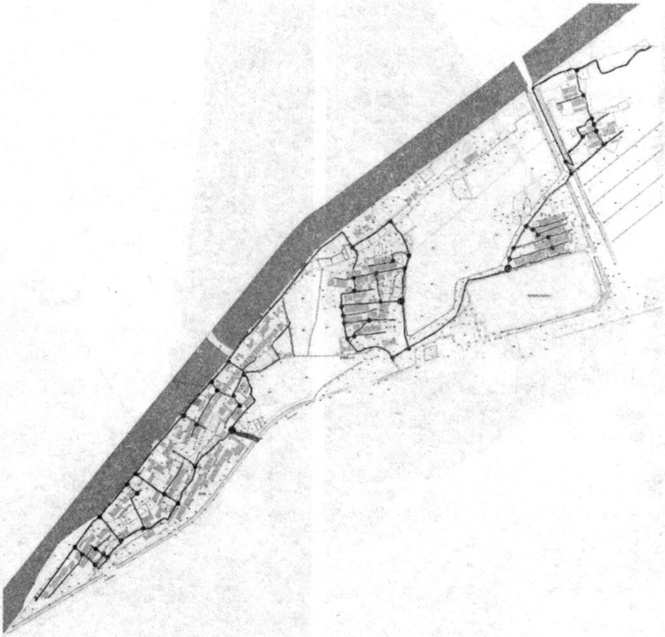

图 2-6：菖蒲古村巷道空间图

（图片来源：作者绘制）

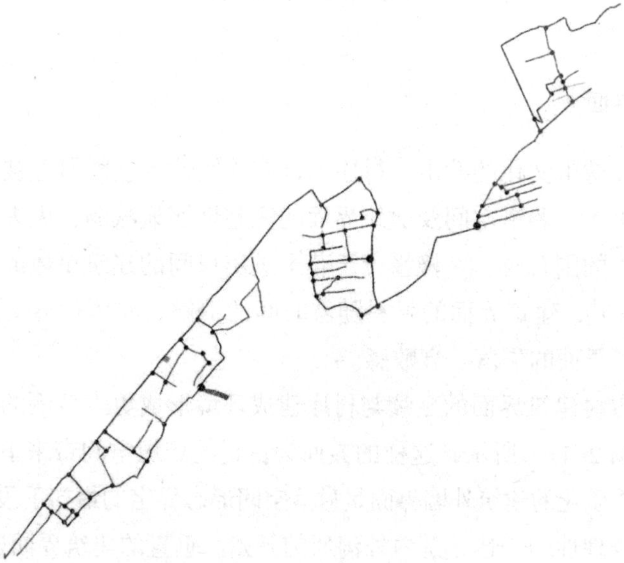

图 2-7：菖蒲古村巷道空间节点

（图片来源：作者绘制）

图 2-8：菖蒲古村巷道

图 2-9：菖蒲古村巷道

（图片来源：作者拍摄）

二、界面

在现代城市文化的冲击，村庄内许多连续性的空间肌理被切割成了分离的建筑单元，巷道空间及建筑界面的完整性明显减弱，失去了由连续性界面所产生的围合感，一幢幢位于若干进出口间的建筑单体成为孤立的单元（图 2-10），建筑界面的材料随着时间的消解，实体边界变得模糊而裸露，加剧了界面的失落、衰败感。

菖蒲古村建筑界面的延续与村庄建成环境形成更大范围的整体协调关系，如（图 2-11）所示，这样的界面为古村的场域空间带来了更多诠释的可能性。物质化的建筑外墙界面是村落空间形态界定的最初手段，窗户的布局设置有着理性的表达，是内外沟通的开始。垂直的建筑界面连续而完整，村落边界呈现出虚实变化。完整连续的界面凸显出村落肌理空间的体量感。

图 2-10：菖蒲古村建筑界面

（图片来源：作者拍摄）

图 2-11：菖蒲古村巷道界面

（图片来源：作者拍摄）

三、尺度

在传统村落保护中，对于尺度感的把握能够反映出村民特定的生活方式与行为习惯，需要控制好巷道原始宽度与建筑物高度的比例关系，这对记忆主体的体验心理状态的表现显得尤为重要。村民多以步行的方式在村庄巷道内行走，其尺度的大小决定了乡邻之间交往关系，适宜的尺度与富有层次的建筑界面使人在步行的过程中获得亲近感。街道尺度的放肆拓宽与建筑高度的随意增加等比例变化的自发改造都将破坏村落内原有的尺度感与亲密度，即使巷道两旁整齐的建筑刻意的保持原有风格，但村庄的场域氛围与文化感知都会因为尺度的变化而彻底改变（图 2–12）。在菖蒲古村调研访问中，多数的被访村民谈到对菖蒲古村变化最大的感受时，多半都提及了该变化带来的心理疏远感。

人与物之间距离尺度增大，弱化了记忆主体对整体环境的多种感知，这就好比我们退几步来观摩一张绘画作品，画面中许多生动的细节被忽略和排除了。菖蒲古村在前一期改造中，道路尺寸宽度变大，建筑物与人之间的沟通变远，让人对村庄环境的感知变得更加陌生。

图 2–12：菖蒲古村局部的尺度被放大

（图片来源：作者拍摄）

四、材料

在村落整体环境中有着自身特征明显的自然与人造景观，为了更好地让记忆主体回忆载体信息，建设者可以根据自然材料与现代建筑材料性质、结构特征等方面来尽可能地优化村庄场景的组团领域，有效的利用材料的特性来更新既有的场域记忆。

调研中发现，菖蒲古村的多数建筑屋顶与砖墙材料都会就地取材或是使用同一大小规格的砖块堆砌来协调统一村庄的整体基调和建筑形式，从而使村落整体环境统一、有秩序。建筑色彩上，“青砖黛瓦”的庐陵风格保存下来，这里大多的民居采用的是青砖砌筑的清水外墙，在过去大多都是手工烧制的砖块呈青灰色，这样的色调是村庄建筑的中间色，而灰黛色的瓦面是村庄建筑的低调色，在墙头、门斗上布画的黑白或彩色题字是整栋建筑的点笔提神之处，整个村庄建筑的三大色调平衡协调，使其外观显得十分和谐、庄重（图 2–13）。这样不加修饰的外墙充分地显示出材料原生性的本质美，加强了菖蒲整个村庄的场域记忆的层次感，让记忆主体对载体所传达出来丰富复杂的记忆信息更加深刻（图 2–14）。

图 2–13：菖蒲古村青砖建筑屋面

（图片来源：作者拍摄）

图 2-14：菖蒲古村破损建筑材料截面

（图片来源：作者拍摄）

值得强调的是，菖蒲古村的建筑物、巷道及公共空间作为村落事件、生活故事发生的场所和背景，有必要塑造村落原住者的体验记忆。这些记忆载体决定了场域特征以及人在村落空间中的所获得的感知，或亲身体验的、或历史纪念的，都能反映在村庄集体记忆要素中。

第四节 符号记忆——村落空间形态的符号要素

符号要素表现在记忆主体的知识经验能够对文化信息产生能动作用。村落环境的整体形象可以理解为一个特定的象征理念。人们将村落记忆载体置于某个特殊时空的固定位置上，对其进行符号化诠释。符号要素不同于以真实直观、情感化的场景要素，更多强调的是人们在现实意愿表达的前提下对村庄文化内涵进行逻辑思维的过程。符号要素不仅能够回忆起个人对过去的经历，而且也能够促进记忆主体之间的交流与沟通，具有一定的文化互动性。不同的人能够通过对菖蒲古村内具有一定文化内涵与历史意义的特定事物进行符号化的诠释与理解，从而强化了人们对村庄记忆的文化认同与精神共鸣，而人们最终如何获得记忆载体进行符号编码后的事物直接取决于记忆主体既有的经验与现实的需求。

一、象征性

象征性符号是通过累积与沉淀的村落综合文化特征借助记忆主体的物性要素进行建构的，其表现出记忆主体对村落物质空间形态和社会行为活动的概括解释。村落中符号要素在经过记忆主体的编码与概括之后，作为特定时期的记忆载体分别象征着相应的文化涵义。在剖析这些符号要素时，不同的思考方式能够体现出独特的村落文化模式，且具有一定的文化差异性，通过置身于当时村落背景下的记忆人或掌握这些符号编码规则的社会人，才有可能理解符号所象征的历史文化内容。

菖蒲古村的民居建筑外部的形式多用“飞檐翘角马头墙”（图 2–15），邻里建筑挨靠的较近，按照现代防火规范的要求，防火间距太窄。因此防火的功能需求墙体必须高出建筑本身的房架，使之能够阻隔火势蔓延，经过艺术化的处理后，形成了我们现在所看到的“马头墙”形式，其多半呈阶梯式山墙同坡屋面相协调，在每个马头墙上覆盖青瓦用作收束压顶，甚至会用砖砌出不同的花饰。马头檐角高挑的翘起，似展翅般“飞檐翘角”赋予了更多的艺术性，而檐角下的墀头会添加一些吉祥的纹样和避邪的图腾，黛黑的瓦檐与黑白浓墨勾画的图案纹样使得马头墙的轮廓增添了装饰的情趣。井冈山一带的建筑体形偏小，因此在马头上的处理会显得小巧别致，尺度也是精心推敲的，这些艺术的点缀使得村庄的建筑简而不陋，且多半都富含当地的一些特色与故事，让古村的建筑赋予了深厚的文化寓意和象征意义（图 2–16）（图 2–17）（图 2–18）（图 2–19）。

图 2–15：菖蒲古村建筑的“飞檐翘角”

（图片来源：作者拍摄）

图 2–16：重点装饰的门头

（图片来源：作者拍摄）

图 2-17：菖蒲古村建筑符号 图 2-18：菖蒲古村建筑符号 图 2-19：菖蒲古村的符号记忆

（图片来源：作者拍摄）

二、叙事性

符号要素内容除了象征性功能同时还具有一定的叙事性。符号要素的叙事性通常与村落始建及历史故事有关，且与村落相协调的历史背景及社会建构的空间内涵相映衬，是村落遗存的物化形式。人们可以通过对村落的物质形态与公共空间进行身体力行的叙事展演与记忆体验，能够将有关的历史故事和文化观念与村庄记忆主体相联系，从而成为记忆主客体之间沟通互动的场所。另外，记忆主体从符号要素中体验除物质形式以外的叙事系统内涵的同时，也为原住民与游客提供更多的可读性。在村落的发展变迁中，符号要素的内涵也将随着人们赋予它新的意象和定义而不断累积或重新限定（图 2-20）。

刷写标语 红军每到一地，都在墙壁上写满标语，仅 1928 年 5 月，红四军第十一师第三十一团、三十三团写在行洲李文銮家墙上的标语达 30 余幅。

张贴布告 井冈山斗争时期，红军通过张贴布告的形式开展宣传，如《告绿林弟兄书》、《告商人及知识分子》等。1929 年 1 月四处张帖的《红军第四军司令部布告》尤为通俗易懂，取得良好的宣传效果。

漫画宣传 红军用形象、生动的漫画形式在墙上画出《中国工农革命军第一军第一师》的军旗；描绘《工人、农民打土豪》的场景；画出《党支部是游击队的火车头》等表示党指挥枪的形象画面，动员和发动了广大人民群众。

图 2-20：井冈山地名志中记载的标语、布告

（图片来源：《井冈山市地名志》）

在1927年毛委员率工农革命军来到井冈山，每到一处都会在房屋的墙上刷写标语口号，宣传中国共产党的主张和革命军的宗旨及各项政策，揭露国民党反动派的罪恶。而菖蒲古村由于历史位置的特殊性，经历了国共斗争时期的对峙，井冈山被革命斗争分割呈现出白区与红区的划分，菖蒲古村当时处于尹道一等国民党将领控制的白区内，后被红军所替代管辖，乡民思想及文化上需进行一定的革命教育，而部分建筑的装饰上便有所影响与体现。当时的部分人家会在门梁石或梁架的墙体上刻有红色年代特定的标语、文化词语类，几代人过去，现在仍然会听到一些曾经经历过事件的年纪尚老的乡民指着这些符号向后人们来叙述当年的事件及故事，即使那时的回忆人还很小甚至还不到记事年纪，而这种像后代传递、共享历史的认同感持续保存下来，表明了符号要素所占据记忆主体的重要位置和情感。这些标语作为村庄记忆的符号，这都与菖蒲人的活动方式与生活规律相关，具有明显的时代特征。这些叙事性的符号要素确定和记录下来当时的独特事件尤其重要，即使它们并不能代替村庄所有的记忆内容，但是它们却有助于人们更深地了解菖蒲古村、培养集体记忆、增加乡民的凝聚力。这种叙事形式的沟通实践是菖蒲尹氏家族史和家族记忆的基础，其具有为整个家族纽带也同时为每个菖蒲家庭成员缔造认同的功能（图2–21）（图2–22）（图2–23）（图2–24）。

图2–21：建筑外墙隐约的革命标语

（图片来源：作者拍摄）

图 2-22：建筑外墙隐约的革命标语

（图片来源：作者拍摄）

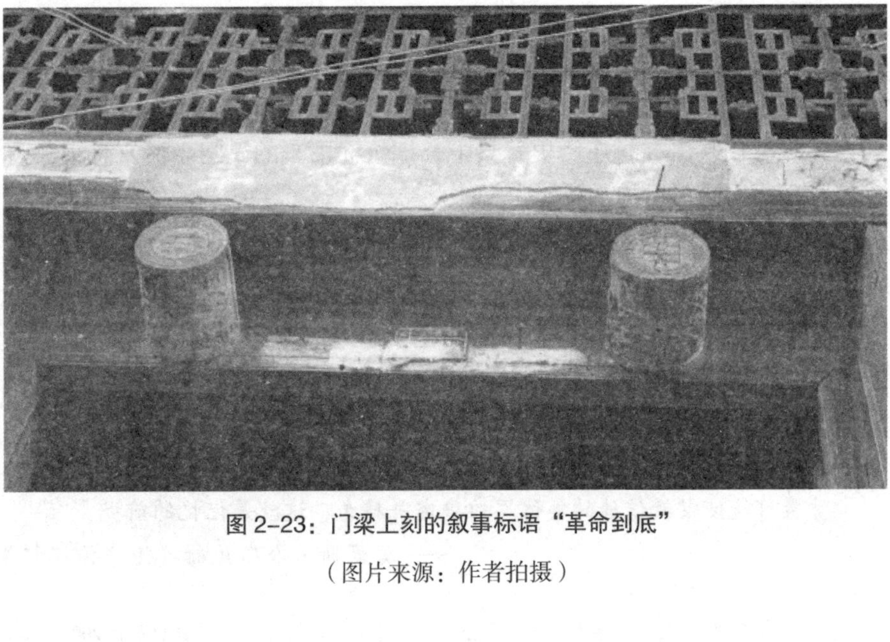

图 2-23：门梁上刻的叙事标语“革命到底”

（图片来源：作者拍摄）

图 2-24：墙上标有“毛主席语录”

（图片来源：作者拍摄）

一个传统村落保存着一些代表事件记忆的文化载体，来作为人们对此村落发生过的历史事件的基本记忆参照。当然，乡村生活所呈现出的文化内容并不是单调乏味的，这些附着着村落传统文化与审美意趣的物质符号要素是能够反映出在村庄历史背景下长期沉淀下来的民间生活气息，具有深厚的文化内涵与精神承载能力。

第五节　感知记忆——村落历史事件的“记忆场”

“场所在保持实物稳定性方而发挥了一定的作用。正是由于定居在这些地方，将自己圈在这个范围之内，改变自己的态度以适应这些地方，才最可能使宗教信徒的集体思维稳定并持久，这就是记忆的前提。”①

——莫里斯·哈布瓦赫《论集体记忆》

① ［法］莫里斯·哈布瓦赫著，毕然 郭金华译：《论集体记忆》，上海人民出版社 2003 年版，第 66 页。

集体记忆在本质上是立足于现在而对过去的一种重构。把空间作为记忆媒介过渡到把建筑物作为记忆象征。为了避免记忆的空幻、不真实，我们所记忆的事件又必须依托于曾经发生的某地、某场所（图 2-25）。记忆与场所之间的联系就显得格外重要，假设记忆可能是事后的杜撰，但如果在一个地方准确的定位并进行纪念，那么这个场所的本身就是真实的，且空间结果也是真实的。相反，如果没有“记忆场”的记忆则容易被人遗忘或者真实性无法被证实，便也容易造成记忆的断裂、认同的异议。人们有意识或无意识的行为、概念等作用下对特定场所的自我认知与情感价值意义在村落建成环境中相互影响，村民通过将自我认知结构与村庄认同赋予其住所、场域等环境中，其存续了村民个人或集体情感。这样的“人地关系”相互依赖、产生归属感，实质其场域的建成是包含了村民物质生活与心理感知意义两个层面。

菖蒲古村的尹氏宗祠始建于清代乾隆己未年间，后在清光绪戊辛年毁于战火，民国二十九年，由尹氏族人多方的筹集资金重建，民曰“合理堂”（图 2-26）。几经族人的修缮，“合理堂”不仅在菖蒲人的记忆中有定向的功能，还作为人们心中神圣的记忆场所，赋予了一定的文化象征意义。同样让村民有着更加深刻的记忆留下，使村民想起在宗祠这个记忆场所的过往，想起一起排排坐在宗祠内看戏的记忆情节，这些回忆的过程伴随着亲密而熟悉、怀旧而深刻的感情因素，唤起了在特定时代的历史事件和感怀情景的记忆，这样的历史记忆场所具有很强的体验感知和教益性（图 2-27）。

书写楹联　红军的各级领导者、指挥员以及宣传队，利用各种场合，根据当时的情况书写生动，趣味门联、对联，以鼓舞士气，激发群众，讽刺敌人。

图 2-25：井冈山地名志中记载的革命时期书写楹联

（图片来源：《井冈山市地名志》）

图 2-26：宗祠合理堂牌下的戏台

（图片来源：作者拍摄）

图 2-27：戏台两侧的对联

（图片来源：作者拍摄）

第六节　价值记忆——村落居民乡土情怀的价值构建

村落的记忆内容通常是由几代同姓族人的实践经验结果而构成，符合村民世代生存的法则和不同时代的心理需求。而村民们的乡土情怀与价值观念更多地侧重于记忆主体的主观情感体验，包含了与村民生活方式戚戚相关的乡土事物，表现出感性、多变的记忆特征。例如，村落的传说、神怪故事、民俗、方言口语、民歌等都能够代表村庄在某个时代或者当下的乡土情怀与价值取向。这些作为一个村庄主流的民间记忆，记忆的形式被村民所熟知，其价值的内容与村民生活内容相关。

传统村落的记忆需要得到村民共有情感与文化认同的支撑，其记忆的价值取向的提取应从村落发展的若干年中的大多数人，大多数家庭的观念价值的角度出发。村落记忆的价值构建更多地涉及是到本土文化、村庄文化及家族观念之间的认同与沟通，其记忆的存续基于村民的历史体验与文化认同的内涵，一个村庄的价值取向特征为村庄发展营造提供了方向。作为传统村落记忆载体的表现者，应该站在公众的立场上强调沟通和理解（图 2–28）。

文艺演出　红军宣传队化装演出，在井冈山上的茨坪、下庄、大小五井、白银湖、上下烟、黄坳等地通过《活捉肖家壁》、《打土豪》、《二羊大败七溪岭》、《交枪》、《打倒尹道一》、《抓狐狸精》等文艺节目，来激发广大人民群众的革命热情。黄洋界保卫战胜利后，宣传队根据这一重大体裁，按京剧《空城计》填写了一段《毛泽东的空山计》的戏文，配上《空城计》京剧唱腔，在根据地军民中广泛演唱。

图 2–28：井冈山地名志中记载的革命时期楹联

（图片来源：《井冈山市地名志》）

在现今新农村建设的过程中，如果为了达到部分人的功利性目的，村落的记忆客体就极有可能受到这些群体的操纵控制，村民的乡土情怀的价值或将被重新建构，甚至可能会转化为一种强迫性的村落价值重构实践。在菖蒲古村的现状中，也存在些价值取向的冲突与矛盾：一些公共的空间被私有化，本土的意识形态出现分化，部分的历史建筑群体出现整体形态的片断化，一些赖以支撑的多元、多彩的村庄公共生活失去了独特的生命力。比如，菖蒲村现存下来的地方戏曾是村庄生活的艺术魅力，曾被广泛流传演唱的《打倒尹道一》等地方戏讲述菖蒲古村本姓人的革命斗争史，用来激发村民群众的起身斗争的革命热情，而现已经越来越被村民所淡忘。

菖蒲古村的民居建筑本身构成了村庄的基础单元，其建筑的形态与结构集中体现出菖蒲村的基本形象特征及其他们靠经验保留下来的生活方式，表现出生活在这儿的村民对于其本土的另一种理解。这种“自然生长”的村落空间形态在不规则、较自然的建设中融合了神话传说、乡土惯例等菖蒲古村的传统文化的原型，并且隐藏在其地形特征、社会习俗、宗教礼俗等方面的特定秩序与意义。村庄的价值取向反映了与村落主体人的生存感知与生活体验相关的意识形态，此外，菖蒲古村的价值取向也要求现在的村民处理好集体与个体之间的利益关系，处理好各利益主体之间的互动，找好不同社会价值体系之间的共存点，同时把握好在集体认同的前提下包容不同主体文化的多元性价值取向，使得反映在村落历史建筑群与公共空间等物质载体上的集体记忆能够最大限度地融入村民的社会生活中（图 2–29）（图 2–30）。

图 2–29：菖蒲古村的乡民生活

图 2–30：菖蒲地方戏

（图片来源：厦坪镇政府提供）

村庄集体记忆与村落空间形态之间存在着十分紧密的联系。村落空间形态的演变就是村落历史沉积发展的长期过程，而人作为村庄的主体时，村落空间形态对于人们精神层面的意义十分突显。传统村落空间形态更表现为一种独特完整的文化传承载体和方式，其空间结构与记忆要素的组合方式集中反映了传统村落文化活动中的集体意识及价值观念等思想。

本章着重探讨莒蒲古村各空间形态的记忆联系，结合了调查访谈的方法对莒蒲古村的空间形态的记忆要素进行分类，案例调研分析来增强结论的实用性。

这些记忆要素作用于传统村落的空间形态中。其中：

（1）自然要素所强调的是在莒蒲古村的自然物质背景下对客观对象的理解；

（2）物性要素强调了两个方面：一个是作为记忆主体的个人实践的参与性，另外一方面是强迫性记忆的社会实践（仪式）；

（3）场景化要素侧重于客观对象的内容所反映的记忆客观性，包括了莒蒲古村的巷道、界面、尺度、材料等内容分析；

（4）符号要素则强调记忆主体对载体所认知与理解的表达，从符号的象征性及叙述性两个特征来反映莒蒲古村的文化价值观；

（5）历史要素中以“历史事件发生场所”为依托反映的记忆特征引申到村落空间形态与公共建筑的权威性表达；

（6）最后在集体认同的基础上，以莒蒲古村的多元性的价值取向为基点来强调村庄生活与时代精神、文化价值的有机结合。

以上一章节为基本理论原理，本章基于莒蒲古村实际调研案例进一步阐述了集体记忆与传统村落空间形态之间共存互补的关系，对于莒蒲古村的空间形态记忆要素进行归类立足于“是什么”的详细探讨，为下一章探讨“提出问题——怎么做”的策略方法作了进一步阐述分析。

第三章 传 承

——延续菖蒲村落记忆的空间形态规划设计策略探索

第一节 历史记忆的割裂——相地为先、延续肌理

井冈山在经历多个历史时期的变迁，历史文化脉络出现了多重文化的消长和交融。庐陵文化是以庐陵古治属为核心，辐射了现今井冈山市部分区域性文化，其文化底蕴深厚，注重民族气节、忠贞爱国的信念是其精髓。地处湘赣边界的井冈山，一批深受忠贞爱国思想影响的先进分子把庐陵文化中的匡时救弊、齐家治国的元素与解放普天下穷苦工农的共产主义目标结合起来，这对井冈山军民百折不挠革命勇气与坚定信念的产生起到了精神濡染和转化作用。[①]

然而，菖蒲古村在经受历史岁月不断的冲击洗礼之后，有些空间形态慢慢地衰败在历史长河中。传统文化受到城市多重文化的强烈抨击，乡村人迫切期望得到城里人的认可，不惜推倒几百年的老宅建立起和城里人一样的楼房，老宅瓦砾上的家族印记被尘土埋没成为新宅的基石。当初承载着传统村落世代的建筑古宅被推平，村庄的历史记忆和文化记忆无法依托，割裂了村庄历史文脉，加速了村落的败落。乡民们的记忆遗忘了大量以前的事件和人物，他们绝不是处于恶意、厌恶或者冷漠，更多的是由于那些保存在回忆中的群体消失了。当一个村庄记忆慢慢消解，记忆中的个体，尤其是年长的个体去世或者脱离了这个集体，群体无论如何都会不断改变，记忆也在不断地调整边界。井冈山村落的集体记忆在现代文化的冲击下出现文脉断裂，群体脱离了本来的村庄意识形态，从而调整接受城市新意识的可能。要重新找到保存在这个村庄的社会群体记忆认同时，我们

① 陈忠志：《略谈庐陵文化对井冈山精神形成的影响》，《党史文苑》，2012年第2期。

有必要探讨延续记忆的可能策略。

一、相地为先

相地为先的“地”，不仅是人们赖以生存的土壤、水文、森林植被等自然要素，还包括了世世代代生活在这儿的人们及他们在这土地上留下的历史记忆与时空感知。在菖蒲古村中具有显著视觉特征的自然景观要素如罗霄山脉、拿山河流及一些珍贵稀少的岩石、树木等，村庄构筑的空间形态受这些自然环境景观的影响，都与村庄的历史渊源、宗族先祖及村民生活经验有着紧密的联系。村落通过不同时期不断地演进与自然环境相适应，容易获得村庄集体的广泛认同从而被人们赋予了永恒的象征记忆的意义。而保护村庄内这些原始自然环境风貌不仅意味着能够完整地保留村落自然区域形态的连续性，使古村的原始生态环境能够可持续发展，而且有助于记忆主体及其他研究人员对村落复杂的历史生活环境进行解读与理解，这也是延续菖蒲古村记忆的一个重要组成部分。相地为先策略的实施应该尊重以下原则来进行保护：

（一）在尊重自然的基础上，综合平衡村庄生态环境的可持续性与满足人们对生活及文化需求的关系，充分协调村庄的自然环境与人的有机融合，从而使人与自然环境达和谐发展。在传统村落中，人与自然形成了一种不可离分的整体关系。“天人合一”的理念反映在菖蒲古村的民居建筑及整体环境中，体现了民居建筑与自然环境相融合的朴素和谐关系，也可以说建筑与自然环境相融合体现了菖蒲古村民居建设的生态理念。村落的空间形态生于自然、融于环境，与周边的自然环境合而为一，使得菖蒲古村能够达到形态与自然同化、空间与自然融合，不分彼此，达到物我浑融的境界。

（二）融入传统认知、集体认同的村庄整体环境保护观念，人们正是通过对村庄的环境认知与集体认同过程中摸索出人居和谐的村落空间形态构建方式，这其中所包含了古村所依存的基本环境形态与营造过程中所遵循的哲学思想。社会经济的发展使得“天人合一”的环境观弱化甚至遗忘，取而代之的是过度改造与建设破坏，所带来的生态环境恶化的后果也愈来愈明显。人们只有遵循自然环境的客观规律，相地为先，才能够保证让菖蒲古村的环境传承保护下来的最根本的途径。提出“相地为先”的策略原则正是根植于集体认同的基础上所体现出的乡村环境观，建设者应该从新视域角度中通过合理的运用传统与现代技术来重新审视菖蒲古村传承的保护方式，为这一古老的环境思想理念赋予新的意义和内涵。

（三）尊重菖蒲古村村民的文化习俗和生活需求的基础上，以村庄可持续发展为立足点，通过对村落自然环境与系统资源的全面调研和透彻分析，制定出合理配置土地等自然资源的规章制度，采取有效节制性的方式策略来合理使用自然资源以满足当地人的生活需求。

（四）菖蒲古村的经济发展必须与其依赖生存的自然环境系统相协调。自然环境的免疫系统对经济发展方面的作用力的极其敏感，人们必须深刻地认识到经济利益获得的背后对自然生态系统的破坏的利益双刃性，因此在建设的过程中必须遵循客观存在的自然法则。与此同时，建设者应该考虑到生态效益与经济效益的共生性，建立一个可持续发展的村庄生态经济复合系统十分必要，使菖蒲古村在不断发展与演进的过程中既能够获得一定的经济效益来保障村民的生产生活，同时也有利于村庄环境的良性可持续发展。在菖蒲古村的发展中必须认识到生态环境是经济发展的基础，是村落发展的前提，若忽视生态系统的完整性而一味地追求村庄的经济增长和村民的物质富裕，将使村庄陷入一个停止不前甚至发展倒退的恶性发展模式中。

二、延续肌理

延续肌理是在尊重相地为先的策略前提下，对于传统村落空间结构的严格控制，使空间尺度、巷道建筑密度、建筑体量与建筑高度等方面延续传统村落公共空间的原始形态，使得传统村落的空间形态能够传承留存下去。

在对菖蒲古村空间结构的把握及控制外，我们还要关注村庄的实质环境与当地居住人群之间的互动关系，整合村落记忆要素，进行归类提取的元素加以抽象化，比如村落空间肌理关系、建筑形态的肌理表达等。一方面为了保护菖蒲古村的历史文化、满足当地村民现代的生活需求，另一方面为存续村落肌理的空间形态与现代建设模式相冲突的矛盾中寻找出有效平衡的保护措施与机制策略。结合菖蒲古村的历史环境与当下建设规范中实际情况，总结其在发展过程中所保留下来经验规律，再将村落中相关肌理特征的表现形式进行归类，去除变化、延续肌理。根据菖蒲古村生活需求与制度要求，进行适当的设计规划与改造，从而保持菖蒲古村历史文脉的整体与统一，唤起人们对菖蒲古村所保留下来的文化记忆感知，获得一定程度的心理认同感。延续肌理的策略在对菖蒲古村的空间形态及场景化记忆要素提供有效的保障措施，我们可以从以下几点进行延续性的保护探索：

（一）对于菖蒲古村的公共空间中的节点如祠堂、会址遗址等传统建筑，保护中强调系统化设计和参数化设计，应该通过量化的数据录入与统计研究，得出其在单体建筑等方面的定义式参数，且这些定式参数必须严格遵守。

（二）通过对菖蒲古村功能分区的研究归类以及建筑密度、空间肌理的村庄整体布局数据的统计，可以定义出传统村落空间中单体建筑密度及巷道尺度的控制原则。在乡村营建中的实际需求更多地体现在对本土材料的再生利用与现代快速的建造模式上，运用一些高技术的倾向保护设计提倡本土材料和现代建造技术结合是具有一定适应力的乡村建造模式。菖蒲古村原始自发建造的过程中通常就地取材，在古村保护与更新的过程中建筑师专业指导性的参与，积极剖析传统营建方式的可操作性，适宜地融入现代建造技术，从而能够在实质上对菖蒲古村环境意象的整体保留，延续生态环境的系统发展，增强村民内在体验的感知，且为人们提供一个共同记忆的空间。

第二节　空间“魂”的消散——诗书礼乐、一脉相承

在历史时空的演变中，菖蒲古村所呈现的既有空间形态变化大都一脉相承，建筑单体空间的组合与巷道空间、村庄环境等都是村庄不可或缺的要素，它们各司其职又相互联系。在古时的村落建立形成均会遵循村庄的自然环境和风水八卦。而如今在大拆大建中，菖蒲古村的部分空间功能发生实质性的转变，各空间的功能没有得到很好的发挥，传统村落空间形态面目全非，少了自己的村庄特色，乡村人的记忆被破坏殆尽；另外菖蒲古村的周围被外来企业投资人员进行旅游开发等建设，人员的迁入与流动，

使菖蒲古村出现部分文化异化。异地文化入侵、不规范的旅游开发、瓷器制造等工厂建设破坏了菖蒲古村的原生态风貌及平衡机制，影响了传统村落环境的完整性。本土性、原真性的记忆载体要素十分脆弱且不可再生，面对不同文化和政策的冲击时，很多原生态保护与旅游开发等建设本末倒置，菖蒲古村的整体空间遭到部分的破坏埋汰。

一、诗书礼乐

“诗书礼乐”是指传统村落空间形态中的生活主体即当地居民在传统文化记忆层面的传承与保护。这是对于传统村落组团及巷道邻里空间而言的，在论文的第一章节已经专门论述了巷道邻里空间与集体记忆之间的联系，这些传统文化要素与传统村落空间相互联系、一脉相承，是不可分割的有机整体。通过鼓励与支持蕴含在组团邻里空间内的极具当地文化特色的文化记忆要素，进而留住传统村落空间的“魂”。对于“诗书礼乐”所指内容的保护策略应有针对性地进行以下方面的传承：

（一）对于一些传统文化遗产与菖蒲古村当地的自然、人文、社会环境紧密相连的历史性、文化性的保护，强调突出其原生态性的保护传承核心，尊重村庄原始生态环境是重中之重。注重自然生态与人文情态的统一，村庄自然生态是世世代代的村民赖以生存之根本，人文情态是记忆主体长期累积的经验所形成的生活习俗等方面的文化体现。在更新过程中我们可以通过强化村庄内的民居、山涧、溪流、农田、古树、炊烟等具有极强识别性的乡村景观来保持其独特形态的识别性，发挥乡村本土的美学功能，而这些景观的识别性能够突出村庄的内在价值。同时还可以利用井冈山当地的民风民俗及传统农耕文化的生活形态，最大限度地保持村庄古有的质朴感。

（二）针对散落在菖蒲古村中具有一定真实记忆及历史价值的或具有一定审美情趣的文化遗产，比如历史建筑及具有历史文化价值的遗址。都应注重强调保存其空间形态的原真性，对这些记忆载体进行整体有序的传承。这些真实记忆文化脱离了其所依赖的物质环境，便失去其真实的历史价值。必须在尊重历史原真性及尊重文化记忆保存的基础上，根据其影响的范围、价值等进行分类排序，确定其相应的保护级别，可以分阶段、有主次的进行有效的保护。往往在村落保护和更新的过程中这一方面易被忽视或简单符号化，菖蒲古村中一些能够向后代传递、与之能够共享历史的村庄认同感已逐渐地丢失。我们应该考虑这些能够对村庄历史发展具有一定共享意义的但被忽视的物质记忆载体来有作为村庄文化遗产的景观组成部分，这也就意味着将村落的保护范围延伸到容纳村民日常生活的其他类型场所领域中，例如戏台、交往节点等。哈布瓦赫认为拥有共同记忆的长期居住者对所共存地方的记忆会随着记忆空间的变化而不断变化，尤其是环境的破坏都极易对此记忆产生威胁。当一些同时拥有共同记忆的群体离开了记忆场所之后，最终只在他们头脑中保留下来对记忆场所的基本印象，他们对原本的记忆场所进行了一种象征性的概括。抓住集体记忆的灵魂，认清这种象征意象的稳定性也阐明了信仰的持续性。

（三）对于菖蒲古村的民间活动仪式及传统文化记忆的传承，需要考虑通过实践将村落的一些传统仪式、社群活动及文化生活作为集体记忆保存延续下去。要突出讲究重点，不可完全套用过去文化的表现形式；注重对村庄精神生活的核心价值理念的提炼、总结与传承；注重村民的生存活动方式及记忆的传播，要充分满足村民自身各层面的需求。传统文化记忆的表现形式变化反映了村落内文化及社会价值取向的变迁。在菖蒲古村中文化记忆的表现形式所呈现出了两种状态：一种是代表着菖蒲古村在过去一定时期内已经结束的发展过程，能够映射在某个具有时代特征的物质载体上，反映出村庄在某个阶段中的普遍价值观念；另一种则是乡村生活的现代模式与过去保持着一定的发展与变化，但其本身仍然处于一种自然演变状态中留存的记忆物证。尽管随着人们生活方式、行为习惯的改变，部分记忆载体的原有功能逐渐开始削弱，但其仍然可以延续村庄的文化特征，且通过合理的运用能够重新赋予新的功能与意义，体现了其在物质与精神理念的双重性。这些传统的文化记忆在菖蒲古村延续下来是具有象征性的符号意义，代表了菖蒲古村的文化认同，这些认知意识是菖蒲古村区别于其他村落的自我表征方式。

（四）对于菖蒲古村当地民俗习惯的继承，应该充分地把握好民间的文化力量的发展，把经过长期积淀在菖蒲村民“骨子里的传统”调动起来，影响教育后代，将传统文化继续弘扬发展下去。与此同时，我们还可以通过一些当地的乡土景观与生态农业、文化产业、传统手工业相结合，将菖蒲古村的民俗体验、休闲度假等第三产业进行系统的整合，来促进菖蒲古村生态效益与经济效益的双赢局面。在2009年的农历大年三十，时任中共中央总书记胡锦涛同志在菖蒲古村与村民一起欢度新春，同时与村民一起体验了磨豆腐、炒板栗的乡村生活风俗。在菖蒲古村还至今流传着一套世代传承的习俗——祭窑，原住居民在烧砖瓦窑时，窑匠师傅造窑点火，而点火的习俗颇为讲究，古时这是为了祭祀火神，这些具有当地本土特色的民俗都是其本土文化记忆要素的符号诠释。这些传统生活民俗的核心是菖蒲村民所构成的社会网络结构，其反映了对其社会人文环境的生活方式的保护和更新。注重村庄生活空间的塑造，保存延续村庄生活的真实性，要求将菖蒲古村文化形态的静态保护转化为对村庄实体空间、社会形态、自然生态环境及人文环境的和谐关系动态有机的延续与更新。

二、一脉相承

在论文中提出的“一脉相承”保护策略是指通过对建筑形制、建筑营造技术、建筑材料等建筑单体空间要素进行有意识、有选择的严格保留，能够使传统村落中的民居建筑不施现代粉黛地真实呈现在世人面前，强调其完整性及原真性。

井冈山在经历时间长河的文化变迁与客家人的迁徙，在以庐陵文化为主导文化系统中又渗透了客家文化。战争年代，井冈山因为地形的险要成为红色革命发祥地，也留下了不可磨灭的红色文化记忆。这些文化的交汇和冲击，形成了现在井冈山地区所特有的文化特色和精神风貌。而菖蒲古村作为井冈山遗留下来的传统村落同样受到多重文化交融和碰撞，考虑传承其古朴和谐的原生态村落美感，就不能仅仅只是让其成为纯粹的建筑艺术展示品。传统的民居建筑是时间的延展，体现出特定村庄的场所精神与文化记忆之间的深刻理念，其包含了传统生活经验与长期形成的行为习惯等方面。我们应该将其生活形式与建筑形态、村庄环境相统一的整体一脉相承地延续下去。一脉相承的策略有以下方面:

（一）传统营造技术是民居建筑实现且留存到现在的根本技术保障。传统建筑的形式同样也不能脱离传统营造技术而存在，我们只有将其完好地保存发扬下去才能使村庄民居建筑完整地传承下去。在具体的实施的过程中需要做大量具体的细化工作，比如在规划设计的指导下，菖蒲古村的保护、更新的过程，应充分的听取当地村民及本地工匠的意见，尽量的接近菖蒲古村历史原风貌，对具有一定价值的民居建筑比如厅堂、装饰等文化遗产进行修缮，根据村庄实际情况应对它们确立一个“十年一修”的硬性标准。对于传统建筑中营造技术的把握应该尊重本土文化中习俗的建设，这些建造的习俗禁忌是村民一直传承下来认知上所固化的结果，对于当地村民而言是生产生活的组成部分。村民对自家的建筑形态的意义极为看重，他们用吉利或忌讳来衡量建筑形态所传达出来的意义。我们不能完全把这些看作是迷信的消极因素，尽量避免与村民固有的社会认知图式发生抵触。

（二）对能反映菖蒲古村乡土建筑形式的特征、材料、装饰、营造形式等各部分都必须保持传统的样式，避免用现代的审美意趣与建筑形式来随意的增减民居建筑元素而破坏传统民居建筑的原有风格。由于菖蒲古村建筑保存下来的时间跨度大，受到多重文化的冲击与渗透，现阶段的村民常自行加建或增减建筑元素，若只是通过对建筑外观及造型的简单盲目的传承，最终只能够呈现出伪建筑景观风貌。因此，我们首先应该对现存的建筑形态特征进行有步骤的归类，按照这些形态特征在民居中所占比例与记忆传承必要与否进行有主有次的重新分类；其次，针对各建筑形态特征的独特性分别从建筑色彩与建筑材料方面进行具体类型的比重提取；最后应重视菖蒲古村中具有明显的地域特征与一些具有历史记忆价值的空间节点之间的场域关系，比如在菖蒲古村的民居中，建筑中的门、门梁等特有的装饰方式直接影响到村民的心理感受及记忆类别。

（三）对凸显菖蒲古村记忆要素的承袭与改良从根本上应融入乡村营建的过程中去，这也是对菖蒲村落记忆的一种延续，同时也能够达到协调的营建结果。在保护与更新的过程中应在保留村庄原有民居风貌的基础上，突出菖蒲古村的建筑材质及细部特征，在满足村民现代生活的功能需求且造价低廉的情况下可以考虑等价有效方式的适度互换方式来替代现代营建常用的设计方式，保证村落建筑群体能够最大限度地整体延续下来；如果当这样的营建手法不能够保证其整体的延续性时，甚至成为阻碍村民提升生活品质等基本需求时，我们应该选择能够融入到村庄环境中相对成熟的现代营造方式进行更新改造。

传统村落的空间形态特征与记忆场所的营造不能够只是由几座孤立的建筑古迹、纪念物组成，而更多的应该在于村民世代积累下来的日常生活形式、建筑整体环境、空间序列及肌理结构的关注，它们共同构成了菖蒲古村落整体的历史风貌、环境氛围和人们的记忆意象，我们应该立足现代、继承传统、优化技术，且在现代建筑及传统建筑文化矛盾的纷繁表象中保持清醒的观察及研究视野，需要我们在对村落传统文化特征的把握和承袭创新的方式进行一脉相承的保护，发掘传统村落中真正的价值意义并保存它、延续它，应该对传统村落的记忆主体、记忆客体有深刻的理性认知及客观理解才能从根本上对传统村落的空间形态进行有效的保护和创造性的延续。

第三节 新建设的浓妆艳抹——以人为本、兼容并蓄

在当今新农村建设浪潮中传统村落具有特殊性，且具有鲜明的地域色彩。传统村落反映了本土文化的意识体现，包含了本土的风俗人情、民间文化和建筑艺术等，是历史的活化石，具有不可再生的多重价值。井冈山的红色记忆也是菖蒲古村所特有的本土文化的一个映像表现，比如红色年代的标语。标语是极具时代特色，其内容经常反映一个时期的国家与地方政策，代表了当时的主流舆论导向，还能反映其所处地段的地域特色。革命标语在井冈山地区是一种极富特色的文化现象，如今在菖蒲古村还依稀可以看到 20 世纪三十年代红军时期的标语。其中革命标语在菖蒲古村实际上承载了村庄在某一特定时间的部分历史记忆和某个事件记忆，在一代人甚至两代人的记忆中难以磨灭。新农村建设中，大部分标语已经被厚厚的石灰盖住，一些青砖黛瓦的古建筑也被涂上统一的建筑涂料，已经分辨不出它们的年代性。对于类似这些记忆符号的保护和利用应该有所适当的保留，这也是直接延续菖蒲古村乃至井冈山地区传统村落整个集体记忆的重要举措。对此提出以下两个策略原则进行探讨：

一、以人为本

以人为本应体现在对传统村落保护更新过程和结果的同等重视。在当前传统村落更新改造的实践中，多数只注重最终结果所带来的经济效益而缺乏对保护过程的合理规划安排，以致损害了当地村民利益的事时有

发生。

（一）强调公众的参与性：以人为本原则的一个重要的体现是强调公众参与，也就是村庄的记忆主体所进行的身体实践。在第二章篇幅阐述的莒蒲古村的记忆所影响的体化要素中，村民身体实践多是自发的，与人的自身行为习惯有关，而村庄举行的祭奠等仪式则是有一定的强制性。对于身体实践，我们在保护规划中应该多从行为心理学的角度出发，关注传统村落公共空间与场所体验的品质设计，而仪式在村落公共空间的作用和影响，也值得我们关注和探析。在当今许多村落保护规划中，当地村民往往只能被动地接受事实更新，对村庄未来的生活环境没有多少权益和表达，能影响村落保护更新的公众参与缺失。因此，在莒蒲古村保护的整个过程中应该强调公众的参与，真正体现以人为本的原则。

（二）强调村落保护的公益性：在保护规划中，政府或商家企业应尽可能地从村民群体利益出发，而不是站在私人的角度，只求达到个人或小集团的目的利益。许多村落公共空间、场所及设施常常被孤立起来，仅作为观赏游览之用，又或者被一些商家或组织用来谋取商业利益及商业价值的工具和手段，并没有让公众自由的体验参与进来。并且村落纪念场所中的一些记忆内容被遗忘，重新建造起来的记忆空间载体没有继承原有的传统活动和仪式，因此也无法充分的起到集体纪念的意义，而对这些的重视和观念的转变有赖于他们的职业道德与社会责任感。同时还要求政府或企业对村落民居的价值判断标准应从部分利益的攫取转移到实实在在的村落生活使用者上，强调村民的思想情感及行为体验，延续原真性的乡村环境。

（三）强调政策导向性及公众传播的主动性：在现在的“村镇一体化”等政策影响驱动下，一些乡镇企业带动村庄经济的发展，但与此同时因为企业生产不规范与资源浪费，村庄的角色转换成为城镇发展的补给方，原本美好的田园风光景色失去本来的自然属性。村落受到城市快速文化的刺激，导致一些“伪城市型”的村庄布局及建筑模式不断地侵蚀着传统村落，渐渐地失去了其所保存的地域特色。在这样的大时代背景下，莒蒲古村纵使有多么光辉璀璨的村落文化，多么适宜理想的传统生态观念也一样受到冲击和刺激。（图 3-1）（图 3-2）因此，借助外力对莒蒲古村中优秀的村落文化和记忆进行强化，提高村庄保护观念传播的主动性显得十分必要的，一方面通过国家的政策导向的制定与实施来有效的抑制村落营建中存在的资源浪费现象，另一方面通过大众传播的渗透，规范菖蒲古村的生态发展模式，引导菖蒲古村的共生环境观的回归。

图 3-1：菖蒲古村传统建筑理念与现代文化的冲突体现

（图片来源：作者拍摄）

图 3-2：菖蒲古村传统建筑理念与现代文化的冲突体现

（图片来源：作者拍摄）

（四）注重人与空间的交往性：在莒蒲古村的整体保护和改造中还应注重人与空间的心理感受影响，通过对人、建筑与巷道之间的尺度感的强调，营造平衡可控交往空间，使人产生安全的空间认知与村庄归属感，且方便人们通达交往的场所。莒蒲古村的民居多为封闭性的内向空间，通过对其进行无障碍的设施改造为村民提供可触、可感、可视的交流空间，使其能够满足村民现代社会生活环境。

在村落传承保护的层面上体现其整体性也应遵循以人为本的原则，也要求考虑到莒蒲古村客观的物质形态要素与人们的行为方式、村落文化等非物质形态的村落要素之间的紧密联系，二者共同赋予了村落的形象特征。在当今的村庄保护更新中设计者往往只是简单的建筑风格复制，忽视了非物质形态所带来的根本，这也就导致了现在农村建设过程中呈现出一种极为表象化的、单薄的村落历史记忆感。我们需要结合社会学、人类学进行跨学科交叉合作的研究，对莒蒲古村非物质形态要素的保护真正延伸到注重以人为根本出发点的空间交流。因此，尊重村民的意愿及村庄的客观发展规律，以整体性原则、以人为本的原则来进行传统村落保护是极为必要的。

二、兼容并蓄

（一）寻求村落文化与经济发展平衡性：在莒蒲古村的传统文化保护与现代化经济发展之间，必须要寻求二者之间的一些平衡点，而这些平衡点上所体现的就是兼容并蓄的整体协调性，既要做好莒蒲古村的保护传承，又要强调是村庄的发展。在“兼容并蓄”这一指导策略上，莒蒲古村的未来应基于它自身特有的标识，保护其自身的文化遗存，来唤醒人们对莒蒲古村的一种乡村集体记忆。

（二）强调物质与乡村人居环境的和谐性：传统村落的形成与发展经过时间的长期积累，历史文化遗产的保护涉及到村落的各个方面，包括村民自身、生活空间、建筑空间等，这一切都是莒蒲古村未来可持续发展的基础。村落保护与发展的同时要尊重莒蒲当地文化，保护文化遗存，使它们重新焕发活力与魅力。村庄发展的过程中既要对传统建筑形态、居住空间和村落空间格局的保护，同时也要注重各种文化基因存在于村落人居环境中的变化和延伸。通过提取莒蒲古村的艺术形式，融合村庄的文化精髓，使蕴藏在菖蒲古村中形态价值与文化认同能够被现代人所感知。

（三）关注历史遗存的再生价值及适应性：一方面，对于菖蒲古村内还有些残缺且无保护价值的部分单体遗存建筑、院落及桥梁，可以考虑把这些较为分散的且又不能单独进行保护的遗存物进行编码后转移到异地集中保护，且请部分传统手工艺的匠人对其进行有价值的修缮，构成一个活态的“历史空间场所”，使遗存下来的文物细节能够得到妥善的保护与延续。另一方面，对于村庄内现有保存较好的民居在保护的基础上进行改造利用，以适应村民的现代居住要求。例如可以按照现代生活、防灾需求增加水、电等设施，改善居住环境，但是需要强调的是这些现代化设施不可过于商业化，需保存乡村朴素的田园风气。

（四）注重村庄空间布局与空间环境的兼容性：村庄的整体布局及空间环境是人们记忆中构成整体化的空间氛围的场景表述，要达到村落整体布局的完整性及空间环境的协调性的二者兼容，必须关注村庄三维的整体空间环境特征。既要考虑菖蒲古村中建筑单体的保护，同时也要将其纳入到村庄巷道等整体空间形态中。巷道节点与村庄的区域之间的关系、巷道形态与村庄整体环境之间的关系、巷道结构与村庄空间肌理之间的联系都是坚持“兼容并蓄”策略所需认知的关系纽带。利用村庄视觉的人文景观轴线，对其沿线的各中心空间或节点性空间及村庄标志性建筑的进行强化；在保持菖蒲古村原有的村落空间形态特征的基础上对村庄的建筑路网形态、尺度及村庄空间的新建改造，进行适度的调整，以协调村庄单体建筑与巷道界面、村庄轮廓线的网络关系。

在传统村落空间形态中，有些空间由于时间变迁、时代适应性等各种不同原因使得有些不够“人性化”。有不少传统村落的建筑内部潮湿，传统村落的单体建筑在如何修复发展来适应现代生活需求极为迫切。因此，在保护发展传统村落策略中同时也需“以人为本，兼容并蓄”，将当地居民的民本意愿同传统建筑空间的兼容并蓄，将本土文化的传统根源与现代文化时代性的兼容并蓄。井冈山地区传统住宅建筑大多数为封闭性的内向空间，通过改造为村民提供可视空间感受的住宅巷道场所，方便人们通达交往场域空间，营造平衡可控空间使当地人们产生安全的空间认知与归属感。延续传统村落中的历史记忆，唤醒当地人们的集体记忆，活化传统村落的文化记忆，让公众参与保护传统村落的行动中来，通过资源整合，将自然、文化资源转变为村庄的文化资本。

挖掘传统村落集体记忆的源泉，可以串联起记忆主体回忆历史事件与时间节点，保护策略思路往往需要围绕村庄集体记忆所发生的历史背景而展开，若干事件串联在一起可以勾勒出村庄在某一时间的一系列历史变迁及历史事件对村落发展的影响。对待传统村落，过多的现代文化和经济的思考往往使我们在传统村落保护和发展中迷失了方向，将传统村落变成了一个钢筋混凝土的冷漠建筑群体，村庄集体记忆环境遭到破坏，在一定程度上影响我们的建设活动。在传统村落保护更新过程中应变失控为可控，兼顾村庄集体记忆，使这些承载历史记忆的建筑单体、巷道、村落整体空间散发出历史文化的光彩和魅力，进而推动传统村落集体记忆的延续，为社会的发展贡献设计良策。

第四章　再　造

——菖蒲古村空间形态保护与规划设计实践

菖蒲古村的保护更新应保留村落中原有的生活记忆场所，且注重恢复消失的人文记忆场所。菖蒲古村更新的根本目的是传承古村传统文化，若对古村某单一种文化的保护只是停留在较浅层面，部分残缺记忆的内在生命力就会薄弱，因此应从村庄的整体予以把握。古村内的历史建筑结构、特征及其他肌理空间都应当得到尊重和保护，尤其是村庄记忆载体周边的环境也应当受到重视。故在菖蒲古村的规划过程中，应根据集体记忆的类型特征进行村庄区域划分，有方法地进行更新改造，通过区域的划分营建其古村记忆传承的文化语境。

基于前期的调研资料分析与挖掘探讨，针对菖蒲古村空间形态的各记忆载体、空间要素等方面的保护，如历史民居建筑、历史空间等，以集体记忆为基点确立一系列的策略方向，根据对其价值等级、质量、影响范围等多方面进行评定，结合菖蒲古村的历史生活形态、空间发展目标及旅游配套发展框架，提出划定“三片区”的更新改造方式，即核心保护片区、建设控制片区及环境协调发展片区。

第一节　历史精神的传承与固守——核心保护地带的全面保留

构成菖蒲古村历史精神传承的核心地带中古建筑、古巷道、公共空间等传承记忆要素内容是表现其真实历史记忆的基本依托。它们不仅是古村社会生活发生的背景舞台，且能够反映整个古村在特定的历史时空中的信息与场所意义。尽管有些村民在村外建起了现代的小洋房，但古屋里仍会住着家中的长辈，他们习惯了古村内的风貌环境与生活习惯，而晚辈后代也会时常来到古宅里坐玩或闲聊，他们对老宅子和古村有着一种难以割舍的情怀，只要贴近这个生活已久的古村，便能唤起他们精神上的触动，这是对古村的历史精神的一种传承，同时也是对古村所留下的共同记忆与文化遗产的固守。因此，在对菖蒲古村的更新改造中必须划定出核心保护地带的范围。

核心保护地带是菖蒲古村传统民居的聚集片区及承载村民历史精神的宗祠等重点文物保护片区等古村传统风貌区域，此片区内有一定数量的村民仍然生活于此，且较完整地保存延续着本土传统的生活方式及民俗习惯。该片区是展现菖蒲古村空间形态的主要区域，也包括了尹氏宗祠等古建筑，整体的空间格局保存较完好，巷道风貌特征明显，应采取严格控制、全面保留的措施予以保护。

“全面保留”是相对菖蒲古村内部较完整的传统风貌体系而言的，强调的是一直留存下来且原样大体不变的空间形态，而这所提出的“变与不变”是相对而言的。文章中提出的“保留”更多强调的是以菖蒲古村的集体记忆各要素中的某一部分作为保留对象，留存菖蒲古村原有的空间形态特征与记忆客体的零散片段。比如菖蒲古村的尹氏祠堂墙面上的标语作为保留的要素之一。根据古村的核心保护区内具体外部影响因素的不同，所保留的对象也会有所调整或删减，全面保留的程度也是可深可浅。保留的核心是能够保留存在于场所内的集体记忆，人们可以通过这些保留下来的线索和环境寻找到村庄的集体记忆及村庄历史精神。所有村庄集体记忆的延续与再造的规划设计上都必须建立在保留的基础之上。如果忽视古村核心保护地带的“保留”，就等同于消除了原始，同时也斩断了集体记忆延续的脉络。而全面保留的先决条件是核心保护地带的遗存较完好，与集体记忆相关的村庄风貌特征相对较完整。在保护与更新的同时，以最小的代价和最轻微的强度对核心保护地带做较完整的保留，这也是村民及大家所期望的。如此一来，不仅可以对核心保护地带的特定地段中集体记忆的载体做较完好的呈现，而且还可以保护古村集体记忆中的非物质特征，如村庄内传统生活状态。而全面保留并不代表完全不作为，一定范围的修缮和整治对于古村的记忆环境是有必要的。菖蒲古村的保护与再造设计中对其核心保护片区的“保留”做了多方面的规划与控制：

一、范围

菖蒲古村北起拿山河中段、南至泰井高速、西至外围农田、东至金葡萄园外园，菖蒲古村核心保护重点地段为尹氏宗祠、菖蒲大食堂等多处古建筑密集区域，村庄规划总面积约为 20.12 公顷，核心保护范围面积约为 4.12 公顷。

二、原则

在核心保护区内应保持传统的古街巷道布局、传统风貌古建民居、保护古村内具有庐陵风格民居特色的建筑空间及朴素淡雅的建筑形态。在该片区内设置古建筑群观光区、耕读文化体验区及乡村信仰文化感知区等，保留古村原有以传统乡村生产生活为主的环境，延续村庄历史记忆和文化记忆。整治片区内与村庄历史风貌有冲突的建筑物和环境，必须维持村落整体空间形态和巷道、建筑尺度，延续古村集体记忆及整体传统风貌，

三、规划控制规定

（一）不得擅自改变村落形态的空间格局；

（二）不得擅自随意新建道路围院，对现有道路进行维修时应保持或者恢复古村原有的古街巷道格局和景观特征；

（三）古建民居不得随意改变原状，只能修缮，不得施行日常维护以外的任何修建、改造、新建工程及其他任何破坏古村环境及整体建筑风貌格局，因特殊原因需拆除历史建筑的，必须履行报批审核手续；

（四）必要情况下对民居古建筑外观、内部结构体系、平面布局、内部装饰、损坏构件的修整应严格依据原址原貌修复，且严格遵守《中华人民共和国文物保护法》和其他有关法律法规所要求的程序进行。

四、建筑保护与更新模式规划

在充分考虑菖蒲古村现状要素及规划实施的可操作性，按照建筑的类别评定及建筑质量、风貌、层数、结构及年代等因素综合分析评估，提出分级保护和分类整治的方式进行规划设计（图 4-1）。

（一）修缮：对菖蒲古村内的文物保护单位、保护建筑和风貌典型、

质量留存较好的传统庐陵民居，采取的保护方式包括日常保养、防护加固、现状修整、重点修复、环境整治等；

（二）维修：对古村内整体建筑风貌和建筑结构较好的历史建筑，在保持原貌和原有结构形式的前提下进行构件加固及保护性复原；

（三）改善：对整体建筑风貌和建筑结构保存尚好的，但又不能适应合理利用生活的需求及现代生活需要的历史民居建筑，在保持建筑原风貌和原有结构不动的前提下对建筑内部结构或平面布局进行局部的修缮改造，改善生活基础设施以提高村民的生活质量；

（四）整修：对于古村内一些建筑较新、质量较好、风貌较差的建筑，对其进行立面整治，包括降低高度、平屋顶改造、改变外墙色彩，使其尺度、形式、材质、色彩与古村传统风貌的相协调；

（五）保留：对于新中国成立前后兴建造型建筑、质量较好，同时与村庄传统风貌环境并不大冲突的建筑采取保留维持现状；

（六）拆除：古村内违章搭建或后增建的且对村庄原有街巷布局、院落空间环境破坏的建筑物，应予以拆除。

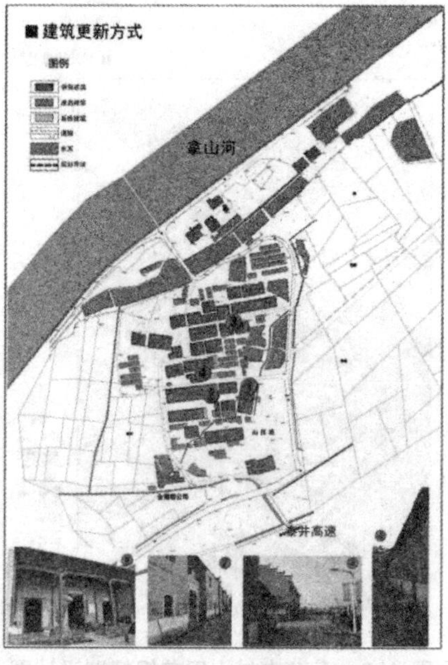

图 4–1：菖蒲古村部分建筑更新方式示意图

（图片来源：作者绘制）

菖蒲古村在发展的同时，人口户数也有所增长，为满足村民新建房屋的居住需求，面对核心保护区的“保留”的前提下，菖蒲古村的保护规划中于村庄外围且不影响村庄整体风貌的区域内开辟新区，新区必须与菖蒲古村有一定的视线阻隔，又存在一定的有机联系，引导有建房需求的村民在村庄新区内建房，以缓解古村内村民住房需求与古村保护的冲突，在营造村庄新区时为村民推荐由专业人员设计的建筑，该新建建筑需利用好本土传统建筑的形式、色彩、材料等特点，结合现代居住的功能需求等进行建设（图 4–2）。

在核心保护地带采取“保留”性规划设计，倘若全面保留只是单纯地将古村具有记忆价值和历史意义的构筑物作为博物馆的形式展示来满足现代人旅游的需求，它们只能通过展示建筑形式材料等物质特征与现实的乡村生活状态，而这种与真实性的差异使人们产生一种片段感，古村历史环境曾经所赋予的功能、涵义及时空关系都随着其生命力的延续而消失，因为村庄的具体环境与历史脉络所产生的记忆都已经不存在了，周边环境与历史遗存之间的空间关系被格式化了。尽管历史真实性是相对的，没有固定的模式，但是文化保护及延续的目标是明确的，只有将其纳入到菖蒲古村动态发展的生活场景中去，在人们记忆中形成的古村意象才能完全地反映出来。

图 4–2：菖蒲古村山田垄组规划设计图

（图片来源：作者绘制）

第二节　普遍共鸣的村庄认同——建设控制地带的有限度渗透

菖蒲古村的建设控制地带包括古村规划的建设控制区范围及核心保护区外围的古村落建成区，在文章中的前一节已经阐述了对菖蒲古村核心保护地带全面保留的原则与措施，故应该加以重视古村内所保存下来的传统民居建筑及环境风貌的肌理布局。对于菖蒲古村保护更新的设计手法中，恰恰需要的是一种渗透式的更新改造。渗透是指某些事物逐渐进入另外一个体系中。在古村的保护规划设计的过程中着重强调设计手法的循序渐进渗入、有限度的渗透，并不能采取大刀阔斧的变革方式进行设计。这与上一节中的“全面保留”又有所不同，渗透的目的是在于“改变”，并非“保留”，但在这种改变中一定要以古村原始风貌形态的保留为基础。因此我们要对所有的渗透的方式进行一定范围的控制和引导，避免大力度的更新改造对菖蒲古村集体记忆的整体埋汰。

在菖蒲古村的众多集体记忆中，能够真正得到大家普遍认可与村民广泛共鸣的记忆场所需要在全面保留的基础上获得再认识。有限度渗透是对于古村内所承载的集体记忆进行再梳理的过程。渗透的基础是对古村内原有秩序的保持和延续，古村内建设控制地带的改造与更新都应尽量降低对原有秩序的影响。而在菖蒲古村更新改造的背景下，这些承载历史记忆的古村特定地段中哪些是真正有价值的予以保留下来、哪些是需要我们不得不舍弃的、哪些又是需要通过改造再现的，都是在有限度渗透的过程中解决的问题，这些恰恰是集体记忆延续性的重要保证。我们可以看到在菖蒲古村内，对原有林荫道的保留、对墙壁上革命标语与宣传标记的保留。有限度渗透需要对村庄原有肌理尊重，但这并不意味着一成不变，文章前面有提到渗透的目的是“改变”，菖蒲古村需要发展、需要提升生活质量、需要新的血液注入，这些都需要我们循序渐进的渗透。

一、控制原则

建设控制范围内各种修建性保护活动应在规划、管理等相关部门同意且指导下进行，其建筑内容应根据文物保护要求进行，以取得与保护对象之间合理的空间景观过渡。

二、对建设控制片区的规划控制规定

（一）新建、扩建、改建建筑应当在高度、体量、色彩和空间布局等方面与核心保护区的风貌特色相协调；

（二）新建、扩建、改建道路时，不得破坏核心保护区内的历史文化风貌；

（三）本控制区域内建筑高度应控制在2层以下，屋脊高度不超过9米；

（四）在保护历史建筑周边10米范围内高度超过保护对象的一般建、构筑物，应降低层高或拆除。

在菖蒲古村保护规划中，引入旅游产业、生态农业等基础上，健全古村对外道路交通系统及停车等配套设施，停车场设置应考虑在古村外围交通空间节点设置，古村内主要以步行道及游线布置，强化村民在步行中对古村的场所记忆感，建设控制地带外围设置车行道增强古村与外界之间的可达性。针对菖蒲古村的居住社区内，应完善电气管网、污水垃圾处理、教育宣传等相应的公共配套设施（图4–3）。

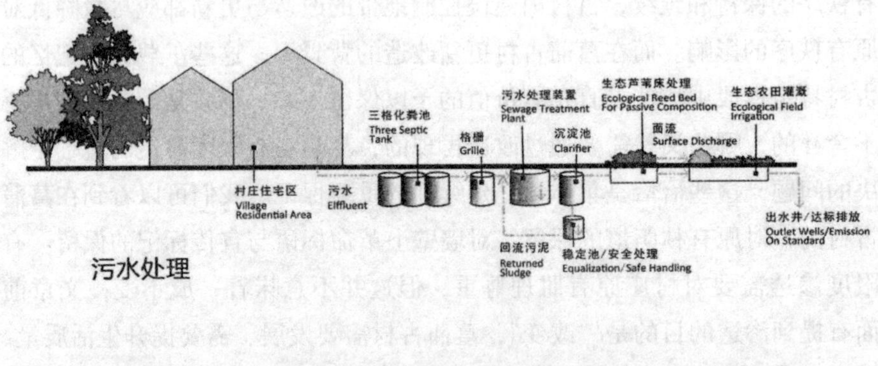

● 生态污水处理：采用高效、廉价的生态污水处理系统，其中用芦苇进行净化过滤，不同于传统工艺的污水处理，不需要化学药剂，故不会产生化学污染，而后采用中流回用的方式进行农田灌溉，均能达标排放。

图4–3：菖蒲古村的污水处理规划设计

（图片来源：作者绘制）

三、街巷道路交通规划

充分考虑菖蒲古村遗存的历史古巷道，满足古村内部交通及外部交通联系，在原有的交通基础上，完善道路网系统。由于古村内道路巷道的功能与外部交通道路不同，在村庄内的巷道还承载着人们交往的空间功能，其空间尺度也与现代规划道路规范有所不同，多呈现出不规则、空间等级复杂等现象，这些内部巷道往往因周围建成环境的作用而形成，其多半根据人在巷道中的行为来决定村落巷道的尺度，需将规划道路分为车行道路、主要人行道路及次要人行道路三个等级。

（一）车行道贯穿菖蒲古村，为古村的对外交通系统骨架，满足村民日常生产生活进行对外交通组织，路宽约为 3—4 米；

（二）主要人行道路为菖蒲古村日常生产生活及主要游线，规划过程中必须遵循古村原有古街道路的风貌及尺度进行更新改造；

（三）次要人行道路多为古村的建筑环境生成的道路交通，对历史遗存的空间节点进行环境整治，保留原始道路尺度空间。

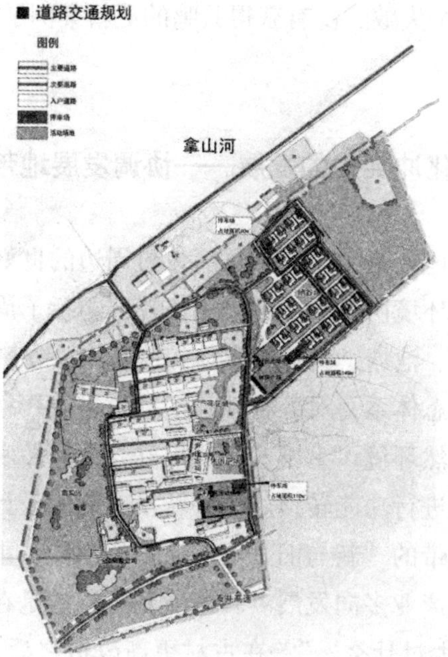

图 4-4：菖蒲古村山田垄组的道路交通规划设计

（图片来源：作者绘制）

车行道路、主次步行道路规划应结合菖蒲古村传统风貌环境，并与古村环境景观相协调统一。在核心保护区外围布置车行道；古村核心保护区内根据村民生活需要及游览布置主、次人行道。步行道尽量保持古村古街道的原始铺装，对其进行部分改善铺装，采用青石板、鹅卵石等当地传统的地面铺筑材料。在更新设计中，部分道路红线两旁可以采用自然网状裂缝加以沙土填实，并播种草籽形成一套乡土特色的路面绿化系统，裂缝可以保证雨水自然回灌地下，路面草的自然生长增添了人文气息，且保持了乡土本色景观以延续菖蒲古村建设控制地带的自然历史风貌（图 4-4）。

由此可以看出，不论是个体还是群体，在建设控制地带确定了保护、控制原则之后，菖蒲古村的整体风貌便相对完整地保留下来了。在规划设计中可以进行增扩建与改造的发展活动，但实施的标准或者说控制尺度是以特定人群，尤其是生活在古村内的人群对本土的认知活动的控制。在古村更新改造之后，这些特定人群或者说记忆客体是否还能确定“这是不是原来的地方？”倘若更新改造的力度影响了记忆客体的判断，或者说动摇、模糊了他们对古村过去的记忆，那么在对菖蒲古村进行集体记忆延续的层面上只能说是个失败、没有获得共鸣的更新案例了。

第三节　新旧文化冲突中的发展——协调发展地带的新旧功能转换

环境协调发展地带是为了保护菖蒲古村周边的良好自然环境，在建设控制区外围划定的环境协调发展地带。该片区包括了周边的自然山体，水域环境、生态农田、池塘、河流等整体控制范围。在环境协调发展区内应维持原有的自然生态体系，对各种新建活动应进行严格控制。菖蒲古村有背山环水的先天自然环境，土壤、水质极好，在原始农耕活动的部分区域以古村发展为基础进行功能转换。这种转换功能的设计方法强调的是古村中环境协调发展地带的“新与旧、前与后”的不同，重点在于新旧功能转换后所带来的古村产业多向发展。转换所要强调的是在古村更新改造之前“这里存在过、发生过什么？”，在古村更新改造之后，“新的变化又适应了什么、带来了什么”。

在菖蒲古村，农田鱼塘的乡村风貌是菖蒲历史和文化的真实背景，属田园景观功能体现，随着近代村庄的迅速扩张发展，村民外出打工，农田荒废，一些乡村田园景观逐渐消失，这直接影响到了菖蒲古村的传统文化和乡土记忆的传承。因此在坚持古村协调协调发展的基础上，保证基本农田的作业活动，对古村外围部分闲置的农田进行功能置换，将其转换为具有农俗体验功能的休闲生态果园景观，既能满足村庄经济发展的需求，同时也能提供旅游、体验、休憩的多元化功能。

一、协调发展原则

在保护菖蒲古村整体风貌的前提下控制建设、协调发展，在此片区内的新建建筑或更新改造建筑，其建筑形式要求在不破坏古村历史风貌的前提下，可适当放宽，新建建筑应鼓励底层，该片区内的一切建设活动不得破坏田园生态环境，均应经保护、规划部门相关部门批准审核后方可进行。同时在环境协调区内，禁止建设污染古村的项目，严格保护好菖蒲古村的空气、农田、植被等自然环境不受破坏和污染；加强协调发展片区的绿化，维护村落的生态平衡，形成古村内可持续发展的生态绿化系统。协调好保护、开发和利用之间的关系，既要保护好古村的传统风貌，又为合理开发利用创造必要条件。正确处理古村整体与局部之间的关系，以保护为前提，充分协调景观环境效益与经济效益。

二、景观环境规划

充分结合菖蒲古村的田园环境、种植习俗，利用古村中荒废的农田营造葡萄生态园区，利用古村的闲置用地、池塘等进行改造形成不同景观环境协调区（图 4–5）。

（一）生态葡萄种植区

提倡菖蒲古村能产生经济效益的农户种植与采摘葡萄旅游产业相结合，在该片区的生态保护前提下相应建设服务于农户种植与游客赏析的设施，沿农户的产业生活区域布置散点景观与小径景观带，形成生态景观风貌。

（二）农俗景观体验区

提供关于乡村农俗各方面的展示与乡土景观体验，通过体验强化人们的乡土情怀。

（三）过渡景观风貌区

为了适应古村的村民现代生活的需要，同时为了协调古村周边的景观风貌、美化古村环境，规划设计在严格保护村落内古树名木的前提下，将外围部分池塘连成一线，以沿河的古樟、古柏林带为依托布置绿化，散点水塘种植荷花，以达到古村这个景观风貌的和谐统一。

（四）田园景观风貌区

农民耕作与村民的生活场景形成田园景观风貌区，利用现状规划田园种植，充分展现农村特有的田园景观风貌。

（五）自然景观风貌区

为展现菖蒲古村的自然之美，规划将村入口的古樟树周围环境整治与村后的山体形成自然景观风貌区，建立与传统建筑风貌之间的呼应关系，把自然景观和人文景观联系起来整体地进行保护、协调。

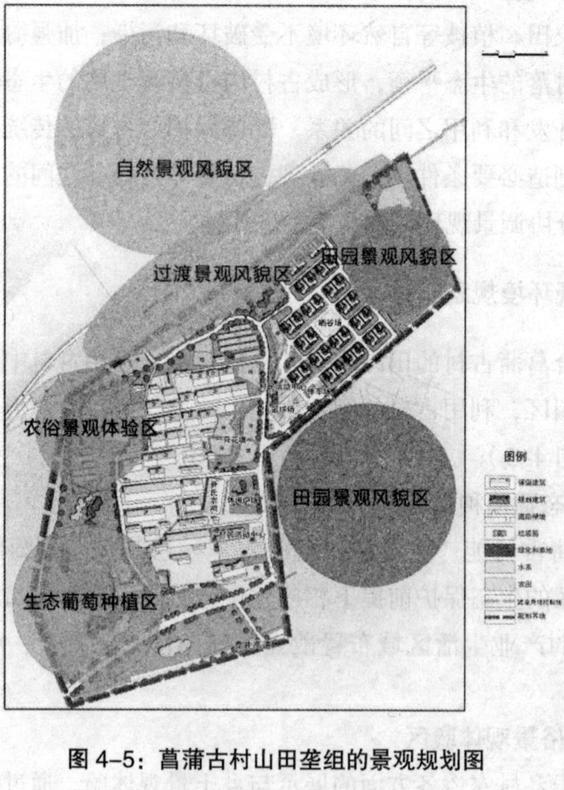

图 4-5：菖蒲古村山田垄组的景观规划图

（图片来源：作者绘制）

图 4-6：菖蒲古村旅游农家特色节点效

（图片来源：井冈山规划局）

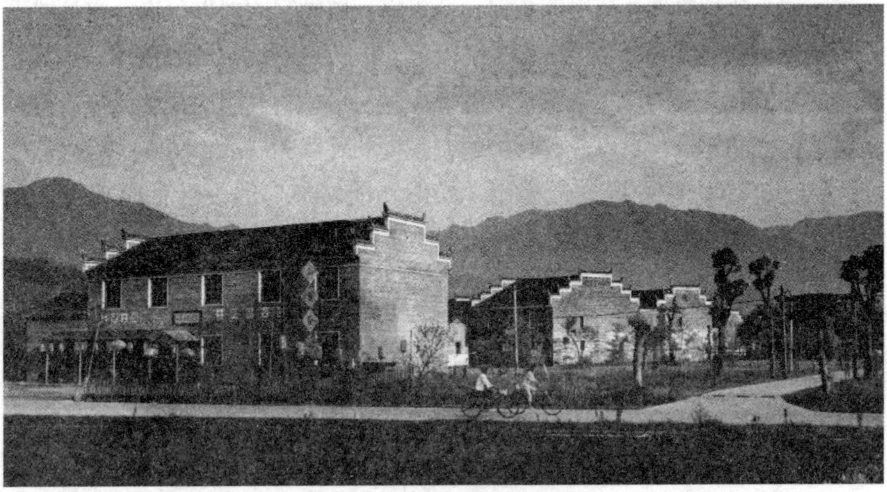

图 4-7：菖蒲古村的乡村风貌

（图片来源：厦坪镇政府提供）

图 4–8：菖蒲古村的过渡景观风貌

图 4–9：菖蒲古村的生态葡萄种植风貌区

（图片来源：作者拍摄）

菖蒲古村更新改造中还可以运用一种特殊转换的模式，即材料使用的转换。菖蒲古村的老建筑使用大量的青砖作为墙体、屋顶铺灰黛色瓦片，承载着古村一个时代的特殊印记。经拆除下来的青砖与黛瓦，建议对其再次进行功能转换，对其加以清洁后，与村庄改造的步行道路体系相融合，道路节点旁可考虑分隔出的不同空间来种植色彩不同的草本花木等，作为景观路面及场地铺装的材料，以达到古村内特有的视觉效果（图 4–6）。规划中还可以通过在道路节点设置讲解牌，附上这类道路由来的文字说明，村外的人走在这条拥有特殊肌理和故事的步道上，可以了解到它的前世今生，而菖蒲古村迁走的一些原住民可以通过该路段追寻到一个时代属于他们的集体记忆。这样的功能转换既能减少建筑垃圾的产生，又可废物利用，使承载菖蒲古村的集体记忆的建筑材料以一种另类的方式得到延续和展示（图 4–7）。

除了环境协调发展地带采用“新旧功能转换”的设计手段，在古村更新改造的过程中，一些原有场所和建筑功能的转换也是一种普遍现象。就菖蒲古村本身的规划项目而言，菖蒲古村的乡村功能也同样发生了变化：传统建筑区转换为古村复合功能区、部分农田种植区转换为生态休闲产业园区。除了对村内个别没有太大历史价值及使用价值的建筑功能进行转换，同样古村建筑与环境要素的功能也可以进行转换。运用新的创造性设计方式来诠释部分价值不大但记忆场景中又不可或缺的建筑，为它们寻找一些适当的置换功能显得十分重要（图 4–8）（图 4–9）。在规划过程中强调菖蒲古村集体记忆的公众性，对特定场所进行保护不应完全与传统的保护更新手法对古建筑物保存转换为展示博物馆的方式，而应将它们作为古村生活动态环境的一部分进行考虑，使其与记忆主体或游客等进行互动体验，让其延伸到更广范围的公众中去。正如前文所述，所有传统村落的规划设计都应建立在“保留”基础上的，功能转换同样也是为了更好的保留，对于一些几乎成为“孤本”的住宅建筑遗存，功能置换可能是最好的保存方式（图 4–10）（图 4–11）（图 4–12）。

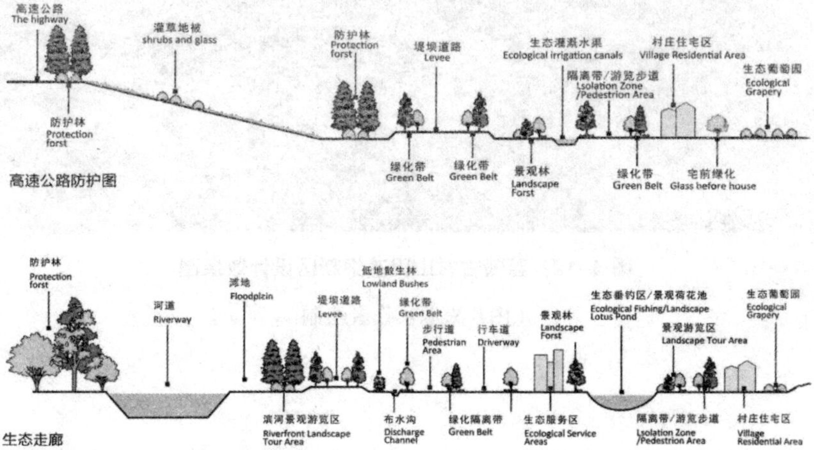

- 乡村周边横架一条高速公路，基于对乡村风貌环境和居民生活的影响，在高速公路与乡村之间形成一个完整的生态防护林，且在生态住宅区中穿插生态回廊，形成“恬静、生态、可持续”的乡村风貌。
- 恢复一个健康的生态系统，保护原有水域和植被，在此基础上丰富乡土物种，河道周边环境优化，将河流廊道的自然过程与乡村居民对它的功能需求两者结合起来，形成水源保护、乡土生物多样性的保护、休憩游览的绿色生态走廊。

图 4–10：生态保护框架：高速路防护规划、生态走廊图示

（图片来源：作者绘制）

图 4–11：菖蒲古村山田垄组规划设计鸟瞰图

（图片来源：作者绘制）

图 4–12：菖蒲古村山田垄组新区设计效果图

（图片来源：作者绘制）

第三篇

民居建筑篇

新农村民居建筑更新设计研究
——以井冈山文水村为例

第一章　井冈山文水村传统民居建筑分析

民居建筑更新是对建筑的更替、换新与保护。民居建筑作为最直接体现地域文化的要素，代表着一个地区的特点与发展模式，但随着社会形态的转变，民居建筑样式与规则层出不穷，新农村建设对民居建筑有了新的要求。

新农村民居建筑内涵需要更新。居住建筑的好坏与空间布局的合理性直接影响着居民的感受，而民居的外在形态与优劣也直接影响着村庄整体形象和风貌，乡村中的居住建筑不仅体现在外表，更体现在居住空间的合理性与适宜性当中。本文基于赣西南乡村发展特殊区位背景下，以井冈山地区新农村民居建筑为例，以科学规划、生态理论、人居环境的营造等为目的，通过对建筑的更新设计，创造适宜的整体乡村环境。

第一节　井冈山传统村落的地域性

一、井冈山地域特性

（一）地理环境

赣西南地区的井冈山市位于江西省西南部、地处湘赣两省交界的罗霄山脉中段，古有“彬衡湘赣之交，千里罗霄之腹”之称。山势雄伟，地形复杂，境内平均海拔达 381.5 米，年平均气温 14.2 度，极端最高温度也只有 34.8 度；年平均降雨量 1856.3 毫米，年平均降雨日 213 天，年平均日照 1511 小时[①]，森林的覆盖率达到 86%。各季特点是：春季阴冷多雨，偶

① 数据来源：http: //www.jgs.gov.cn/public/newsindex.aspx ？ classid=10

有桃花汛，汛期暴雨频繁，经常出现洪涝；盛夏高温多雨，间有台风影响；秋季风和日丽，秋高气爽；冬季湿冷，多偏北大风。

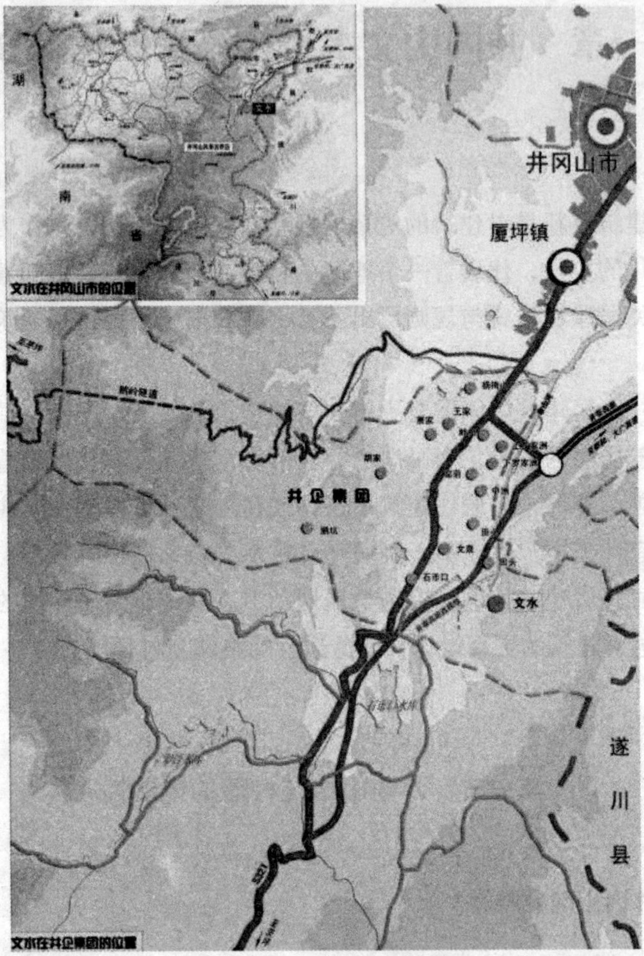

图 1–1：文水村区域位置

（图片来源：井冈山规划局）

文水村位于井冈山风景旅游区山脚下，坐落于井冈山东北部（图 1–1），隶属于井冈山市井企集团石市口分场，距井冈山新城区 10 公里路程，井泰高速连接线从村北通过。文水村东面为自然山体，南、北面为农田，西面为市科委扶持的金葡萄园基地，形成了集旅游、休闲、观光、采摘为一体的经济方式。泉水河和文水河在村庄西北部汇聚流入那山河。文水村气候同井冈山一样，适合多种农作物生长，主要农作物为水稻和葡萄。

（二）历史沿革

井冈山市所在区域在东汉末年间已存在，秦朝时设立郡县，属于九江郡庐陵县。公元 280 年西晋太康年间为庐陵郡西昌、遂兴两县分治。唐朝显庆年间改为江西道吉州府属地。明、清以来隶属江西行省永新、龙泉两县分治，1950 年成立“井冈山特别行政区”。1966—1981 年属于吉安地区管辖。1984 年设“井冈山市”。井冈山拥有 5 镇 12 乡。其中厦坪镇属于井冈山新城区所在地。井冈山既具有辉煌的历史，又有绚丽的自然风光，革命的人文景观与优美的自然景观交相辉映，融为一体。井冈山是“中国革命的摇篮”，老一辈无产阶级革命家率领工农革命军来到井冈山，创建了第一个农村革命根据地，开辟了中国革命的道路，为后辈留下了宝贵的精神财富。

文水村自公元 952 年李氏立基以来，至今有一千多年的历史。茨坪开山基祖。唐代陇西（现甘肃青海一带）李晟西平忠武王（一世）之后裔，承稔（五世）长子德澄（六世）于公元 888 年入今泰和桐陂开基祖。少一郎（十世）于后周广顺二年（公元 952 年）因避乱徙居小水立基祖，赘肖大郎三女淑清，生子念一、念二、念三、念四，而后创建文水叙伦堂，今李氏宗祠内（图 1–2），（十六世）李仁可（擢进士第）宋朝后期与其次子李华甫（至元二年公元 1265 年、及第中探花）一起隐居仕坪庄（今茨坪），繁衍茨坪李氏后人，亦成为茨坪的开山基祖。（图 1–3）（图 1–4）（图 1–5）

图 1–2：李氏宗祠

（图片来源：作者拍摄于井冈山文水村）

图 1-3：功名碑（1）

图 1-4：功名碑（2）

图 1-5：功名碑（3）

（图片来源：作者拍摄于井冈山文水村）

二、传统村落

井冈山市拥有国家级、省级、市级旧居旧址文物保护单位 80 处之多，旧居旧址所在村落多为具有历史意义的传统聚落，它们直观展示了井冈山传统村落的空间形态和布局。赣西南地区建筑受庐陵文化、客家文化、儒家文化及宗族文化的共同影响。由于特殊的地理区位导致井冈山大部分村落选址均依山而建，地形影响起决定因素，属于山地型或盆地型，但并非都是单一的形式存在。文水村属于山地型村落，依照山势而建，背山临水，聚落成团状，属于相对缓和地带，并不受地质灾害的影响。建筑较为集中，以李氏宗祠为中心，南部建筑群坐东朝西，东部为美女山，属于罗霄山脉，西面面对文水河，北部建筑群坐南朝北，面对北部农田及池塘，视野较为开阔。

井冈山的村落布局可分为依山势、水系、宗族体制进行划分，其中大部分村落根据宗族体制来进行布局，受到一定风水观念的影响。以姓氏祠堂为核心地位的主要公共建筑围绕其布局，核心建筑被普通民居依次围绕，其血缘宗亲、社会等级等，内在秩序形成其先后关系，布局紧密。其次地处偏远山区则依据山势走向依山而建，成阶梯状或分散型，相对闭塞，进出十分不便。又如临水系村庄，村庄的道路系统和房屋建造走势均和水道有紧密联系，因山势较高，山泉日久成型，自然形成河道，村庄建设依河而建，或顺水排列，或面水背山。许多村庄在村内依稀可见古时留下长满青苔的排水系统，许多依然仍在使用。中国古代建筑注重与自然的统一观念，《老子章句》中说道："天道人道间，天人想通，精气相贯。"村庄的选址与空间布局顺应了天人合一的思想。古人追求人与自然的和谐关系，不同于现代建筑，传统村落建筑表现出古人对中国风水思想的追求，虽然有时会过分掺杂一些迷信的成分，但仍然具有科学性，指导着古代村落选址和房屋建筑的位置和朝向（图1-6）。井冈山文水古村为一个典型的例子，文水的选址符合传统的所谓"枕山、环水、画屏"的风水原则。它以罗霄山为屏，面积沃野，文水河由南往北穿流而过，村落整体建筑布局朝向依圆弧的山体朝向由面朝北逐渐朝北部依次分布，被周围绿植环抱。文水人自古尊重自然，利用自然，将村落建设置身于自然之中。

图 1-6：传统村落选址

（图片来源：作者拍摄于井冈山文水村）

传统村落中建筑整体风貌也较为统一，建筑体量大小、建筑层高、建筑样式、建筑材料等均相似，民居建筑呈现出朴实和谐的面貌，与自然相协调，达成了统一的空间效果。村落在自然当中仿佛融为一体。许多不是传统村落的普通聚落也同样与自然形成了渗透的效果，保留着原始的地域风貌。

三、空间形态与布局

井冈山的村庄大部分依山而建，用地紧张且村庄布局分散，村落容积率低，传统村落中往往仅有几条主要巷道连接，大部分是建筑自行组团，建筑间形成小巷。在较为紧凑且地势并不平坦的地段，公共活动区域有限，巷道交叉所形成的道路节点成为开敞空间，虽然活动范围有限，但并不影响村民的日常交往。在相对平坦的村庄中公共区域如祠堂、水塘、水井以及村落的入口处等，开敞空间均围绕布局，久而久之逐渐形成村民集中活动、交流交往的公共场所。原有道路多为青石板铺砌，有些两边还会配置鹅卵石或青砖，并设置明渠，主要道路约宽2.5—4米，现代交通工具很难进入，只适合人行，入户道路则基本以建筑间的距离为标准自然形成，大部分只能两人通过，宽度约1.5米左右，较为狭窄，巷道穿梭于村庄内部，穿出便是农田或池塘等开敞空间，公共建筑的连接点形成道路节点，给人以豁然开朗的直观感受。清朝年间，在横亘湘赣两省的大山中，分布着一条南抵广东，北达长江，纵贯罗霄山脉的秘密商道，即“罗霄古道”。至今，文水村仍保留着与罗霄古道相印证的历史遗存。一方面，文水是茨坪开基之祖的故里，文水和茨坪之间势必存有古道相互联系；另一方面，文水村中目前尚存的十三步半石阶（图1–7）、随处可见的鹅卵石小道（图1–8）、古桥（图1–9）都证明了文水确是罗霄古道上的一处重要节点。每一处节点都形成开敞空间，空间有大有小，层次多样，紧密而有序，承担起村民交往交流的重要职能，虽然随意性强，但平面呈现不规则性，曲折多变，与周围环境、绿色植被、朴实色彩的房屋形成了自然体系，呈现出各种框景，达到空间变换的自然效果，给人一种整体空间层次乱而有序的感受。传统村落中自然的空间形态与布局是现代住区所不具备的，现代住宅区中道路即是道路，缺少了交往，而传统巷道又是交往空间，民宅前留有余地，不设围墙，不会形成固定的院落界限，仅仅是民宅外墙自然围合。

图1–7：十三步半石阶　图1–8：鹅卵石小路　图1–9：古桥

（图片来源：作者拍摄于井冈山文水村）

第二节　传统民居建筑分析

一、宗祠建筑

文水村李氏宗祠又称叙伦堂，属于李氏家族最大的祠堂，叙伦堂人口最旺盛时期多达一、二千余人。除总祠堂叙伦堂外，各房自行还分别建有“保伦堂”、“秉德堂（孝子本家祠堂）”、“钟山堂”、“七星堂”等六个分祠堂。现今仅叙伦堂仍在，其余祠堂均坍塌或销毁。

（一）建筑选址

李氏祠堂是公元952年李氏十世后裔因避乱迁居小水立基祖而建（图1–10），坐落在文水村中部偏南，背靠山丘，面朝西部，前方是池塘和汶水河，风水颇佳，文水村李氏祠堂的修建并非村民选择安居后就修建成型，而是李氏家族陆陆续续在此建房，然后人丁兴旺后，形成家族，较为富裕的家族出主要资金，之后由其余家族补充余款，再建立起祭奠先祖的李氏祠堂。据村民介绍说，祠堂前面宽阔平坦，主要干道正对祠堂，功名碑、孝子坊均位于祠堂面前，如今虽仅剩残垣，但依稀可见数根功名碑仍然屹立不倒，碑上刻有“乾隆甲子科大学生李氏”、“乾隆癸卯科考授明经进士李某”等字样，无一不在传达着浓厚的地域文化，更肩负着传承与潜移默化的教化作用，富含更深层次的精神内涵，体现了人文气质。目前整座宗祠保留原有建筑架构，沿中轴严格对称，中轴上部为叙伦堂主堂，属

图1–10：李氏宗祠

（图片来源：作者拍摄于井冈山文水村）

于祭祀区上殿，下殿则属天井式院落。下殿正中的入口处为祭祀时的主要出入口，并在正门两侧开设次入口，祠堂正殿左侧同时开有疏散出口。

（二）建筑空间环境

在井冈山，大中型宗祠一般为多进院落式布局，按照功能、规模灵活布置，以天井为中心围合而成。文水村则属于小型宗祠，以单体建筑构造，主要建筑在中轴线上，由大门、天井、厢房、祭祀厅组成，平面布局为一井两进两房三开间（图 1–11）。祠堂作为家族长居于此地的产物，不仅是家族礼仪的象征，同时也告诉外来姓氏者这个姓氏将占有一方土地，同时告诉后辈族人日后将共同生活在此。李氏祠堂建筑也是因这个理由而营建的构筑物，其外立面对外有很强的私密性，因建筑本身不大，所以没有特别的开窗，建筑总长约 26 米，宽 13 米，前后两个大殿气势雄伟，八根高约 6 米的圆柱支撑着中庭的大梁，其结构规整，呈矩形。李氏祠堂保存较为完整，建筑内部也存天井，四面屋顶斜坡朝向天井（图 1–12），天井下地面（图 1–13）与周边地面形成沟渠，与天井遥相呼应，形成连接，下雨时自然水体顺水洞排除，同时在室内地面与室外巷道间做暗渠，达到自然排水的效果，称“四水归堂”，这样内向性的建造空间与家族制度中既团结内部又统一排外的思想是相通的。宗祠虽两进，面积不大，但组成了独立的建筑体，厅堂正中的墙壁是室内视觉的焦点，与天井一起组合起来形成祠堂的统一感。

（三）建筑装饰艺术

1. 马头墙：由于地处山林，相对偏远，整个建筑都要考虑到防御火灾，建筑两侧竖起高高的马头墙，从建筑正面看两侧连续的马头墙将主体建筑夹在当中，出于防火的考虑，虽两面对称但前后因天井设计而分为两部，分别由三段组合而成，呈“台阶型”，且三段式明确，青砖的墙身与青灰色墙檐间抹出一道光滑的白带。檐脊装饰筒瓦，头部高高挑起（图 1–14）。

2. 柱基：李氏宗祠规模较小，所以立柱柱基也较小，且造型、用料朴实无华，给人以沉稳之感。立柱前后柱基大小相同，柱基呈圆柱形或正八角形，表面因石材风化而略显模糊，柱基腰身上图案多为简洁的浅浮雕，雕刻内容多为吉祥纹样，花草、鱼、蝙蝠等等（图 1–15）。3. 地面铺设：天井正对的地台和大门入口处铺设弧形、半圆形鹅卵石产生线条装饰地面。

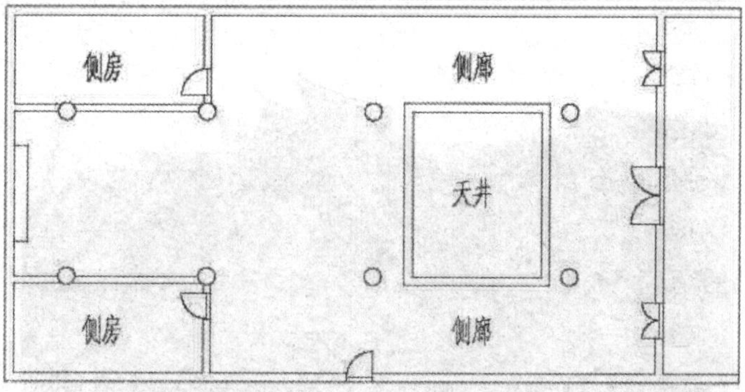

图 1–11：一井两进两房三开间

（图片来源：作者拍摄于井冈山文水村）

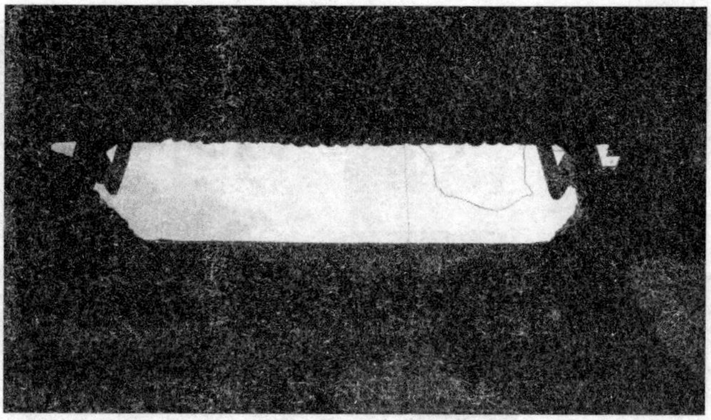

图 1–12：李氏宗祠内天井

（图片来源：作者拍摄于井冈山文水村）

图 1–13："四水归堂"

（图片来源：作者拍摄于井冈山文水村）

图 1-14：李氏宗祠外立面

（图片来源：作者拍摄于井冈山文水村）

图 1-15：李氏宗祠柱基

（图片来源：作者拍摄于井冈山文水村）

二、传统住宅建筑

（一）建筑形制

1. 住宅选址：文水村的传统建筑距今有 100 多年历史，第一代人的开基定位，主要是依据背山面水的风水习惯，“负阴抱阳”的来源在《老子》中最先提出，所谓“负阴抱阳”主要的观念是山体是大地的骨架，也是人们生活资源的天然库府，水域是万物生机之源泉，这样的地方，整个生态环境表现出一派安定祥瑞之气。文水村祠堂朝西，不是根据整个大环境，而是根据山体朝向，按照风水来建，以后家家户户都按照这个朝向来营建，但如果有人违背了建筑朝向会出现个体化，个体和整体出现矛盾后，便认为个体风水不好。个体住宅选址还受到富裕程度和基地大小形式的影响。

（1）富裕程度：富裕程度是影响住宅选址的重要因素，据文水村老人介绍，虽然家家户户都重视住宅的营造，但各自的社会地位与经济实力都不尽相同，所以住宅的质量与规模也就存在较大差异。传统住宅的划分并未出现官方或公用的限制，主要依靠户主的经济能力，直至改革开放后的土地改革运动才出现按照人口与劳动力进行土地划分。

（2）大小形式：房屋的基地大小主要是因祖宗传承下来的基地大小为主，但随着子女增多，原有基地会进行分割，久而久之土地整块土地分为部分土地，传统的文水村崇尚的是儒家思想，其主张“君臣父子”的等级规范来指导人们的行为，儒家所认为的等级制度是在“礼”的约束下使人避免争斗而归于有序的唯一方法，子孙多土地反而少，但数十代以后土地会比较凌乱，土地争议比较大，有时甚至关系处理不好，影响土地分割不均。其次，早前社会赌博现象严重，常用房子作为抵押，赌输后将房赎出去，原有土地拥有者房屋面积逐渐增大；其三，也会因为长久居住后慢慢家族中人逐渐消亡，致使土地由亲戚收回的情况，任何时代都存在个性的发扬，个性自由也只是作为严格等级规范的补充，使“礼”在约束性中带有灵活性。

2. 住宅内形：原始建房的主要初衷是为建造遮风挡雨的庇护场所，虽说在尺度、舒适性、安全性、稳固性等方面达不到合理标准，而且在卫生及生活环境方面也有所欠缺，但原始建筑在如此恶劣的环境之中仍然保持其因地制宜的原则，这说明原始建造技艺仍然具有借鉴价值。村落整体受到宗族制度影响，建筑形制、体量大小、建筑风貌上差别不大。传统民居两层居多，二层一般是堆放杂物的储藏空间，一般不住人，使用梯子上下，梯子并不固定可来回移动，两层设计的住宅形式在夏季起到隔阳的效果，同时对四周封闭环境产生一种围合感。文水村建筑一般为“主体建筑+附属建筑”的形制，主体建筑较为完整，而附属建筑则是因地制宜的布局，或紧挨主体建筑，或在距主体建筑不远处房前房后搭建附属用房，厕所和厨房没有固定的布局，大部分厨房在内、厕所在外，杂物、饲养禽畜也会集中到附属用房，没有固定的形式，根据所需空间的大小进行建设，并无标准形式。

（1）住宅形制：清末时期，老式建筑属于庐陵风格与徽派建筑风格结合，不完全只属于某一风格，飞檐和马头墙像徽派，房体结构属于庐陵风格。村内建筑有独栋建筑如李相传宅、李鹏程宅，还有双拼建筑、三户联排建筑，如李鹏程宅斜前部李氏三宅，采用三户联排形式为了节省墙体的材料，省料、省工、省钱，不会纵向发展，而是横向发展。整体房屋属于土木结构，最多只有两层，主体建筑除称重墙外由六根立柱支撑。大部分独栋建筑属于一进三开间（约 100 ㎡）、五开间（约 190 ㎡），左右对称的形式，因受住户子孙人数的原因呈现一进四开间（约 150 ㎡）的形式，经济条件的制约也出现并不对称的空间形式。文水村建房尺寸有些讲究，但凡是房间尺寸要逢“3、6、9”，表示六六大顺、长长久久，吉祥之意，如：李相传宅中进深 3 丈 66（12.2m），开间共 3 丈 36（10.12m），厅高 1 丈 36（4.08m）。因二层储物多位于厢房上部，则厢房一般高约为 2.5m。

（2）空间秩序：大部分建筑之所以采用对称的空间布局形式完整地呈现村落整齐的秩序，主要是受到儒家思想“中庸之道”的影响，“中庸”并不是我们表面理解的迂腐不易改变，而是适用而经久不愈，不偏不倚之意。古人论天地、人文都不能离“中”而立，“中”是标准，即做到所谓“天人合一”。建筑平面对称布局的原则是说房屋内必须有一条隐形的中轴线，起着平均分割的作用，但建筑体量并无强制要求过高或过大。而是建筑群体形成组合向平面方向发展，由间构成单体，由单体构成庭院，再由庭院构成建筑群，形成绵延之感，纵观全局形成和谐。建筑由厅堂和厢房组合而成，其中厅堂主要作为家庭活动的中心，在住宅中占有相当重要的地位，厢房分别位于厅堂两侧。厅堂较为开敞，除陈设少量家具外还留有较大空间可组织日常活动，接待亲友、红白喜事、祭拜祖宗等。一般为了空间的采光而采用双扇门，白天主门开敞，只闭合外层半高的两扇。厢房则具有居住和厨房的功能，按照人丁多少有时共用一个厨房，有时住在一户的两兄弟各使用一个厨房。按照尊卑长幼厢房也有上房、下房、偏房之分，虽大小基本平分，但一般长辈或兄长住上房，所谓“左大右小”，兄长住主堂左侧、兄弟住右侧，即是体现了儒家尊卑有别、长幼有序的主张。一般来说厨房或杂物房设置在偏房内。

传统民宅空间布局

形制	序号	布局格式	样式平面图	影响因素
对称	1	一进三开间（李相传家）	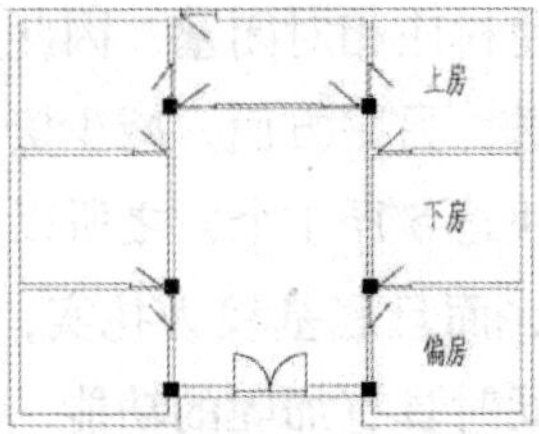	普通家庭，家内两兄弟
	2	一进三开间（李鹏程家）	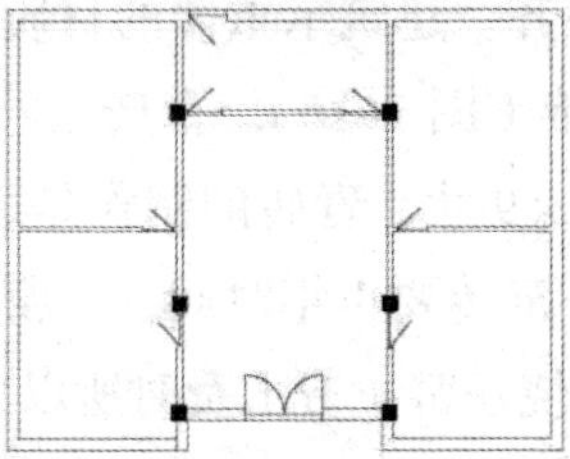	普通家庭，家内两兄弟
	3	一进五开间	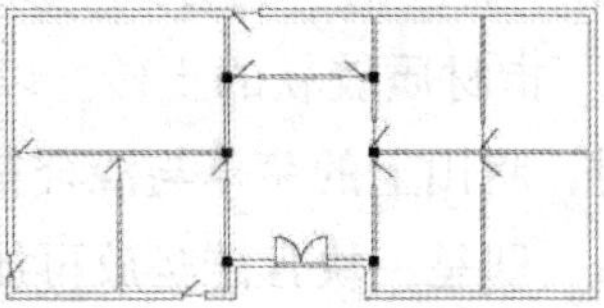	相对较富裕、子女较多家庭
不对称	4	一进四开间	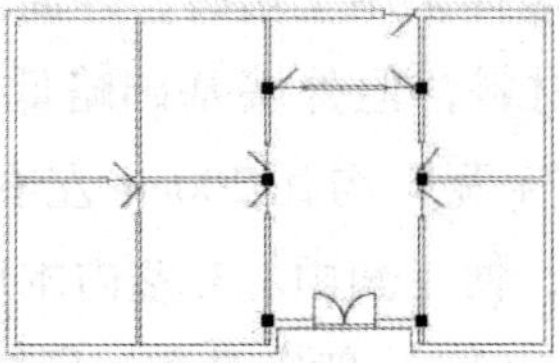	受家庭拥有宅基地大小影响，且家中多子女
	5		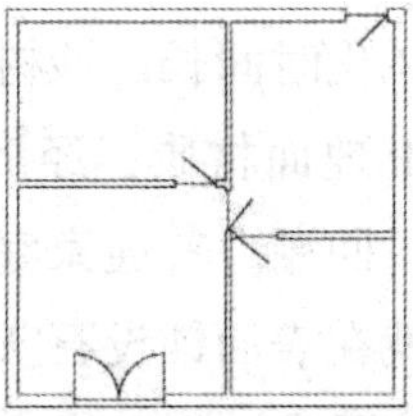	受家庭经济影响仅能选择较小空间的居所
	6		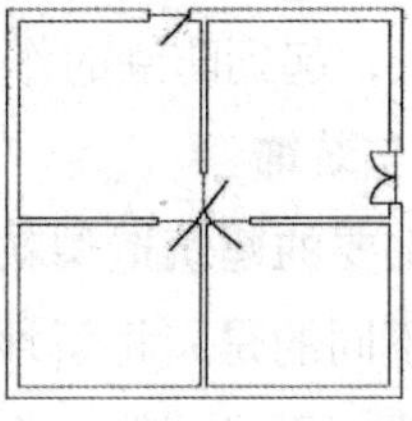	受家庭经济影响仅能选择较小空间的居所

（二）建筑材料

传统住房材料多因地制宜，就地取材，过去村庄间因姓氏不同而交流较少，地形的因素致使村庄相对闭塞，因此建筑材料的选用上更加贴近自然，一方面，便于运送，另一方面，减少资金。1. 墙体材料：墙体基础部分使用石头，大的石块近 5 斤 1 个，之所以采用如此大的石块是因为建造效率高，建造速度快，而且底基较为扎实，空隙处用小石块斜整齐填入，节省了青砖的使用，同时具有加固的功能。另外除主墙体使用青砖外，底基的四角也用青砖整齐。建筑承重墙的材质选用取决于家庭的富裕程度，较富裕家庭使用青砖（图 1–16），青砖大小一般分为厚宽长 2 寸 ×4 寸 ×8 寸或 3 寸 ×6 寸 ×9 寸，青砖的制作是用泥土打夯以后做成胚子，晒干后烧制而成。烧一窑砖要 1 年时间，一窑 1000 块砖左右，建造一栋房子约 4 窑，制作瓦再烧一窑，费工费时所以大户人家才会使用全部青砖的住房。普通家庭采用“金包银”的方式，所谓“金包银”中“金”指材质较硬的青砖，“银”指材质较软的土砖。以前交通不方便，缺少与外界交流，只能就地取材，将山上的茅草与混合打成胚子，形成土砖。摆砖采用 1 竖 2 横，一斗墙，即是一块青砖竖放再加土砖上部再躺放青砖，节省了青砖的用料。室内墙体采用土培砖，外面基础和里面基础都用石头（图 1–17），减少了烧制材料，但外墙基础略低。2. 瓦：根据家庭经济状况，木结构中椽子 + 椽皮 + 瓦，沟瓦 200cm 左右放木框架上，沟瓦上再盖灰瓦，屋檐则相对较长，便于漏雨。3. 室内木质材料：文水村当地木材为沙木，又称杉木（图 1–18），一般家具和房屋柱梁都常使用，沙木木质较轻，经久耐用，不易腐烂，风化时间长。沙树树枝属于中性材质，细腻，纹理直，有韧性，易加工。4. 地面材质：经济较为富裕的家庭用盐和泥混合，盐容易吸水，夏季凉快，回潮。普通家庭则使用泥土，泥土打夯，但雨季地面较滑，为减少滑度就在表面铺设石灰，石灰较为费工，需从外地拉岩矿石，打磨，烧制，比较困难，所以就地取材为主。厢房一般用砖架高 10 公分左右，铺设沙木地板，起到防潮的作用，但夏季较热。

（三）建筑造型要素与装饰

1. 厅堂：厅堂中最主要的建筑造型就是祭拜席，祭拜席的木墙使用的是沙木，与其他各部位不同的是，将祭拜席后沙木做成约 2 公分厚薄，按照树木原有生长朝向放置，不可倒置，无需考虑树径宽窄，因其特殊用料性质，将代表着家庭的发展方向，所以各家各户相当重视。祭拜席墙面上最多贴对联，或者嫁女结婚和圆屋，亲人送的题字匾额。祭拜席的案几一般随房屋建造时制作，1.2 米高，2 米长，案几上一般只放灯或者香炉。雕刻纹样包括花卉等吉祥纹样。2. 墙体与门的装饰：马头墙是庐陵建筑的特色，民居住宅中常见马头墙有 4 个、12 个、16 个（图 1–19），根据主体建筑的进深，李相传宅进深 12.2m，因此为一边 8 个共 16 个马头墙。马头墙的采用抽象的艺术手法，工匠们将屋面坡度做成昂首长嘶的马头状，错落有致的放置青瓦如马头上的黑色鬃毛，线条流畅、气势非凡，给人以无限的遐想与视觉的美感，为与方正的主体屋面形成对比，显示出古代匠人独具匠心的高超营建技艺。最早村落以家族为单位，户户之间以围墙相连，建造马头墙起到防火的目的，用 240mm 的砖砌成防火墙，经过长期的发展，马头墙经过艺术的加工成为庐陵民居的形象要素，不但丰富了单体建筑的轮廓同时也成为村落优美多变的天际线，给人以层次和韵律之美。但因与马头墙相连的屋檐较易漏雨，所以新中国成立后的住宅较多放弃了马头墙的使用，因此房屋的防火功能逐渐消退。李相传宅门高 5 尺 6 寸（1.86m），宽 2 尺 6 寸（0.88m），传统房子进出门口都要放置与门同宽的青石，主要目的是为了防止盗贼掏空门下泥土进入室内。门襟上弧形木构件起到称重、装饰作用。窗子较小仅长 2 尺 6 寸，宽 1 尺 8 寸（0.6m）。在

图 1–16：传统民宅外墙　图 1–17：传统民宅的石头地基　图 1–18 传统民宅木质结构

（图片来源：作者拍摄于井冈山文水村）

建筑正面墙体两边分别设置石窗又叫风窗或气窗（图 1–20），根据泥工的习惯而建，样式并不固定。建筑屋檐下一般有精美的黑白画布，这些建筑装饰同时也传达了地域文化，原来叫油漆工绘画，墨椽画，由红色石头打磨过筛再调桐油或茶油再加点木炭，调配成墨色。绘画内容丰富以春夏秋冬，植物居多，如春兰夏菊，竹子牡丹，代表气候的植物。

图 1–19：传统民宅马头墙

（图片来源：作者拍摄于井冈山文水村）

图 1–20：传统民宅气窗

（图片来源：作者拍摄于井冈山文水村）

第三节 传统建筑中人的影响因素

建筑的功能与人的愿望，建筑文化符号构建与人的精神寄托，建筑空间组织模式与人的生理需求等等，建筑的整合使建筑的更新无论在哪一个时期都能保持着平衡。因此建筑的更新不应当仅局限在建筑形式上，更应当考虑建筑中人的影响因素。

一、地方文化的认同

（一）儒家思想

"仁"是调和社会矛盾的集中体现，如既要复礼，又要爱人，同样，对待自然既要利用又要保护。在建筑环境中建立起相生相克的关系，既要相互协助，又要相互监督。儒家主张保持矛盾在一个可以调节的范围内，通过矛盾的各方面相互调节补充，形成平衡的有机体。这样才能在整体上产生有序的社会效果。文水村传统民居依赖自然资源但又对自然进行保护，并无破坏自然的现象，在选材方面得到充分的体现，达到了人与自然的和谐相处。"礼"代表着人文思想，建立了中国文明的伦理秩序，而秩序的目的是和谐，并反应在建筑的空间上，形成了中国所特有的空间观。首先是均衡、对称，其次是建筑配置井然有序。传统民居的建造无论是祠堂还是普通民宅，保持着对称与有序的建造层次，以宗族制度为秩序和谐的依据，体现建造的统一性。

（二）吉祥的诉求

传统民居的建造居民把对吉祥的追求看得很重，人们认为它影响着家庭的发展与子孙的幸福，所以在建造房屋时在许多方面都体现出来，文水村传统住宅建筑在四个角地基放光绪年间的钱币、铜钱或水平以后放，在屋角 90° 的地方或放大门石的时候压在大门石下，主要目的是辟邪、招财，属于当地的建房习俗。室内梁的搭建要逢单，要单数，因为原是先人去世的时候需要两个柱子抬起棺材，在人们眼里是不吉利的数字，所以依据房屋大小，架梁根数一般以 9、11、13 等为主，李相传家有 9 根。建成时大梁因是负担着支撑房屋架构的重任，主梁要染成红色，用红布包金银、或谷子、或豆子、或麻，这一过程来表示房屋的落成，同时给予以后的房屋或屋主风调雨顺。

（三）神话传说

1. 龙脉美女传说：据说天上有对男女神仙，他们钟情私会被玉帝发现后，责罚下界，降旨变为二座山，山男为“卵子坳”（现文泉后山）、山女即美女形（文水后山）。之后，这对男女仍还不思悔改，继续相爱如初，每逢电闪雷鸣时两山便开始相合，造成交通阻塞，江水断流，以致患难成灾，后被天庭知晓，又怕泄露天机，此后两山再也无法结合。从此美女山也就成了文水的龙脉之山，不论是出现什么样灾害，她就像一位母亲一样环抱着整个村落，大风刮不着，洪水淹不到，最严重的干旱小河中的水也能满足人畜饮用，就像有了母亲的乳汁一样长流不息，之后更是人丁兴旺。2. 枫树堤：在文水村东北侧有一护村林堤，它又叫“风水堤”，全是几百年古老的枫树、柏树、樟树等树木组成，围绕着这个村子，林堤长百米、宽 3 米。传说这也是玉帝为了进一步阻挠“卵子坳”与“美女仙”之间的遥河相望，完全杜绝后患，特派神仙使者下凡来指点，要在此处修一条长树堤，也刚好隔断了两山，从此每到寒冷的冬天，它可为文水村落挡住寒风，这便成了块风水保地。加之村前还有一条山石泉水溪流，小河水清甜回味，溪水长流，文水人长期生活在这山清水秀、美乐仙境之中，其乐无穷。

二、行为方式的制约

通过对人行为的引导、束缚作用，达到稳固建筑行为的作用。原始社会中对于破坏社会秩序的行为要防重于治，儒家道德教化对于封建等级社会中“承认矛盾、调和矛盾、维持社会稳态”的主张再适合不过了。

对行为本身进行思考，关注使用者的各方面行为，对建筑起到调节作用。从行为的动机去研究人行为的内动力，居住者的需求，才能了解为什么会出现如此形制的建筑。首先，生理需求，是传统民居建筑的主要要求，是为了保暖防寒建造起的坡屋顶；其次，安全需求，是为避免受到外来因素的伤害，在建筑外墙的材料使用上选择较硬的材质或开窗较小较高的方式；其三，文化需求，对传统儒家思想中提出的对称形式的信仰；其四，相属关系的需求，子女的多少影响了建房的大小，另外就是邻里间的关系，谈到邻里关系不得不提的是文水村的文溪古桥，它由大青砖、石块、石灰拌桐油砌成，呈半圆拱形，横跨村前文溪河之上，是文水村人世代通往外界交往的必经之桥，古桥不仅作为连接里外的必经之路，也成为当时邻里之间交流与交往的空间，古桥距李氏祠堂较近，连接李氏祠堂前的活动场地，民居建筑则围绕古桥与池塘依次排开。据村民介绍，原来建房时并不存在前院和后院，每天各家各户都会在古桥上聊天，分享着家长里短，建筑则不会建造的过远或过于偏斜，为的是方便人的日常活动与交流，村内的大部分风俗习惯也是一种交流与传承的过程，由此看来，行为从侧面反映出人的生活习惯、文化背景，是传统住宅选址与建筑的重要影响因素；其五，美的追求，对美好事物的追求绘制装饰在屋檐或窗上。

第二章　影响井冈山文水村现代民居建筑改造更新的因素与存在的问题

第一节　外部影响的因素分析

人类总是处于动态的发展过程中，社会的发展存在着时间和空间上的转变，过去我国长期处于一种自我封闭、自给自足的经济形态，无论是城市还是乡土社会，宗法制度作为稳定社会的手段，发展是局部且又缓慢的。现今乡村正在经历着一次次的变革，被现代文明的浪潮所侵染。社会当中的一些不稳定因素都对乡村的发展产生了影响，导致聚落的形态发生了变化。环境的变异、经济的起落、技术的发展、家庭的变革、文化的交织以及生活、生产方式的改变等一系列因素不断变化，对文水村建筑建造产生了重要的影响。

一、自然环境因素

（一）自然法则

一切存在和运动的基本法则。建筑环境是在自然法则的范围之内存在的，它使人与环境达到平衡与和谐，发挥自身整体性并协调各元素，使其保持基本形体。建筑的选址、规模、空间形态、建筑分布均受到自然环境的影响。其中，土地是基本生产要素。一方面旧社会时期的文水人以务农为主，土地的肥沃与否、产出能力影响着来年的收成，因此，适宜的土地会吸引较多人择地而居，但往往较适宜的土地居住密度相对较大，建筑分布较为紧密，相反则土地较为贫瘠的村庄建筑分布较为松散；另一方面村庄人均土地拥有量决定着所建房屋的占地面积和规模。

（二）地形地貌

文水村的特殊区位因素，村庄建设为山地型，村庄规模小，村内的土地也呈现起伏状态。

（三）气候

井冈山属于多雨地区，湿度大，气候对建筑建造形式有显著影响，房屋屋顶坡度大，有利于排水通风，夏季高温时期也可遮挡太阳。

二、工艺技术因素

从房屋建造构成上看，在不同时期建造技术有所不同。文水村传统住宅在建造手段上具有同一性、协调性，是因为建筑营造主要由手工匠人做统一的协调，手工匠人的建造手段起重要引导作用，通常作为核心工匠，称其为“主工”，其他人（住户本身与亲戚）是“帮工”，原来工匠作为一种职业而受到尊重，建造房屋时工匠顺序依次是铁匠、石工、木工、泥工等，建成圆屋时铁匠坐一席，俗话说：“一铁、二石、三木、四泥”。而在当代，无论何地，城市或者乡村，建筑工匠对木料的选用渐渐减弱，建房属于个人承包制，对建造缺乏系统的理论知识，操作缺乏规范性，手工建造者必须掌握更新的技术来为营建活动提供新的方式。现代建造手法代替了朴实而又自然的木材结构搭建。新建住房纵向发展居多，不如传统工艺制作复杂，工序繁多，现代建筑制作较为简单，有一定的套路。

表 2–1：新老建筑材料的比较

	老建筑	新建筑
房屋保温性	坡屋顶保温性强	空心墙砖保温性不佳，平屋顶不能隔热防寒
墙体材料	土坯或青砖	240mm 空心砖
门窗透气性	采用镂空形式，杉木条做防盗，窗户透气性强，但窗较高较小，采光弱	铝合金门窗气密性强但保温性差，气密性强会导致房屋呼吸功能减弱，往往长期在老房居住者较不舒适
经济性与可操作性	建造工序复杂，取材困难	选择材料多，可根据经济条件选择材料，新型材料并未完全掌握

三、经济与制度的因素

（一）经济因素

经济与制度往往是相辅相成的，经济产业体现的是一定时期的发展水平，同时也是建筑物质载体所需的经济基础，井冈山四周环山，封闭的环境致使其落后的发展状况，整体经济水平处于落后状态。新中国成立以来随着国家对井冈山地区红色文化革命根据地的重视，井冈山农村政治、经济、文化发生了巨大的变化，文水村也正是在这时受到地方政府的关注，总体来说发展并不是来自乡土社会中的内向动力，而主要是受到国家政权自上而下的方针政策。

从20世纪80年代起，经济的复苏及农业产业状况逐渐改善，农村面貌也随着富裕起来的农民带动起来的新建民居热潮，文水村也伴随着这种发展契机，呈现出新的发展趋势，村内明显存在三种阶段性住房的面貌，但村内民居形式处于一种尴尬的状态，即不同于传统村落又不同于城市。农民的收入随着生产力的提高而不断增多，对城市文明的向往和对基础设施配套的要求也不断提高，但与此同时缺乏科学的引导，现代建筑形式多样、规模大小不一，在一定程度上忽视了经济实用、安全、节能的原则。关键是规划建设必须要发现问题的实质，立足当前，关注长远发展，提出合理解决方案。

（二）制度因素

我们常说“规矩是人定出来”，规矩即是规则，规则可以改变，而且无时无刻不在变化和更迭。规则是通过条文或条件来证明它的重要性的有意识行为。规划需要一定制度的制约，旧社会村庄自立乡规民约，在宗族领导下按照约定俗成的规定，自行有序建造，这样经历了数百年的过程。自国家出台土地改革运动以来，通过集中土地，经验管理模式，加快产业进程，对土地经营权与使用进行规整有一定的促进作用；另一方面，集中获得财产收入，成为农民进城务工的资本。促成日后文水村发展新型农业集中规模化经营生产，实现居住与生产分区，但不分离的状态。这都说明乡村建设离不开社会制度的监督与引导。

国家政策促使村民保有基本土地，保障农民生存底线，尤其是在经济并不发达的区域，在相当长一段时间内，可稳固村落的规模和土地制度，这对从村庄内部改善居民居住环境、居住空间模式与理念具有基础作用，促进了未来村落发展产业化，立足本地内在结构带动经济发展。

四、家庭模式的因素

家庭规模是住宅规模的主要决定因素，影响着住宅内部的划分与格局，传统社会家庭中人口混杂，两代、三代同堂较多，尊卑长幼礼制序列严格划分，导致房屋内部空间划分过于精细，按礼数入住。在当代，文水村家庭成员大部分父母子女同住，三代同居情况较少，年轻人到了婚后基本都另立家庭、新建住房，传统深宅大院的乡土建筑形式已不再需求，人员复杂、规模庞大的家庭结构模式已不再适宜现今的居住环境，但住宅形制与文化需要得到传承，因此，既要满足当代住房的功能需求，又要对传承文化，成为规划新建建筑的目标。

（一）宅基用地

从传统宅基地的划分可以看出宅基缺乏科学的规划指导与管理，宅基一般横向发展，实际占地往往过大，但使用需求又不能满足。文水村年轻劳力大部分外出打工，常住人口明显下降，宅院闲置，经济较好的家庭宁愿另建新房，用地规模也逐渐扩张。井冈山市规定：居民人均建设用地在 90 ㎡—120 ㎡之间，而实际许多住户房屋占地已达到 160 ㎡—190 ㎡，超出平均标准。

（二）大宅的住宅形式无法延续

从建筑规模上看，大宅普遍追求在整体布局上的层次与空间布局上的层次有明确的准则。对于人员较少的现代家庭来说，更加注重的是功能的优化，且大宅通常所需的财力也并不是一般家庭所能承受的。占地面积大、土地利用广的聚落空间已与集约型社会的发展要求不相适应了。

（三）中小型建筑逐渐增多

文水村家庭趋于小型化，中小型建筑的造价更容易被一般家庭所接受。人口不断增长，房屋建造也呈上升趋势，房屋建造的浪潮从建国后便不断扩张，大量农田被占用，原有村庄界限不断扩张。

五、社会因素

（一）人口迁移

城市化的快速发展推动着农村人口的迁移，农村人口在流动过程中数量减少，人口结构发生变化，带动人口原所在区域空间迁移，常年工作在外的已安定于城镇中的农户，其拥有的农村住宅长期闲置，致使所在村庄处于空心村状态，影响整个村庄的长远发展。据统计发现文水村共 340 人，未来仍有可能居住在村内的占 59%，平均年龄在 44–60 岁，而日后不在村内居住占 13%，平均年龄在 60 岁以上，多数随子女在城市居住，老宅闲置，其余年龄在 40 岁以下的青年还不确定日后去留，目前仍长期在外务工居多，绝大部分选择返乡可能性较低。

（二）城市崇拜心理

我国城市经济快速发展，致使长期居住乡村人们产生盲目崇拜的情节，即“城市崇拜心理”。年轻一代一批又一批走入城市，感受着“城市文化”的熏陶，而仍然生活在乡村的民众，也在意识形态的驯化下，接受着外来者或是返乡者的思想灌输，随着电视、网络的普及，建起“小洋楼”造型的建筑，乡村的年轻人忙着抛弃自己的习俗，对父辈的生活方式和价值观念只有厌恶和鄙视，想尽快摆脱落后的状态。这固然与乡村的贫困、生活不便有关，在他们的观念里城市是未来，乡村却是过去。对现居乡村的民众而言，城市的吸引力是无法抗拒的，除了一般的物质资源以外，乡村的精英持续向城市流动，而且一去不复返——乡村就丧失了文化创造、文明更化的主体。一代代之间缺少了代际相传，久而久之乡土文化逐渐消失，代替它的是冰冷、单一的钢筋水泥。

（三）邻里关系

乡村社会中能够长期维持乡土文化的重要原因是当地村民之间和谐的邻里关系，一方面邻里关系是维系社会安定有序的重要因素，另一方面也是维系村民感情的纽带。原始社会以血缘为纽带组织起来的氏族家庭具有重要的意义，对于氏族家庭的尊重，可能是对整体观念形成有序思维的重要根源。而村民中口口相传的村中轶事、习俗礼仪、宗法体制等无形中形成独特的制度——乡规民约。在当今社会中面对人口大量外迁的现象，邻里关系仍然对乡土文化的传承起着重要的作用，久而久之成为稳定社会安定、乡情浓郁的社会纽带。因此，应切实关注经济结构、人口结构变化下村内邻里关系对村庄建设的重要影响。

六、生产生活方式的因素

（一）生活方式的改变

生活方式是人类生存的行为方式，家庭人员中的生活行为模式构成了该家庭的生活方式。多数文水村民居建筑中，建筑呈对称状，正堂作为唯一的公共空间和中心区域，具有仪式化的特点，家中祭祀、礼仪、节日等各种活动在此举行，反映了居住建筑仪式中伦理秩序。随着生活方式的改变，空间割据有了变化，家庭成员更注重私密性，厅堂和其他房间相对独立；自来水给排系统取消了水缸存水的功能，天然气的使用则代替了传统灶台，厨房空间被压缩；对卫生要求有所提高，卫生间迁入室内，使用功能设置上得到重视。由此看来，物质空间随着家庭生产力的发展而变化。

（二）生产方式的改变

农村生产生活方式对空间需求的变化直接影响着住宅形制的变化。过去文水村主要农作物为水稻，生产方式以农业生产为主，所以在建房时要充分考虑农耕用具和粮食的储存。文水村村民的储物除了一些会在室外单独修建时附属用房存放，另外就是在主体建筑二层设置储物空间以方便随时劳作。现代农业生产逐渐转型，从种植水稻到葡萄园种植葡萄采摘加工出售为主，减少了需占大面积土地进行水稻种植收割后的谷物晾晒，生产更加科技化与系统化。

现代民居依然包含生产与生活共存的模式，随着日后农业化与农产品加工复合趋势逐渐区分，农业生产与居住空间也会划分，从而形成独立的居住环境，提升生活质量与舒适性。

七、资源利用方式

（一）水资源

井冈山整个地区都属于亚热带季风气候，雨水充沛，雨量较大，尤其在夏季，降雨量达到全年半数。虽然自来水已普及，但由于多数来自于地下水，成本较高，为缓解地下水的使用，应尽量做好多雨季节的雨水储备，使水资源能够充分利用。

表 2-2：井冈山四季平均降水总量（mm）

四季天气	春季	夏季	秋季	冬季
平均降水总量	140mm	261mm	189mm	58mm

表 2-3：井冈山全年平均降雨总量（mm）

月份	一月	二月	三月	四月	五月	六月	七月	八月	九月	十月	十一月	十二月
平均降雨总量	66	94	131	195	212	321	250	320	170	77	65	42

（二）太阳能

文水村东部有山地基本属于半开敞式村落，民居接受日光便利且日光充足，基本不会受到周围山体的遮挡，太阳能利用应达到大力推广，但实际现代建筑太阳能技术并未得到普及，在日后的建筑设计中应逐渐利用太阳能源。

（三）炊事用能

目前农户厨房中也可见多种厨具的现象，如：电磁炉、煤气灶、土灶，以土灶为主，电磁炉是这两年兴起，而且厨房所占面积较大约 10 ㎡，个别村户仍然还有水缸，也占据许多地方，从现状来看，没有哪一种方式是完全独立可以完成厨房炊事的。

第二节　建筑空间变化

一、类型分析

（一）传统延续型

在传统布局原有的标准一进三开间基础上进行纵向延续，而平面布局仍属于对称形制，属于传统延续的一种方式，在格局和村落风貌上基本符合传统村落的肌理，例如村民活动中心北侧住宅，处在层数、室内功能上及开窗大小上有所区别，基本和传统庐陵民居较为类似。

（二）空间发展型

空间发展相对较为灵活多样，具备现代功能，完全脱离原有内部形式，属于集中式小型住宅，宅基地较小约 90 ㎡，建筑三层，内部空间类似城市住宅又具有杂物储藏功能。另外由于子女较多，所以层数偏高。如：李香明家经济相对富裕，建筑整体风貌较和谐，属于空间发展型。

二、性质

（一）从居住形式上看

新中国成立后的住房仍有延续传统住房的对称形式，一进三开间或五开间，活动中心还是厅堂，但厅堂由原来的宗教空间变为生活空间，精神意识降低，更突出物质上的追求。几年来，经济带动了民居空间的变化，突破了对称布局形式、抛弃了严格的住宅形制、礼仪性消失，家庭生活功能占主导地位。生活设施的改进、家用电视的普及以及卫生条件的改善等都对居民居住模式产生了重要影响。

（二）从空间性质上看

传统民居建筑空间尊崇组合秩序，男女有别，长幼有序，房间出入相对直接，现代民居中则多客厅，多卧室的布局，组合关系变得复杂丰富，交通系统也更具有针对性。空间尺度也变化较大，传统房间厅堂约 4 米，厢房 2.7 米左右，现代住房无论房体层数挑高基本平均在 3 米左右，传统住房中厢房进深与开间基本尺寸差别不大，现代则出现长款比例约 1 ∶ 2 的尺度布局。窗洞也几乎是原有传统的一至三倍。片面追求房间的数目而使空房较多，导致适用性差。空间构成与组织缺乏系统性与科学性。

第三节　存在的问题

一、模糊的边界——原有建筑风貌的消解

当今的文水村已经失去了原有的建筑风貌，目前建筑较为破旧，以两层砖混民居和部分土房为主，空间布局紧密，人畜混杂的形式多见，通

风、采光难以保障，居住环境得不到保障。呈现给我们的不再是朴素的砖瓦，树篱围起的院落，而是欧洲罗马柱式，金碧辉煌的涂料和钢筋水泥的灰冷，或者是长满杂草的断壁残垣，又或是想要留有一丝文化传统的可怕复制，原先祖祖辈辈所遗留下的建筑样貌已荡然无存。也许是多元文化的融入，也许是对城市情节的崇拜，导致成为了乡村的现代面貌。我国村镇呈现出一种区域发展单一的状态，区域发展的唯一路径似乎就是城镇化，而城镇化似乎就是变成一样的水泥马路、一样的花园洋房。

文水村整体村落结构较传统空间布局呈松散状态，村落原有以宗族秩序为标准的内向格局也不复存在，正出现破碎的发展状态。经调研统计文水村现状共有各类用房 204 栋，其中，居住用房 87 栋，公共建筑 2 栋，附属用房 115 栋，总建筑面积为 27031 平方米（图 2–1）。村内附属用房居多，虽个体占地面积不大，但形成了零星分布的状态，充斥着整个村子内部。附属多为随意搭建的土砖房，与整体庐陵风貌极不协调。

表 2–4：现状村庄建设房屋一览表

类别	合计	居住建筑	公共建筑	附属建筑
栋数（栋）	204	87	2	115
栋数比例（%）	100	42.64	0.99	56.37
面积（平方米）	27031	23183	650	3198
面积比例（%）	100	85.76	2.41	11.83

二、层次的辨析——建筑排列组合的混乱

由于具有重要的历史转折意义，因此，改革开放前文水村的建筑可谓是历经沧桑，在此期间的建筑新旧更替明显。改革开放后大批新建住房崛起，80 年代住房居多。在影响宅形的变化发展方面自然因素固然重要，但人文因素有时起到了决定性作用，包括宗教信仰、地域习俗、地方经济等。文水村正经历着点、线、面三种层次的无序改变，首先以村庄公共空间为中心点的居民逐渐消失，生活方式的改变致使祠堂荒废，日常闲置，具有文水特色的水井与池塘也被荒废；其次，特殊区位致使传统建筑的排列受到地形、水体、宗族制度等影响，通常是一户一宅，线性明显，组织

关系明确，村落呈条带状分布，交通线的便捷，道路的设置也影响着建筑的排序，现今则在房前屋后设置附属用房，并未考虑到村落的整体秩序；其三，我们都知道村落具有整体性，而组成整体的部分也就是建筑个体并非均衡存在，传统聚落都具有层次分明的等级结构，建筑要素按照一定规律不断地加以组合排列形成稳定的系统，因此，是以等级方式逐层组合的传统村落共有的特征，但当今民居错乱组合带来面状变化，出现了个体的错乱，它们的造型与空间与整体存在许多不同，久而久之各家各户都存在着这样的问题，个体变成普遍，造成了空间上建筑排列的混乱。

三、特异性因素——建筑单体的转变

建筑发展成三个阶段，首先清末到新中国成立前，文水村民保持着原有生活方式，经济虽不发达，但传统民居依然延续，但居住水平较低；新中国成立后文水民居出现分水岭，既想要延续传统又出现了现代民居形制，如马头墙的消失仅存留坡屋顶；第三阶段是90年代以后掀起的新建

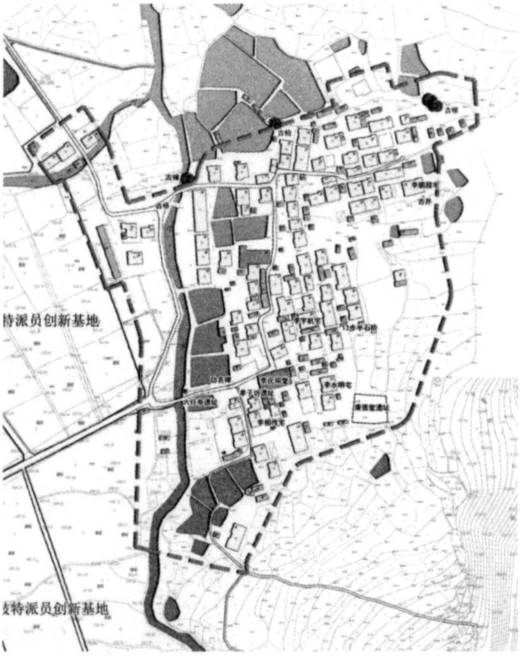

图 2–1：村庄建筑现状

（图片来源：井冈山规划局）

住房的浪潮，从表面上看因受到现代文明的冲击，现今民宅多数采用现代材料来建造和修固房屋，原有木质结构的传统住宅空间被白色墙面所代替，质朴感随之消失。建筑功能混乱，原有居住空间或堆放杂物，或被改为厕所。“天人合一”是一个基本理念，这是聚居观念的集中体现和主要依据，然而各种影响因素致使传统的居住理念渐渐弱化；以宗族为中心的社会维系也已消失，居民的个人意识增强，以小家庭为单位的社会组织方式成为主体。

第三章　井冈山文水村居住建筑更新导则

第一节　更新目标

一、融合与整合

（一）全球化与地域化的融合

作为发展中国家，国内许多村镇处于不断持续更新的状态，也可以说是不断升级的状态，乡村到城市的移民在不断的交往之间陆续产生出涵化，急速转变的价值观、理想、生活行为方式、社会结构以及文化等诸多因素都成为环境转变的因素。而在升级的过程中建立某种适宜的关系以达到文化、环境、建筑之间的紧密联系，这种关系其实就是应该要尽可能地使建筑设计具有开放性。传统文明中因国家封闭，对外交流甚少，国内城乡之间文化差异较小，文化与环境之间存在着一种“融合”的关系。随着时间的推移和需求的不断变化，居住建筑仍需要与聚落保持一种协调的关系，这样才能做到灵活机动，以便应对时间、环境的变化而作出反应。在建筑过程中形成框架结构，这种架构不单单是物质上的，还包括使用者、制度性制约等，从而才能成为具有实效性的规划。

每个文化都有自己的表达方式，将西方的概念强加到其他传统文化之上十分危险。西方现代建筑历经时间较短，所要传达的信息较少，多重视空间结构，而我国传统乡村地域性建筑又可称为地点的建筑，具有一定的自然属性，属于特有的地域物质产品。如今这两种建筑形式相互碰撞，产生摩擦。全球化与地域化问题日益升温，我们应该意识到这并不是舍弃或选择，两股潮流席卷而来，矛盾与冲突像两根扭在一起的绳索，是不可停息的浪潮。只有顺势而上，保持原有文化本质，才能不迷失方向，稳固前行。“开放性”设计正是要保持“调和”的关系来应对千变万化的环境，只有这样才能将矛盾化解。哲学思想中提及要看到事物的两面性，任何建筑形式概念都有它局限与片面的之处，同时也应该看到全球化与地域化都有其积极的一面。这种思想正与中国传统的阴阳思想不谋而合，理论体系所强调的并不是“一分为二、阴阳对立”，事实上是二者相互依存、相互补充共同发展。建筑学家吴良镛说：“‘全球——地区建筑’理解为，把它作为世界文明的多元与地区建筑文化扬弃、继承与发展矛盾的辩证统一。我们既要积极地吸取世界多元文化，推动跨文化的交流，又要力臻从地区文化中汲取营养、发展创造，并保护其活力与特色。简言之，即乡土建筑的现代化，现代建筑的地区化。”

（二）空间的整合

现今社会提倡低能耗绿色技术，其核心是被动低能耗设计，也可以理解为是一种以生态学和资源有效利用进行设计、建造、维修、操作或再使用构筑物。顺应自然环境，借助自然生态资源如太阳能、风能、沼气、本土材料并不借助机械手段等外来设备，通过自然的方法达到改善居住环境的目的。

我国绿色建筑发展应该说还处于起步阶段，随着国外先进技术的引用，大家对如何发展绿色建筑并不陌生，应坚持可持续发展原则。但在乡村改造过程中，由于村民所学习到的技术有限，且并不规范，并未发觉地域环境中所蕴藏的巨大潜力，与传统建筑的不同是绿色建筑除了具有舒适和安全性能外，还追求人与自然的和谐统一，设计时要充分考虑营造地的自然、地理和社会经济环境等因素，将生态策略充分运用到营建当中。如今的低碳、低技、绿色发展理念，正影响着人们的生活。国内景观设计师俞孔坚认为“生态化设计不是一种奢侈，而是必须；生态化设计是一个过程，而不是产品；生态化设计更是一种伦理；生态设计应该是经济的，也必须是美的”①。

① 俞孔坚：《绿色景观：景观的生态化设计》，《建设科技》，2006年第7期。

表 3-1：常规设计与生态设计之比较

问题	常规设计	生态设计
使用能源	基本依赖不可再生能源	运用太阳能、风能、水能等
选用材料方面的原则		始终遵循重新定位、更新改造、重复使用、减少消耗和污染、循环利用的原则
材料的利用	过量使用不可再生材料，低质材料多为有害物质，遗存在土壤或空气	循环利用可再生资源，便于回收、维修、持久
生态指标（与环境的关系）	较为污染，普遍使用	房屋建造时在材料的生产、使用、循环再利用过程中满足最小的资源和能源消耗和环境的污染
设计指标	习惯、舒适	舒适、人与生态系统的健康和谐
经济指标	一般经济	具有较高的生态经济价值
空间尺度	尺度单一	空间利用合理，综合多个尺度设计
知识基础	专业运用面较窄，单一性	综合多个学科及广泛的科学，综合性
自然的作用	设计强加在自然之上，狭隘的满足人的需求	达到天人合一的理念，人与自然相互影响，尽量利用自然的能动性
公众参与性	依赖于专家或手工匠人，排斥公众参与	人人都是参与者

二、传承与延续

民族文化传统是广大民众在长期劳动实践中创造出来的，在不断磨合和不懈努力中得以完善和传承。建筑作为物质载体得以保存，它承载的是民族文化传统中的许多东西，特别是在信息广泛交流的今天，它既要满足现代人的基本需求，又要传承和延续地方民俗文化，使得地方特色之精华能够世代相传。“普通”的建筑，就像里程碑一样，需要保护。城市需要老建筑，“老建筑不单单是可以收藏进博物馆的老建筑，而且也是那些普通的平凡的、低造价的老建筑，甚至于包括一些破败的老建筑。”①建筑具有文化属性的，而这种文化系统又是构成人生活环境重要的影响系统之一，村落中建筑因为具有文化性或受到文化的影响而不同，从而可以让人区别相似环境下不同人群产生的不同表现。人与环境可以相互影响、相互感染、传承延续，建筑的文化既表现在外部建筑符号又体现于人内在的思想之中。在文化趋同的背景下，传承的意义显得极为迫切，不仅体现的是地方的语言，也承载着我国地域文化的延续。如今的文化传承，不再是简单的照着老建筑的样式复制，而更多的提升为一种概念性的、融入美学，艺术与功能并重的形式语言。乡村建筑的文化的体现将是具有时代意义的，保留传统底蕴的，在地域性与全球化之间达到一种平衡。

我们常说“世事变迁”“以发展的眼光看世界”，乡村的发展同样也要站在历史的高度，以发展创新的思维，带动乡村的变化。如何才是乡村建筑发展的出路？首先，对外来文化不能盲从，要以批判的眼光看待，需要科学的理性思维和艺术的创造相结合，对现代建筑进行“融贯文化”②研究重视精神内涵，汲取有利于当地建筑发展的建设经验。其次，便是不能盲目地模仿传统文化，在强调我国优秀的建筑文化同时也要融汇贯通，为全球文化的发展贡献力量。“地域主义脱离其旧有的某些特征，不是形式的复制、仿效，而是理解过去，以同样的创造精神来面对当代机遇。”③中国有“朴素的可持续发展思想传统”④，它是达到了一种系统中的秩序平衡，几千年来利用自然，满足生活，不断调整，时至今日，相信聪慧的国人依然能够顺应发展，将建筑文化不断传承、融合。《释名》一书有这样一句话：“巧者，合异类共成一体也”，颇能道出建筑文化发展的真谛。

延续以文溪古桥、庐陵建筑为核心的民居文化，建筑风格延续老文水村朴素、硬朗、具有厚重底蕴的传统风貌，关注本质的内核因素，是特有的文化传承，同时又要随着时代的变迁而不断进行修正、补充，完善其文化要素，提升地域文化内涵，从建筑构件，多样地域材料着手，构筑既符

---

① [加]雅各布斯.金衡山译:《美国大城市的死与生》，译林出版社2006年版.第1页。
② 吴良镛:《中国建筑与城市文化》，昆仑出版社2009年版，第26—31页。
③ 吴良镛:《中国建筑与城市文化》，昆仑出版社2009年版，第26—31页。
④ 吴良镛:《中国建筑与城市文化》，昆仑出版社2009年版，第26—31页。

合现代功能又具有传统本原的地域性新民居设计。

三、适居与适用

针对村落住宅功能需求改善，可以从多个方面实施，但始终要遵循：以人为本、宜人适居；因地制宜，经济适用；尊重自然，环保生态。以村民自身的期许与生活习惯为根本，注重当地传统建筑与新型建筑形态相统一，不拘泥于使用一种形式，真正做到放眼未来，用发展的眼光看待不断改善的环境。

（一）以人为本，宜人适居

以人为本是井冈山建筑改造的出发点，是新农村建设群众力量聚集的强大动力，是保障农村建设健康发展的根本原则，应始终贯穿于新农村建设的全过程。由于井冈山地区民居建筑多以主体住房加上两间附属用房（厕所与厨房）为主，个别村庄建筑厨房设在主建筑内，时过境迁，破旧的房屋已经满足不了居民的需求，许多空间闲置，附属用房则破烂不堪，被荒废弃用。从对文水村的调研中，发现了建筑功能上的普遍问题。

宜人适居的居住环境，对任何住宅功能的改善都要以提高居住环境的舒适度为核心，包括客厅、起居室、厨房、厕所灯具体空间的改善，应包括心理和生理方面的舒适需求，人的一生 80% 的时间都是在室内度过的，室内环境的好坏直接影响着人的身心健康。

（二）因地制宜，经济适用

传统民居建筑有其缺陷但又有其优势，如今倡导集约型社会，在充分考虑农民现在生活的实际需要中，避免为满足生活需求而造成建筑生活中不必要的浪费，传统建筑之所以几十年甚至百年使用，在新乡土建筑中我们应加以借鉴，如坡屋顶、屋檐、石窗等等，尽量减少能源的消耗。在我国大部分村庄建设仍然缺乏专业人员的指导，农村的建造方式仍然处于亲帮亲、邻帮邻的手工建造模式，建造技术和先进技术无法得到推广，可见，城市建设之路并不适合在农村进行，发展村镇住宅一定要因地制宜。在我国大面积区域进行乡村改造的过程中，始终倡导地区特色适用技术，只有与传统相结合，才能走出与当地生产力相适宜的，具有生命力的建造技术。由于经济水平的制约，与生态环境的要求，要始终保持节约的态度，追求天人合一的建筑精髓，保持协调自然环境的意识，在材料的选择，房屋的空间布局上达到环保改进的重点，特别是农村厨房、厕所的垃圾回收利用等问题。建造出舒适耐用、经济适中、结构合理、方便生活的经济适用型住宅。

第二节　更新形式——自主搭建

我们知道，传统村落是经过环境的不断演变而逐渐形成自发组织结构的过程，往往拥有自己的乡规民约，无需外力控制，能够自主演化、自行组织，慢慢从无序的环境变成有序的人为环境，虽说并不依靠外界控制，但仍然属于有序、结构化的演化过程，组织力来自村庄内部的组织过程。如今传统村落的更新出现断层，资源被开发，历史风貌被打破，村民自身自主经营的模式也并不能适应所有的村庄，但却仍然是主流模式，特别是地处山区类似井冈山文水村这样经济较为落后，新老更替严重的村落要尤为关注。

我们文中所说的居住建筑的更新实际是和传统村落的更新是同时进行的，新民居的更新由政府组织设计单位，公众参与的大背景下完成，属于阶段性、择优性，自上而下的过程，需要循序渐进改善生活环境，其最终目标是形成现代与传统融合的新面貌。从组织系统上看，新民居建设的组织力来自事物外部的组织过程，但在实施阶段往往仍然靠村民间配合建设，并未完全脱离自组织建设，此时出现外界组织规划空间与自组织搭建交替的现象。二者在交替影响过程中会产生以下情况：1. 外界组织与自组织相协调时传统村落更新呈有序状态；2. 当二者背道而驰时，将会出现村落更新的混沌状态。由此可见二者相辅相成，在实际建设中要切实处理好二者的关系，最终促成村庄的有序更新。

农村宅基地受到国家法律法规的制约，属于私人非盈利性质建设用地，不得进行交易，导致很大程度上新民居建设实施仍然属于自主搭建，建设的样式、形制政府只是做一些引导和建议，搭建的主要执行人还是村民本身，根据在井冈山地区的调研发现，非自主建房主要分为政府集中安置和农民购买商品房两种情况，而文水村则为有大面积集中建房区，仅在村内有限区域划出建设用地，所以完全属于自主搭建的情况。一般情况下自主建房也可分为自筹自建、互助自建及联合自建三种类型，联合搭建较适用于现代民居建设的双拼建筑。

农民自主建房的行为与其日常行为一样，是通过居民在生活过程中依据习惯、经验、行为模式及当地人文特色，进行微观考察总结出居住建筑特征。但在建设中必定会受到各种客观因素的限定，最主要的限制因素有：技术条件、审美水平、村庄建设的社会性（这里讲到的社会性指社会中人的作用，会在下一小节中重点分析）。

一、技术条件

以自主搭建为主要建设模式的文水村，虽然在周边环境的利用与生产生活相结合的村庄周围空间连带上有巨大的优势和优越性，但以经验为主导或盲目跟风为影响的建设方式，在遇到新形式和日后发展的新要求中必然受到技术水平的限制，农民缺乏对新时期下专业知识的了解，虽然通过发挥农民的自创性和专业工匠团队的协助，使自主搭建的缺陷在实践中得到了更正，但过程却相当缓慢。对于建造时常见的传统技术会有比较便捷有效的解决方案，但对于新材料的运用中存在经验不足而导致的技术缺陷。在追求新居住形式的同时要提高相应的技术水准，将生态技术运用到自主建设中。

二、审美取向

我们认为一片建筑群“美”，只是单方面的感受外在形式美，秩序有条不紊的状态，若是凭借对秩序的理解，才能感受到审美对象的内在逻辑。而大多数村民往往注重的仅仅是建筑外在形式的美，满足自身心理需求，盲目的借鉴，审美水平不高，处于一种混沌建构的系统中，造成建筑表面的杂乱无序，而这种无序又可分为建筑形体、建筑表皮、内部结构体系等。追求更深层次的美，发现具有地方特色的美学价值，从表面特征到具有现代建筑形式语言的探索，并不是完全摒弃原有建筑设计，而是完善和拓展更为适宜的形态建构方式。适当的引导居民对现代民居美的认识，提高其审美水平，不仅从外在形式美，更要注重建筑本身内在秩序与美的关系。

自主搭建的形式多样化、自适应性强、建造效率高、立足自身，达到最大限度的利用有限空间和资源进行改造，这是外界组织有所不及的，自主搭建仍然作为小社会中主要的搭建方式，承载着居民日常生活的需求。与此同时，还受到经济、政策、公共服务设施等因素的紧密联系，为防止因自建行为所引起的乱搭乱建现象，政府部门应在鼓励自主搭建的同时，积极配合与支持，逐渐引导村民，村民使村民对美产生认识，为创造适宜的环境，共同达到真正适合居民生活和承载其变化的持续发展的居住价值观。

第三节　唤醒村民在乡村营建中的主体作用

“地方的魅力其实要归于这些深以自己所居住的地方为荣、爱惜这些地方的人们的魅力。……了解住在这里的人的想法，而后再来看这个地方的时候，就会愈来愈感受得到这个地方更深层、更深刻的吸引力——因为通过爱这个地方的人的眼睛，才能够真正看见这个地方呀！”[①]西村幸夫这样说道。

建筑的组织过程是体现人与环境协调发展的表现，当旧建筑已经不能适应现今发展模式与状态，就需深究新建筑重组过程中影响建筑形式变化的因素，建筑的形成可以说是某个特定时期、特殊环境以及特殊社会作用下的产物，其代表的也是某个时代人的思想发展过程，我们所说的使生活环境变得更好，其实质取决于人的生活方式、行为方式、社会分工、对文化的理解，以及新社会环境下的价值观、愿望理想等等。所以说规范与还原行为方式、文化传承和建成的环境之间存在着复杂的关系。了解在新建筑组织过程中，对建筑所在环境的正确理解，有利于创造居民所期望的住宅形式。

一、自我管理：村庄建筑改造中乡规民约的制约

在早年的井冈山地区，有“破坏老规矩”这样一句话。新建的建筑物和周围环境不协调时，就会被大家这么指指说说，因此便形成一个住家尽量都不去破坏周围环境的风气。我们说的乡村无形的秩序，其实就是“规矩”“约束”，而这些不成文的规矩并不受现代法律的制约，而是由村民自

① ［日］西村幸夫：《再造魅力故乡》，清华大学出版社 2007 年版。

行拟造或祖祖辈辈传下的。文水村居民自主规约并未制定关于建筑形态和设计手法的条例或纲要，全部都是交由地方居民自行来判断决定。如：树立节约用地意识，村民建房尽量利用宅基地、空闲地和荒山、荒坡，拆旧建新，绝不侵占农田，严格“一户一宅”严禁乱占耕地建房，严禁沿路建房，严禁开天窗建房等等。一般民居改建是在原有木构件基础上直接涂抹灰泥，或拆旧建为混凝土的形式。如果没有制定非常有效的规章措施，整个地方风貌就会渐渐地被破坏，好像热气的扩散一样。又如井冈山市厦坪镇菖蒲古村大家为了避免破坏环境，很自然地，青砖黛瓦的庐陵风格建筑就并排群聚在其中，整个聚落感觉似乎有一种保护地方景观、协调发展的不成文规定存在着。

现如今政府介入管理村庄宅基地的办法，如宅基地选址原则，要利用空闲地，老宅基地以及荒地等，不准占用耕地；宅基地审批原则，控制建房面积，一户一宅，转让、出租或赠与要申请；严格按照审批程序。

二、身份追问：谁是村庄建筑的营建者

设计的目的是创造为使用者着想的环境及其组成部分，从而满足使用者的愿望和活动需要，因此我认为设计就应该是由使用者来主导，设计师起到了引导的作用。

表 3-2：江西省井冈山市石市口分场文水村概况及民居调查

村名	井冈山市石市口分场文家村文水
户数	74 户
村占地面积	现状建设用地约 3.52 公顷
人口数	340 人
人均收入	25000 元左右
主要经济来源	种植葡萄、旅游、外出务工
新建民居平均住宅面积（自建）	100 ㎡左右
新建民居使用年限（自建）	50 年以上
目前盖一栋新房的平均造价	3 层楼约 30 万元（按 1 ㎡约 1000 元计算）
传统民居缺点	1、采光、通风欠缺，功能性不强；2、厕所不在室内，造成生活不便；3、老房易漏雨
新民居缺点（自建）	1、不如老房的冬暖夏凉；2、原有建筑风貌的确实，建筑造型混乱，缺少建筑文化

（一）使用者的作用

关于使用者的意义，相关理论研究告诉我们，使用者与设计者对所需建造的环境认知是不同的，其偏好选择也有所差异，建筑师并不能代表使用者的意图，而只能对使用者的想法做科学的推断，如：1. 文化认同价值、信仰；2. 社会关系、社会地位、价值观；3. 个人爱好、观念；4. 生理需求等等。在井冈山城缘村个别村落，据说人们情愿自己建造低标准的私人住宅，而不愿买公共住宅。一个理由在于所有权，另一方面，我认为是不愿住进冷漠拥挤的水泥铸造的高层，而更愿意圈出属于私人的围栏小院，他们认为这样似乎更接地气。事实上，当我们意识到使用者作为建筑关键存在的同时，也应该明白环境的意义方面正在被忽略，特别是被使用者忽略，在人与环境相互影响而发展的阶段，居民个体在乡村建筑建构中的作用越来越大。排除纯技术层面，住区的舒适程度终究还是要通过使用者的切身感受来进行检验，这才是最真实的反映。下表是对井冈山地区三个乡镇居民生活整体调查表，针对这些乡镇居民生活的感受，在每个乡镇发放问卷 100 份，回收有效问卷 87 份。

表 3–3：井冈山地区乡镇聚居区居民生活情况调查分析表

	拿山乡	厦坪镇	石市口
产业与经济收入	40% 的居民仍然以传统农业种植为生，收入较低；一般外出以外出务工作为主要经济来源的家庭收入较高。60% 的居民都迫切希望政府能够引导和提供居民更多的就业机会	40% 的居民以农业种植养殖和务工为主，收入较平均。20% 的居民认为旅游业发展前景较好，希望从事第三产业，提高收入	60% 的居民以种植油茶、果园、葡萄园、茶叶等为主要收入来源，收入平均。40% 以在企业务工为主要收入来源，收入不高
居住环境	55% 的居民认为住区环境较以往有了很大改善，但极个别村落缺乏集中整治，环境一般	60% 以上的居民认为镇区环境改善较为明显，较为满意，迫切希望打造城镇一体化居住模式	50% 以上的居民认为住区环境改善不明显，环境急需改善。40% 认为较以往有了改善

续表

	拿山乡	厦坪镇	石市口
设施配置	85% 的居民希望能够解决好供水、供电等供给	80% 的居民认为应该像城市一样具有一些休闲设施，统一供给水电等	70% 以上的居民认为应建设相应的活动空间，认为公共服务设施质量低，给水排水问题需统一解决
文化氛围	当地居民对文化传承认识方面较为薄弱	当地居民对文化传承认识方面较为薄弱。	当地居民对文化传承认识方面较为薄弱。
建筑特色	50% 的居民认为应该展示庐陵建筑特色，但建筑风格样式不同意，盲目的运用建筑符号	60% 以上的居民认为镇区在主要街道建筑立面、风格上体现了庐陵特色，使环境美观，但大部分村落还未达到效果	该乡属于庐陵风格。50% 居民认为个别村统一改造，效果较明显。30% 认为破旧房屋仍然较多，没有整治

另外，对已规划完善，管理层面基本到位，且能体现井冈山地区未来住区发展趋势的石市口分场文水村的居民进行居民满意度问卷调查，共发放问卷 50 份，收回有效问卷 43 份。其中 30 岁以下占被调查人数的 10%，31–60 岁占被调查人数的 60%，61 岁以上的占被调查人数的 30%。

表 3–4：石市口分场文水村居民满意度问卷调查表

序号	题目	反响					
		程度	比例（%）	程度	比例（%）	程度	比例（%）
1	住宅区节约土地，提高土地利用率方面是否满意	满意	97	一般	3	不满意	0
2	住区规划在充分发挥地方特色产业方面是否满意	满意	83	一般	17	不满意	0
3	住区环境改善方面比以往是否满意	满意	80	一般	20	不满意	0
4	住区规划设计在防风、保温效果方面是否满意	满意	65	一般	32	不满意	3
5	住区景观规划在提升村庄良好环境方面是否满意	满意	95	一般	5	不满意	0

续表

序号	题目	反响					
		程度	比例（%）	程度	比例（%）	程度	比例（%）
6	住区院落及建筑造型设计方面是否满意	满意	33	一般	67	不满意	0
7	住区安全性方面较以往是否更加安全	满意	58	一般	42	不满意	0
8	住区道路交通设计对到大公共活动空间便利程度否满意	满意	5	一般	21	不满意	74
9	综合考虑目前成本收益，您认为在住区中生活经济性方面是否满意	满意	62	一般	38	不满意	0
10	住区在供水、供电方面是否满意	满意	68	一般	12	不满意	10
11	住区对提供居民信息交流平台，促进住区文化氛围方面是否满意	满意	53	一般	30	不满意	17

从以上对 3 个乡镇的生活情况分析和对石市口分场文水村的居民满意度调查分析可知，在建设中仍然存在许多问题。如土地利用粗放，未能有效的节约；建筑文化传承方面表现较弱等。上述问题主要受以下几个方面影响：

1. 选择：在此居住的祖祖辈辈都选择这样的建筑形式，显示出对于所居环境的一种偏爱，这种偏爱是村庄群体得共同选择，共同理想与愿望，建筑作为一种构造文化环境的重要元素，体现得淋漓尽致，因为喜欢所以选择如此的方式，并将这种方式作为可识别性的地域特点呈现出来。如此，地域性建筑样式会大有不同。“在环境设计及其他领域中的所谓“风格”，正是不断选择的产物”。[①] 现如今，大多数使用者选择现代建筑，也

① ［美］阿摩斯·拉普仆特．常青等译：《文化特性与建筑设计》，中国建筑工业出版社 2008 年版，第 47 页。

正是因为特殊文化濡染，选择的范围大，流动性交流多，人的选择不再局限在特定的场景中，也同时改造着周围的环境。

2. 规范与还原："居住行为本身是一个具有强烈符号含义的现象，这可以在不同的方面表现出来，……我们面对的是一种人造自然的有意义行为。该行为是一种起改造作用的行为，因此，是复杂的，因为它包含有一种改变原有状态的抽象企图。"① 我们所说的行为方式包括感觉、知觉、学习、动机和情绪等等。然而，行为方式的研究存在极为模糊不清的情况。它被看成某种象征性的意义，往往它又对建造起到了重要作用。建筑秩序的重塑从一定意义上是对其使用者的行为方式的规范与还原，我们之所以认为过去的传统村落"好""有秩序"，主要就是对其具有限制性的社会圈子内形成了固定的、规矩的行为模式。不论是外在行为还是人内心活动，都对建造房屋有一定的影响。新的行为似乎是随着大环境的改变而发生的，追究其如此行为的动机，对此行为有所引导和控制对新建筑秩序的塑造有重要作用。

对于文水村居民所反映出的新的建造行为动机主要仍是源于人的需求，主要有：（1）生理的需求，冬暖夏凉的保障；（2）安全的需求，避免自然环境等外来因素带来的伤害；（3）美学需求，当问起传统建筑纹样为什么这样绘画时居民都会说因为"好看"，这是对美好事物的渴望，现代建筑仍然需要延续这种对美好事物认知的过程；经过调查还需要关注，（4）居民相属关系与爱的需求，对家庭成员之间与感受到别人的关怀，家庭成员组织较多仍然属于三代同堂，但子女较少，仍然要满足三代共同生活的需要；（5）尊重的需求，满足自身价值的体现，当地居民孩子结婚可分住房，但需要满足现代年轻人的价值观和审美又不要符合当地特点；（6）心理需求，文水村个别年轻人在城市打工出现"城市崇拜心理"，正是为了满足个人的心理需求，但正确的引导与控制才能平衡心理需求与建设环境的平衡状态。

3. 文脉环境："脉"，脉络，事物如血管连贯有条理。文脉环境就是通过构成文化要素建立起人与环境的联系，包含了各要素之间的内在联系，

① ［意］罗杰威著．胡凤生译：《源泉的求索——建筑的内涵及解读》，中国建筑工业出版社2013年版，第50页。

其限制和指导行为信息，影响着交流。文脉环境对于建筑的影响不仅是对历史文化的延续，还是人联系建筑整体和局部之间、人与环境之间有意义互补作用，是建筑内在得到强调与重视。事实上，一种文脉环境建立起一种特有的环境和人的行为，而不同文化间，又存在着不同的行为方式。正如在传统情境中同样是衣服，我们便能区分人们的民族等等。

（1）文化濡染：父母、老师的言语影响着受教者的思维方式，其实就是传教的程度，所谓融合的过程，就是接受的过程，在相互作用和交流的同时，人的行为受到脉络和情境的影响，如在组成一个又一个的建筑环境场面时，时常靠的就是一个个传递的建造记忆的片段来表达的（图 3–1）。所有这一切之间的联系，是作为文化濡染和融合的过程中学到的。《论语》第一句里的“习”字指陶炼，“学”是和陌生事物的最初接触“不亦乐乎”是描写熟悉之后的亲密感觉。在一个熟悉的社会中，我们会得到从心所欲而不逾规矩的自由，这和法律所保障的自由不同。换句话说，在学习中感受着当地的文化。另一方面，在不同的脉络中存在着不同的行为方式，这时文化的作用对于建筑的影响也越来越大。

（2）社会脉络与交流：人的衣着为他人展示流露出的信息，可以是关于身份、社会地位、职业性质等，它所展示的不仅是美观与否，还能让他人做出许多判断，例如：经济水平、性格特点、品位价值等。建筑表层如同衣物一样所呈现的样式代表着当地的建筑风格、传统特点、居住者的建造心理、经济条件、甚至是村落的发展状态。其实在许多传统文化中，物质世界与精神世界存在着一种联系，而这种联系所传达的信息就是建筑表皮所体现出的信息，这些信息被人学到再通过自己的理解表达出来，这是一个文化濡染的过程（图 3–2）。优秀的建筑作品所传达的积极元素融合接受者文化知识是对文化的一种传承，反之则会造成建筑交流中的混沌与繁杂。

（3）环境的记忆：环境的记忆功能等于集体记忆、共同记忆。法国的社会学家哈瓦斯、俄国心理学家维哥斯基、英国心理学家巴特雷特等人对集体记忆认识广义而言，“即是一个具有自己特定文化内聚性和同一性的群体对自己过去的记忆。这些记忆是地域文化的共同体，也可以是一个民族或一个国家，可以使分散的、零碎的、口头的，也可以是集中的、官方的、文字的，也可以使对一个事件的回忆，也可以是对远古祖先事迹的追溯。”[1] 环境具有持续性作为一种记忆的功能时刻提醒人们“谁”“在什么地方”“做了什么”，这为文化理解上提供了线索，有时限制了个人行为，避免不必要的个人行为激进，有时又可以促进社会交流。在乡土的环境中记忆功能尤为凸显，一些村落甚至保留完整（图 3–3），在现代城市中保存较弱，因为传统村落中人们思想较为单纯，所考虑与制约因素较少，当人们对于选择而犹豫不决的时候，环境和文化信息就会作为线索引导行为。“历史”是对“过去”的记忆，是过去发展过程中的痕迹，对本地区的历史回忆是构成我们自身的一种基本要素，人的思想无疑是有一部分储存空间属于过去，也是对所处环境的历史回顾和精神依托。

文水村建筑见证的不仅是在此居住的人们繁衍生息的过程，同样也作为红色文化传播与生息的产物，作为红色文化物质文明和精神文明的结晶，既是历史文化的载体，又是一种独特的文化景观，毛泽东同志旧居、朱德同志旧居、袁文才、王佐部队升编旧址等等，带有“毛泽东语录”“中国共产党万岁”“毛主席万岁”等字样的墙体。但由于房屋日渐残垣，周边环境恶劣、设施欠缺等问题严重，对历史建筑保护与再利用就显得尤为重要。历史文化的延续是一个动态的概念，历史的记忆与文脉的传承是具有生命力的。如（图 3–4）李氏宗祠，只有真正予以保护，才能使文明一代代延续下去。

图 3–1：妇女孩童聚坐在古桥上

图 3–2：村民坐在新建桥上

（图片来源：作者拍摄于井冈山文水村）

① 集体记忆：http://baike.baidu.com/view/3446153.htm

图 3-3：功名碑

图 3-4：李氏宗祠

（图片来源：作者拍摄于井冈山文水村）

（二）建筑师的作用

现代建筑建造过程中，如何有利于建筑表达又满足使用者的意愿，又能使建筑承载或延续其文化内涵，建筑师在营建过程中至关重要，建筑师将寻找建筑秩序并将新的建筑秩序运用在设计之中，他是使用者与建筑本体之间的传达媒介，在这样一个传递的过程之中，建筑师个人的偏好、领悟、审美、科学认识等在设计中都起到了指导作用。1. 建筑师应当尊重当地的建筑秩序，尊重建造过程中的复杂性、尊重自然力量，不以个人意愿而改变。2. 站在客观的角度上进行分析，用所学的知识更为科学的办法去营造，知识是需要通过自身的学习并加以理解运用，对建筑本身进行调研，区分建筑类型，避免损坏老建筑的建筑价值，并能结合当今社会的发展环境，合理融合现代科学与地域建筑。3‘“建筑师不仅被要求建造，而且要对人有所启迪……塑造日常体验的空间和时间：把个人从现代社会导致的分散中唤回到他们能明白自身位置和使命的秩序中。”[①] 建造过程中建筑师把握的不仅是建筑本体的结构形态，同时要时刻对使用者的评价态度做出反应，这决定了建筑是否满足使用者的愿望，对建筑中出现的复杂现象，这些复杂的现象也是在建设过程中出现的表现，越来越多的设计问题不仅是靠纯粹的直觉过程，而是通过理性的认知得出的建造本质。

三、邻里关系：村庄建筑的交往空间

中国的农村社会单位是村落。而各村落又坐落在乡镇的各个区域，在

① 卡斯滕·哈里斯著，申嘉、陈朝晖译:《建筑的伦理功能》，华夏出版社 2001 年版，第 326 页。

山地、丘陵、平原等等，人们的活动范围有地域上的限制，在区域间接触少，生活隔离，各自保持着孤立的社会圈子。从小到大所接触到、看到的也许都仅限于一定的范围，可以说对所在村落再熟悉不过了，熟悉是从时间里、多方面、经常的接触中所发生的亲密的感觉。这感觉是无数次的小摩擦里套练出来的结果。关注建筑室内外环境，充分理解与公共空间中的交往活动密切相关的各种活动。尽管各种关系非常微妙且难以捉摸，却十分的重要。因此，户外空间的生活是一种必须分析影响房屋建筑的因素。根据文水村农户基本情况抽样调查，村内多数家庭为 4 口之家。

表 3–5：文水村农户家庭成员情况抽样调查

	户主姓名	家庭人口（人）			户主姓名	家庭人口（人）	
		男	女			男	女
1	李香明	2	2	13	李尚传	5	2
2	李国忠	2	2	14	李学堂	2	2
3	李造山	2	2	15	李春明	2	2
4	李世良	2	2	16	张永忠	3	1
5	李学梁	2	2	17	李金明	1	3
6	史页姬	1	4	18	胡喜玉	2	1
7	李文才	2	2	19	李学晋	2	2
8	李义妹	3	4	20	李三莲	3	3
9	李华庆	1	2	21	李细庆	1	3
10	李义文	1	2	22	李文华	3	1
11	李文庆	2	2	23	李毛仔	3	1
12	李发明	2	2	24	李春莲	2	2

在许多东部发达地区新建村落大部分道路仅仅是道路，属于连接各家各户的交通线，房间距较大，邻里之间交流较少，或聚集在专门设置的活动场地，而文水村建筑整体组合方式包括单体建筑、两栋联排建筑，相邻住宅隔墙大部分是紧贴在一起的，即使之间存在巷道，也是相当狭小，建筑室外活动也仅限在门前或房后的道路空间，道路即是交流的场所，与建筑融为一体，构成了其民居特有的邻里空间。

第四章　文水村居住建筑更新方式研究

第一节　国外村庄民居建设经验借鉴

一、德国农村住宅建筑更新经验借鉴

德国农村的更新比中国较早，20 世纪五六十年代开始，因欧共体的成立对传统村落结构造成威胁，致使聚落分布结构产生变化，农村更新的议题得到德国政府的重视（图 4–1）。1977 年成立国家土地整治管理局，专门针对村落更新，其重点是“农业—结构更新”。当代的农村更新则是以“保护性更新”为主导的更新，如农宅、道路、农田等。现今随着农村更新改造的不断深入，开始跟随时代发展的大趋势，关注生态节能、文化传承等方面。

在住宅建筑方面，分为两个步骤对建筑整体结构的把控和私宅更新。

（一）村内住宅建筑整体结构的梳理

从建筑状态、使用人群的决策方面入手，建筑上针对现状存在的问题，提出住宅更新的大方向，即涉及村落肌理和村落风貌的部分，对建筑整修、新建、去除的部分总结出大体模式（图 4–2）（图 4–3）（图 4–7）。主要从功能出发，保证村民的住所能够适应现代发展模式，再来就是保证建筑的整体布局和使用的便利。最后建筑师在总平面中对住宅体量、风格、形体关系、景观规划等提出相应的建造意见，以整合更新方案，完成连贯的风貌。

（二）私宅更新

政府从更新之初便告知村民，并对其进行训练，村民对方案的讨论、确立、实施均参与其中，且村民参与的形式多样，调查问卷、会议讨论等，村民的意见在更新各环节中起到决策作用。政府根据当地住宅的历史

演变、现存建筑风格形成建筑导则，虽指针对普通建筑，但导则的内容会针对不同的建筑部位，如：建筑层次、比例关系、外部装饰材料和风格、大门、阳台、栅栏、窗的形式、比例和“节奏”等等（图 4–5）（图 4–6）。建筑的更新样式以图片的形式呈现，印成册子供村民阅览。更新过程中以导则为基础，且每个地区又制作适应当地发展的导则。但对于具有危险性的建筑来说，不能完全依靠导则，一方面老建筑具有一定的历史价值，需要由专业人员进行研究，为保存这一建筑将原有建筑完全拆卸，损坏原件使用新的构件代替，而且要按原样进行恢复组装，并加上保温层，最终保护老建筑的历史原貌，提升居住品质（图 4–4）（图 4–8）（图 4–9）。

政府对于私宅更新予以大力支持，对一般建筑遵守导则并达到政府预期标准的住户给予财政支持，此举措成为推进良性更新的重要手段。

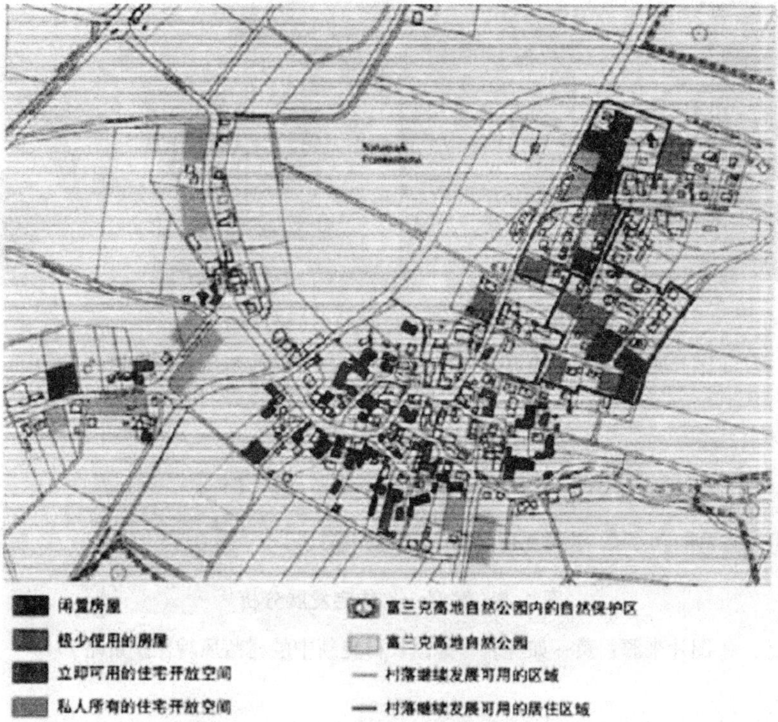

图 4–1：案例一：德国村落更新前状态[①]

（图片来源：黄一如等著《国农村更新中的村落风貌保护策略》）

---

① 黄一如、陆娴颖：《德国农村更新中的村落风貌保护策略》，《建筑学报》，2011 年第 4 期。

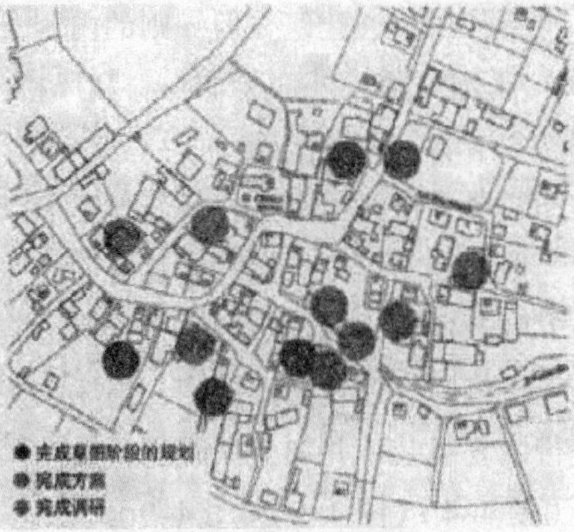

图 4-2 案例一：私宅更新分布 ①

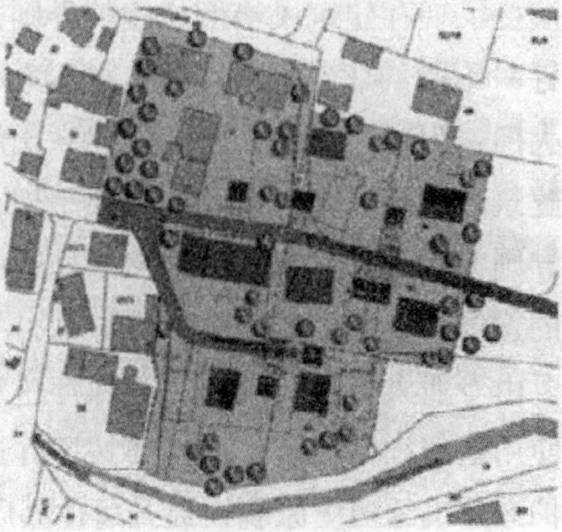

图 4-3 案例一：更新平面 ②

（图片来源：黄一如等著《德国农村更新中的村落风貌保护策略》）

图 4-4：案例一：更新前后对比 ③

（图片来源：黄一如等著《德国农村更新中的村落风貌保护策略》）

图 4-5：案例一：住宅发展分析 ④

（图片来源：黄一如等著《德国农村更新中的村落风貌保护策略》）

---

① 黄一如、陆娴颖：《德国农村更新中的村落风貌保护策略》，《建筑学报》，2011 年第 4 期。
② 黄一如、陆娴颖：《德国农村更新中的村落风貌保护策略》，《建筑学报》，2011 年第 4 期。
③ 黄一如、陆娴颖：《德国农村更新中的村落风貌保护策略》，《建筑学报》，2011 年第 4 期。
④ 黄一如、陆娴颖：《德国农村更新中的村落风貌保护策略》，《建筑学报》，2011 年第 4 期。

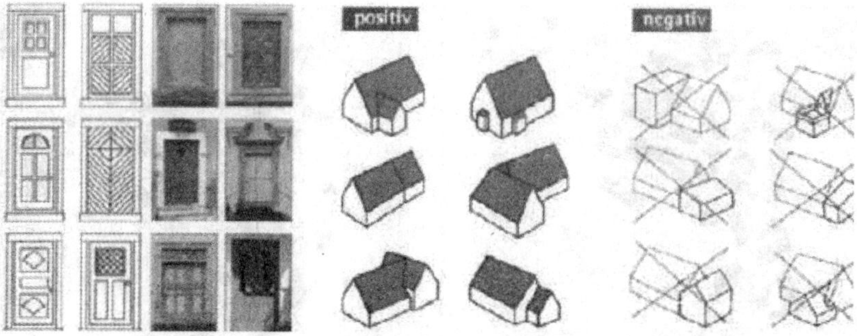

图 4–6：案例一：私宅更新导则中关于门和建筑形体的部分①

（图片来源：黄一如等著《德国农村更新中的村落风貌保护策略》）

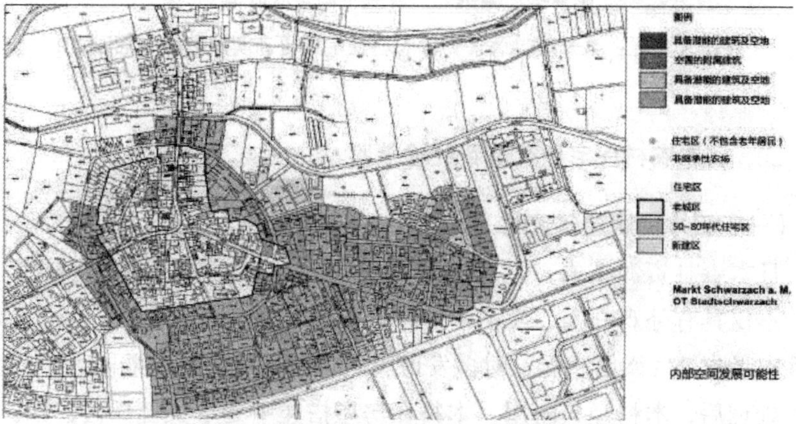

图 4–7：案例二：村庄内部空间发展可能性②

（图片来源：聂梦瑶等著《德国农村住宅区更新实践的规划启示》）

图 4–8：案例二：改造前后对比③

（图片来源：聂梦瑶等著《德国农村住宅区更新实践的规划启示》）

---

① 黄一如、陆娴颖:《德国农村更新中的村落风貌保护策略》,《建筑学报》, 2011 第 4 期。

② 聂梦瑶、杨贵庆:《德国农村住宅区更新实践的规划启示》,《城市研究》, 2013 第 5 期。

③ 聂梦瑶、杨贵庆:《德国农村住宅区更新实践的规划启示》,《城市研究》, 2013 第 5 期。

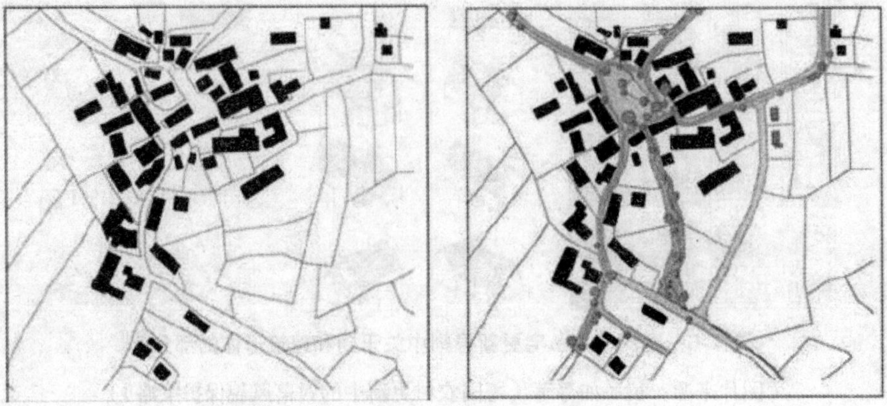

图 4–9：案例二：公共空间景观改造 [①]

（图片来源：聂梦瑶等著《德国农村住宅区更新实践的规划启示》）

二、日本农村住宅建筑更新经验借鉴

（一）日本民居建筑选材

日本森林资源丰富，且受到地方文化的影响，采用木质材料搭建房屋，不仅具有外观朴实、简洁的效果，同时在木料特性方面，富有弹性、韧性、吸收潮气调节室温，对多发地震国家而言具有较强抵抗力，若经过较好处理后，木料经久耐用。木料在房屋搭建中处于关键部位，如：梁、柱等，对于湿气较重、用水较集中的浴室或厨房则在木料表层涂抹防蛀剂，也起到保护作用。另外日本研发出新型建筑材料，如降噪音吸音板，空气通过中空夹层结构部分时空气摩擦，从而减轻噪音；硬质吸音板；水泥稻草板；稻壳轻质砖，将稻壳类与水泥、树脂混合，再模压成砖块，具有防水防火隔热的效果。

（二）日本私宅布局形式

日本私宅多独门独院，并无围墙进行庭院划分，而是由多层绿篱、花卉盆景、奇石假山围合，既起到隔离的作用又增添了几分生机。日式住宅也分主体建筑和附属建筑，主体建筑提供家庭成员日常起居，附属建筑多为仓库或车库，两建筑独立而建，但建筑风格较为统一，斜屋顶、覆盖着

① 聂梦瑶、杨贵庆：《德国农村住宅区更新实践的规划启示》，《城市研究》，2013 年第 5 期。

纹路的青色瓦、高高的脊梁、延伸的屋檐、翘起的山尖，都显示出传统风格的神韵，建筑错落有致，排列严谨有序。

两代合居住宅。两代合居的住宅特点是以“分”为主，以“合”为辅，在日本传统家庭中家庭组合也往往是几代同堂，现代社会中存在赡养老人与抚育儿童的问题，住宅构成仍然需要延续合居的模式。新时代的二代同堂或三代同堂与传统住宅的最大区别是前者各自有独立完整的生活起居空间、生活设施、厨房、卫生间等。在建筑布局上可分为以下几种模式：1. 共用门厅，分区使用。从外观上看全是一家一户，通常情况下长辈住底层，晚辈住上层，楼梯靠近门厅，上下层均有独立的起居室、卫生间。底层起居室餐厨较大，可供两代人团聚使用。也可增设室外楼梯，避免夜回子女打扰到底层老人。也可在底层分设两个门厅，其中一个直通上层，一层起居室与直通二层的门厅相通，或两个门厅之间用防火门相通。既可以从内部相互往来，团聚，又可完全隔绝。这样不仅独立性增强也可做出租房。2. 建筑细部处理。二层阳光充足，通透性好，但缺乏大面积活动空间，应多开设阳台。底层老年人居住应考虑到地面防滑，门厅坐凳或扶手的设置，同时，两层之间要做好隔音。

第二节　文水村整体居住用地空间设计

一、新规划住宅与原有民居互动式整体开发

由于文水村特殊的发展状况，新建筑规划需在村落内部，此方式要以共同发展为基础，通过将新规划建筑与原有区域民居的整体文化互动起来，拉动整个文水村的发展模式，是传统古村落民居整体改造的可行性方案之一，这种协调性的改造方式对民居保留形式、功能置换、新旧共生的文水村较为适合。既不影响原有村落的肌理与村民对住房需求，同时也不易使新建筑脱离整体发展，对日后文水形成休闲旅游村落有促进作用。

二、发展以历史保护和特色休闲为主题的旅游休闲村落

文水村利用历史文化和遗产资源并结合周边绿色生态环境进行旅游

休闲业的开发，以村内庐陵历史文化的积淀为依托，西部金葡萄园基地观光、采摘，中部及北部大面积池塘休闲旅游为发展开发点，打造住宅特色风貌与旅游经营共同发展模式，实现历史建筑的良性保护和最佳利用。

（一）整体平面布局

随着旧时代的逝去而失去生命力，在乡村环境中是否能探讨一种适应于传统乡村肌理，并用近代支持系统下的整合体系加以替代。本着对原有的住宅结构大致不破坏的原则，紧凑型布局，减少闲置空地，全面分析，以处理好局部和整体的关系。村落建筑用地布局有多种空间结构形态，最基本形态可分为集中式和分散式，其中，1. 对于相对较小的村落采取单中心组团式；2. 对于村落较大人口较密集的村落可采取多中心组团式布局。分散式布局则可分为，1. 依据道路趋向沿路两侧分布的带状布局；2. 以地形为主要制约因素的星状布局。布局形态的选择，需要依据生产力发展水平、地理条件以及各类村落的规模与性质等进行具体的论证，从而选择适合该村落的发展方向。在《石市口分场文水村居民满意度问卷调查表》中，村民对文水村道路通往公共区域满意程度较低，对户与户之间，户与公共区域之间未形成连接，考虑到现实情况，文水村民的邻里之间的交往空间，充分利用道路，形成由步行道串联每家每户的整体发展布局。

文水村属于自然融合的环境构架，规划采用集中式布局，结合自然地理环境，因势利导将村庄建设与生态环境建设相结合，把山林、梯田、农田和水系融入村庄建设之中，达到人、自然、村庄三者之间情景交融、和谐共处的目的。规划“一带一环三组团”的功能结构，“一带”——位于村庄西侧沿文水河的绿化景观带；“一环”——构成村庄交通的环村路；“三组团”——因地制宜，将文水村自南向北划分成三个居住组团。将村庄整合为 3 个居住小组团，分别为北、中、南组团，各组团围绕中心绿地展开布局（图 4–10）。合理控制组团大小，使其分区均匀，组织有序，对各组团入口做有较强识别性处理。北、中、南组团内又分别由次要干道划出小组团，每小组团约 10 户。依据《文水村农户基本情况抽样调查》，对村庄现状厨房等附属用房进行整治，拆除独立建设和质量、外观欠佳的附属用房，新建附属用房约 7 处。

环状主干道连接各个小组团，形成有序的空间环境，入户道路相对狭窄，在原有道路基础上做调整，使村内建筑形成有序的组团形式，并保留李鹏程宅前鹅卵石自然道路，使居住村民仍然享有邻里间的交往交流场所。原有新规划建设用地，填埋古桥东面房后的池塘，依第一排建筑的朝向规划四栋新建住房，另一处规划用主要分布在居住中组团东部，规划安排新建居住建筑 20 栋，每户建筑占地面积 120 平方米，建筑朝向随李氏祠堂方向，顺应大环境下的空间布局。

（二）建筑的排列

文水村背靠美女山，面朝汶水河，被包围在中间，在村庄北部由汶水河的分支形成多个大小不一的池塘，村中民居的组合关系带来了整体村落的基本排序和特征，形式呈多样化，位于新规划区因面积不大，又受到外形马头墙造型的影响，所以建筑呈单体建筑或为双拼形式成行列式。

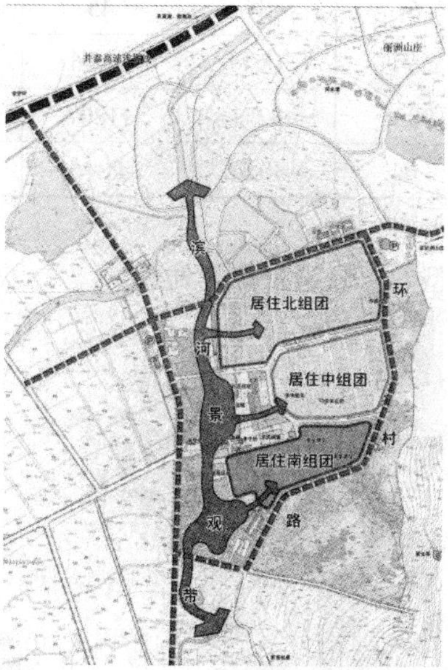

图 4-10：居住空间划分

（图片来源：井冈山市规划局）

成行排列式，通过双拼形式依次排列成三排，整齐划一，组合在线性街道空间中段空出公共活动区域，成为新规划区域的开放式过渡空间，丰富巷道的景观构成，同时居民对建筑有所识别，形成参照，排排之间间距 8—10 米，便于采光。

第三节　文水村建筑单体更新设计

经规划后，除去将要规划的新建住房外，将所调查的文水村建筑房屋质量分为四个等级（其中考虑到建筑外观与整体村落风貌因素）：一级为质量基本完好，满足居住使用要求，空间平面布局合理，且与整体村落风貌较为和谐的建筑予以保留；二级为对部分非承重结构进行拆建即可满足使用要求的一般建筑；三级为质量良好，满足居住要求，但建筑外观与整体环境极不协调的建筑；四级为严重损坏或急需拆除的附属用房（图 4–11）。

表 4–1：村庄建筑情况一览表

类别	修缮	保留	改造	拆除	合计
栋数（栋）	6	37	45	116	204
栋数比例（%）	2.94	18.14	22.06	56.86	100
面积（平方米）	985	8251	11207	6588	27031
面积比例（%）	3.64	30.52	41.46	24.38	100

以下是对不同类型的房屋进行分类处理。

图 4–11：建筑更新图

（图片来源：井冈山市规划局）

一、新建建筑

在任何一座村庄中，自然形成了“小社会”。它不仅仅是物质环境，同时也是社会环境。所以在规划新建建筑时应充分考虑模式与功能在新时期的转变，同时也要考虑乡村环境的效益与社会效益，因为好的建筑形式不仅是视觉精神通道，也是人情感愉悦的前提。现今乡村住宅基本上满足家家有新居，户户有住房，停留在解决多少人的居住问题时，对合理布局与规划重视性不强，且村民的个人意识增强，急需对建筑尺度与结构进行梳理。建设方式上一方面延续自主建设的方式，但延伸出代建、帮建两种形式。

（一）模式与尺度的转变

1. 建筑类型与模式：建筑体量包括建筑组合形式、建筑占地面积以及建筑层数的控制上。建筑体量的控制影响着建筑空间利用的合理性与集约性，节约不必要的空闲用地，集中安置、科学规划，形成巧妙布局。建筑的类型必须依据现有居住形式，不是随意臆想出来的，通过对文水村现有组合方式进行归纳和总结，因为现有组合有独栋式、双拼与三户联排的形式，因此在新建建筑的类型上仍可依据宅基大小形成以上形式，这样建筑排列并不会突兀。因联排建筑识别性交叉，对于文水村这样建设用地少且小规模村落并不建议采纳。

（1）建筑组合形式

独栋式：对于建设用地较大，具有一定经济实力，且子女较少功能要求不高的居民，较为集中的区块可选用独栋式住宅，体现原有传统住宅的形式。在宅基地较大区块做独栋设计，如活动中心旁李氏住宅。

双拼式：文水村因建设用地较为分散，建筑组合采取双拼形式，合理规划土地利用范围，减少独门独院形式，通俗地讲就是使“两户一栋”的形式，设计良好的双拼式住宅能够成为村庄住宅发展的重要组成部分，促进邻里情谊，避免占地面积大，容积率低的现象（图 4–12）。根据以上章节中对文水村家庭成员抽样调查发现双拼住宅是较为适合文水发展的一种建筑组合形式，独栋建筑三代同堂已不能满足多数功能，两户一栋不仅便于兄弟之间分配，而且可满足父母与子女之间的分配，尤其有利于联络亲情。

（2）建筑占地面积的控制：建筑占地面积控制在 90 ㎡—120 ㎡之间。

（3）建筑层数控制：建筑前后间距离为约 8-10 米，严格限定区域内建筑高度，对过高建筑进行降层处理，避免整体风貌与空间的破坏，创造符合日照通风卫生条件的适宜环境。新建建筑控制在两层半或三层较为适宜。

（4）建筑模式：根据约束文水村民居建筑的各方面因素，总结出依照不同的制约条件形成民居空间的模式，如今在现有民居住宅政策要求宅基地所在范围为 90—120 ㎡，建筑开间与进深变化不大，只是受功能影响空间的组合形式比较多样，从当前文水村发展实际情况验证，并符合新乡土民居生活需求，所以按照宅基地的大小为准则是文水村民居现如今的基本模式，其又受到以上民居建造的环境因素、科学技术因素、经济制度因素、家庭模式因素的约束。文水村的民居模式是阶段性的过程，依据日后打造文水村生态旅游、农家乐等多元产业发展，发展趋势受到历史文化价值观和生产生活因素影响逐渐形成发展模式。以及第三阶段综合生态化发展因素，科学处理文化与建筑关系的理想模式（图 4-13）。

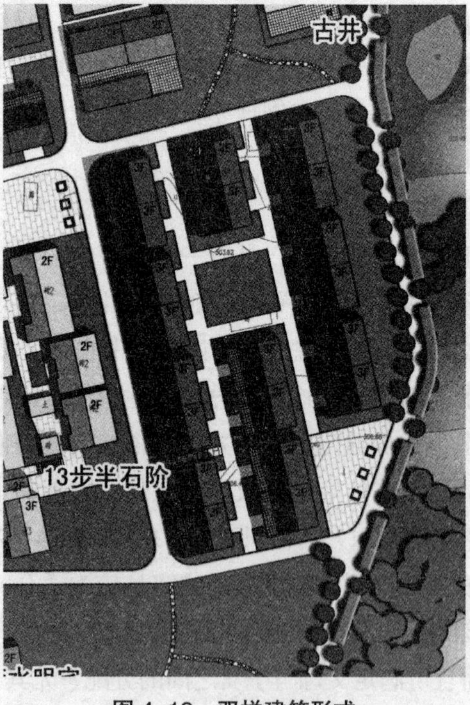

图 4-12：双拼建筑形式

（图片来源：井冈山市规划局）

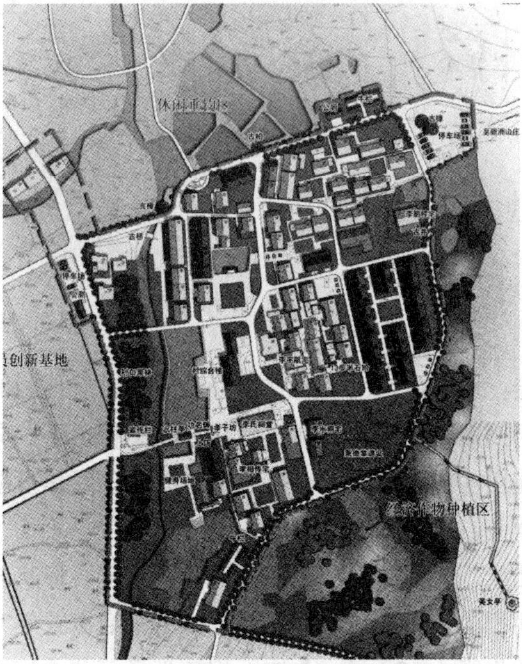

图 4–13：建设规划

（图片来源：井冈山市规划局）

（二）功能与结构的梳理

文水村建筑单体的更新包括内部空间与外部空间环境上，居民生活方式的变迁成为旧建筑改造的影响因素之一，新时代的到来带来的也是建筑功能上的转变，特别是厨房的改造，原来以柴薪为原料的大灶改为使用燃气的小灶台，厨房操作不再烟熏火燎；再如厕所的改造，原本需要单独在住宅旁建设附属用房，现今排水系统的加入使原先独立的茅房，逐渐变成了不用出入便可便利生活的卫生间。但现今村民通常都是自主更新，各自为政，结果就是自主改造呈现出不同程度的混乱局面，建筑样式较为杂乱，现代建筑对建筑文脉的结合考虑甚少，一些建造太缺乏对原有自然环境和历史文化的尊重。往往专业人员进行设计的建筑形式具有一定的导向作用，但还需居民一同配合进行改造。

住宅单体改造主要由以下三方面因素决定：

（图片来源：作者绘制）

1. 使用功能：住宅的使用功能直接影响着居民居住的舒适性，随着社会不断发展，居民对功能需求不断提高从原先“住得下”向“住得好”的趋势发展。对使用功能改善的研究是非常必要的，对建设新农村改善居住环境具有重要意义。

（1）房间体量。房间体量一般包括房间的面积、形状与尺寸三个基本方面。房间的面积受到居住者家庭人数、家庭生活方式等方面的影响。文水村每户宅基地最高为 120 ㎡，占地面积较为经济节约，成为主要用地模式，只是从间与户的变化来探讨空间的多样性。除满足各房间面积大小外，应满足居民的舒适性。古代风水理论中所说的“人气”就是我们后来发现的“人体能量场”，人体是一个能量场，无时无刻不在散发能量，如就卧室的面积大小而言房间过大，能耗越多，财气也越跑越快。但过于拥挤的住房则会使人压抑、精神紧张。所以一般住宅面积约在 14–20m^2 左右。房间的形状除了受到结构、构造合理性的影响外，还受到当地习俗、家具设备、采光、通风等功能的因素影响，文水村原有独栋住宅横型矩形形式较多，墙面平直、平面组合较为灵活，便于通风采光，有利于统一开间或进深。矩形平面长款比例不宜超过 1 ∶ 2。双拼住宅则选用正方形的组合形式，适于小型家庭，避免浪费，节省营造环境的室外空间。考虑到房间内人的活动特点和要求，以及采光通风方面的需求，同时还要考虑统一模度下的结构协调，将建筑平面尺寸形成多种组合形式。

（2）空间布局形态结构

文水村三代同堂较多，也有两代同堂的情况，青年人外出务工较多，仅剩老人与孩童，逢年过节青年人才会归家。在文水村传统建筑在天井的设置上，只有一些大型建筑如李氏祠堂会用到天井的形式，大多数民宅庐陵建筑属于中小型民居，不采用天井式或天井院式类型。单体平面基本形式：一进三开间或五开间的空间布局，便于采光或避免寒流。

A 三间房空间原型：延续原有文水村一进三开间的空间布局，统一基地面积，仅对房间进深、开间的关系进行调整，三开间尺度不一定对称，根据用户的经济能力、适用性及户主家人群定位。空间划分要切实符合功能使用，但“间”仍然要作为单元的空间组织。多为独栋式建筑选用，可分为 11m*11m ≈ 120 ㎡（建筑面积较大，适宜经济条件较好本身宅基较大重建型家庭）；11.4m*9.4m ≈ 107 ㎡（普通家庭适用，内置房间较为方正之中）；11.2m*8.4m ≈ 94 ㎡（经济适用型，适合人员较少家庭，进深长开间窄）。

表 4-2：三间房空间原型

11m*11m 占地面积约 120 ㎡	11.4m*9.4m 占地面积约 107 ㎡	11.2m*8.4m 占地面积约 94 ㎡
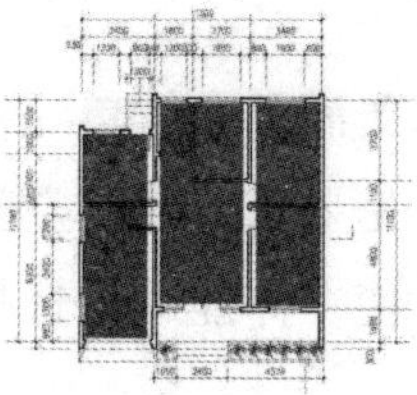	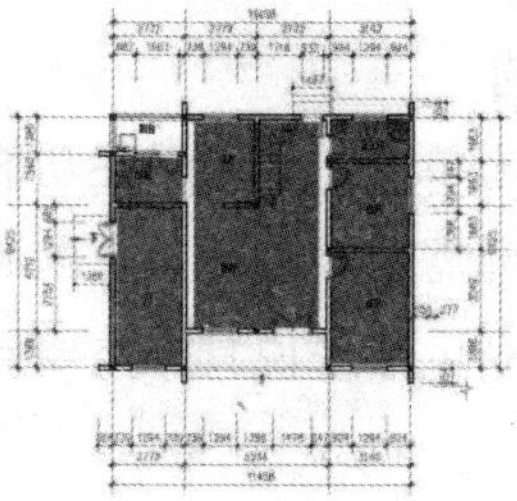	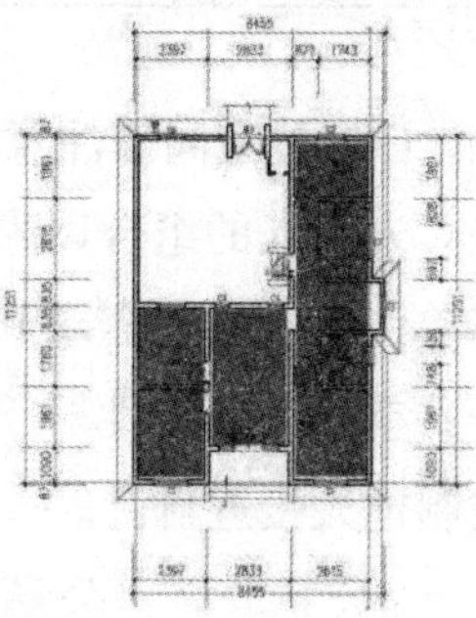

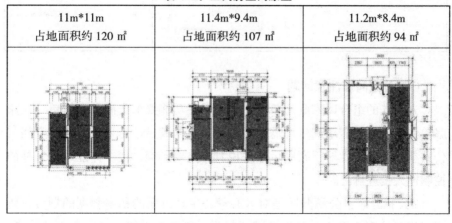

B 以户为单元空间：打破原有三开间的形制采用进深较长，总体面积较小，开间较窄（一般两开间）的布局，较适合双拼住宅，在文水村东部大面积规划用地处可选用，提升了空间的利用率，强调以户为单元的组合关系，节约用地空间模式，加强户户之间的联系。分为：8.7m*13.7m ≈ 120 ㎡（宅基面积较大，室内开间较宽，进深长，室内功能区划分较多）；7.2m*15m ≈ 108 ㎡（一层宽院模式，房间前后通透性强，房间进深较短，但整个房体长款比例较大）；7.4m*12.3m ≈ 91 ㎡（开间较宽，总进深较短）。

表 4–3：以户为单元空间

8.7m*13.7m 占地面积约 120 ㎡	7.2m*15m 占地面积约 108 ㎡	7.4*12.3m 占地面积约 91 ㎡
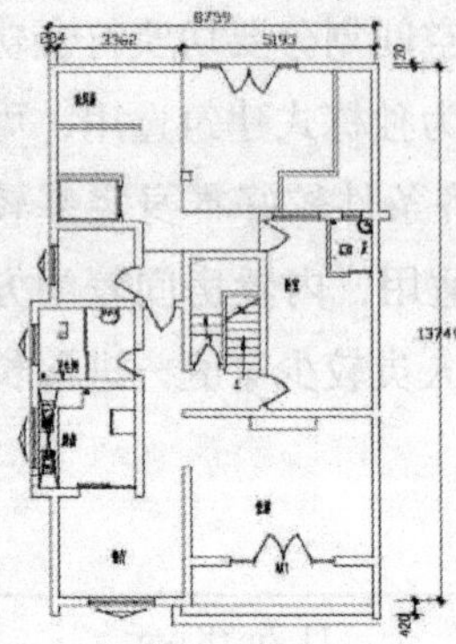	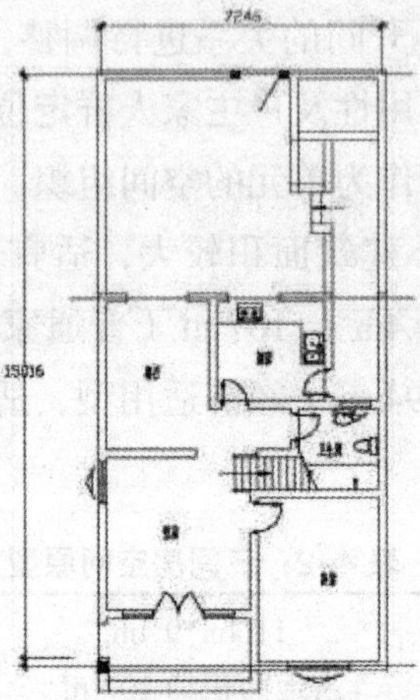	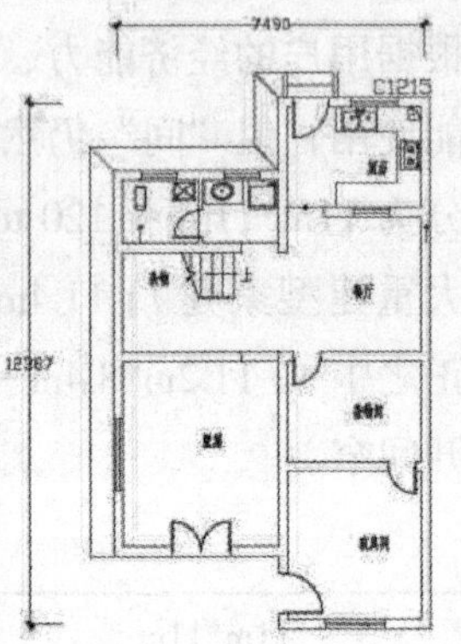

C 划分空间需注意问题

人与人的组合以家庭为单位，居民居住功能要求要满足个体单元在家庭单位中的心理需求和生理需求。心理需求的满足就是要区分私密空间与公共空间，私密性对于家庭生活来说具有重要影响，使个体能够有选择的控制他人接近自己。

a 公私分区：公私分区是对人心理、生理方面的私密程度的划分，要同时满足这两个要求，私密性就要越强，既要对视线、声音方面的隔离，同时也要是心理层面具有满足感和安全感。乡村住宅功能较为单一，一般可分为三个层面，房体入口、厅堂、就餐区为公共区域；厨房、储藏区位半公共区；卧室、卫生间为私密区域。虽然步入现代生活，但在文水村逢年过节、婚丧嫁娶仍然对公共空间具有一定要求，所以使厅堂仍然要具有放置案几与香炉并能够满足祭拜的功能。

b 动静分区：动静分区主要是对家庭成员活动区域进行划分，动区一般为走动频繁，公共性强，或有外来人员出入的公共区域。静区仅限于家庭内部成员进出的卧室，传统文水民居静区分布在整个房体两侧，或套在半公共区域内，现代建筑则较为灵活，分割形式多样。且建筑有别于原有横向发展的形式，逐渐向纵向发展，人员易聚集的区域设置在底层，私人空间设置在二三层。

c 洁污分区：洁污分区对于给水排水系统极不便捷的文水村住宅尤为重要，由于破坏或荒废了传统乡村水源系统，且原先的系统已无法满足现代大用水量的需求，造成的水体系统乱序，将污染区域与清洁区域进行划分，避免污染水深入室内，造成室内清洁问题。

2. 功能设置：由于乡村家庭活动不具备城市家庭空间的多样性，生活习惯与经济水平也与城市存在巨大差异，传统居住空间功能较为单一，仅具备居住、休闲和炊事等基本功能。随着现代民居的功能需求乡村民居要求也逐渐提高，出现起居室、餐厅、卫生间等空间，城市功能被逐渐纳入乡村新宅中。

（1）居住空间

从文水村居民抽样调查情况来看，户均人口 4 人，虽然大部分子女外出务工，甚至未来居住在文水村的可能性不大，但留有固定的房间依然是普遍的做法，所以卧室数目仍在 2–4 间，一层一般为老人房或全部设置在二层，需满足房主的私密活动。开间以原有 3.3m、3.6m 为主。避免传统建筑房套房的布局，或两扇门进出的模式。

（2）活动空间

活动空间主要界定在走动较为频繁的区域如厅堂、门厅、走廊、过道、楼梯，成为连接房间枢纽的区域，既要考虑室内交通的流畅，又要间接处理区域间的缓冲。创造水平交通空间，集中设置开门位置。垂直交通空间指楼梯，是联系住宅上下层之间的空间。是住宅在平面和空间上形成层次，达到有序的空间秩序。厅堂作为文水村仍然传承具有祭祀功能的区域应充分满足大门正对厅堂主墙体的需求。

（3）厨卫空间

设置厕所入户，使各家各户具有独立卫生间，一、二层分别设置，集中排污，几家共同使用三格化粪池进行污水处理，不仅方便了住户，更利于满足家庭成员的生理需求与私密性。同时解决了室外乱搭乱建的现象。拆除原有厨房大灶与水缸，改为天然气和自来水，不仅缩小了厨房的空间，还使整体布局更合理化，同时减少油烟带来的室内通风差的问题。尽量满足拥有独立餐厅，餐厅客厅并置，扩大空间，又满足逢年过节与红白喜事的空间需求。

（4）储藏空间

因文水村近年来打造金葡萄科技特派员创新基地，较多村民选择在葡萄园务农，但个别住户仍然保持原有种植方式，储藏空间在文水村仍有需求，依照村民意愿，安排具有储藏空间的布局，使储藏空间的设置不仅可以像传统民居设置在顶楼坡屋顶空闲处，也可设置在一层隐蔽处，或利用边角空间，针对性储藏，如楼梯下方房间等。

（三）材料与技术的适配

建筑材料与技术无疑是建筑中最能体现建筑各构件组织关系和方法的，建筑的材料与技术往往与所处环境有密切联系，从外围合墙体到门窗的构建都与应用技术息息相关，要重点把握适宜技术的应用，与建筑空间相结合。

1. 建筑立面设计：选择较为厚重的保温墙体构造，现代青砖的制作较为普遍，效率也比传统制作有所提高，所以在建筑立面仍可以采用原有材料常见尺寸：10cm*20cm*30cm，即色调质朴，融合，又具有传统特色，以传统符号的提取和提炼作为立面设计的主要元素。另外建议外墙添加厚多孔砖 370mm，并添加保温层，厚度 50mm。

2. 建筑屋顶设计：在井冈山地区夏季炎热多雨，冬季寒冷的气候条件下，坡屋顶的形成是随着自然因素而形成的，屋顶的排水性能与抵抗日照的能力逐渐加强，坡屋顶的坡度直接受到太阳辐射的影响，在文水村现代建筑中许多省去了这一功能，而采用平顶，出现的结构是夏季日照强，房间温度高，冬季抵挡不了寒流。与北方相比该地区雨水较多，陡屋顶利于排水，减轻单位时间里雨水对屋顶的压力，另外，屋顶陡利于增加房间高度，使屋顶部三角状的隔热层加高，有利于隔热。

文水村所在纬度在 26.69° 左右，以 27° 计算：

则大寒日与大暑日正午时太阳高度角：

赤纬角计算：大暑时 7 月 23 日 $\delta=20°\ 00'$

大寒时 1 月 20 日 $\delta=20°\ 00'$

正午时 $\omega=0$

太阳高度角计算：大暑时 $hs=90°-(27°-20°)=83°$

大寒时 $hs=90°-(27°+20°)=43°$

文水村双坡屋顶介于 43° –83° 之间，由于考虑到架屋形式与层高影响，以及采用瓦盖屋面的材料，建筑的集中化趋势，建议屋顶坡度选取在 30° –35° 左右。

传统建筑中马头墙与屋顶接触处长久形成漏雨，在新民居中马头墙与坡屋顶接缝处做凹槽，形成专门排水道。屋顶材料选用小青瓦或波形瓦，把握材质的色彩和肌理，屋顶内仍用杉木椽条做支撑，并与现代轻钢材料结合，原始椽皮防雨性能较弱，已不适宜使用，贴合整体建造的意图。

太阳能在屋顶的应用是充分结合自然因素达到满足现代生活的现代技术，太阳能集热器的放置可根据当地纬度，平均冬季与夏季的日照，将集水箱放置在室内阁楼，避免形成室外视觉上的突兀。

3. 通风组织：现代建筑多使用现代材料，用玻璃封闭式遮挡天窗，通风和采光受到制约。更新建筑要借鉴原始住房的地域优势，根据每家每户的人口数量进行合理分配空间布局，避免资源的浪费，切实考虑到通风、采光，使其可以有效地应对井冈山地区夏季高温多雨，冬季湿冷的天气。另外，当地自然场地、水体的运用都是民居设计中应该要考虑到的影响因素。

传统住宅为防盗窗，窗户较小、较高，不但采光受到影响，室内通风也不畅通，自然通风可以增加居住者的舒适度，有助于健康，单一房间进深控制在 8m 以内，现代建筑中应注意通风开口的大小，它决定了自然通风的程度，一般通风开口面积不小于地面面积的二十分之一。窗的材质建议使用平开双层玻璃中空塑钢窗，木质窗套。还可在楼梯间设置高窗，通过楼梯井形成抽拔效果，便于形成房间循环。

（四）色彩与装饰的协调

1. 建议青灰色为主色调，石雕与木雕传统手工技艺与现代艺术结合，保留吉祥诉求。2. 青砖面砖做腰部以下色彩，腰部以上建筑涂抹白色，或整墙灰色砖墙肌理（图 4–14）（图 4–15）。保留原有马头墙的形制，不仅具有装饰作用，还传承了原有建筑的文化构建，联排或双拼建筑仍然可以具有防火功能。

室外装饰色彩应具有传统色调，庐陵风格室内为木质结构，在室内构建中尽量选择当地杉木作搭配，如内顶、门、窗框、阳台围栏木雕等。此外，文水村老建筑保留的传统民居绘画应发扬，新建建筑屋檐下形成装饰，强化装饰的地域特征，保存文水人的文化记忆。（图 4–16）（图 4–17）

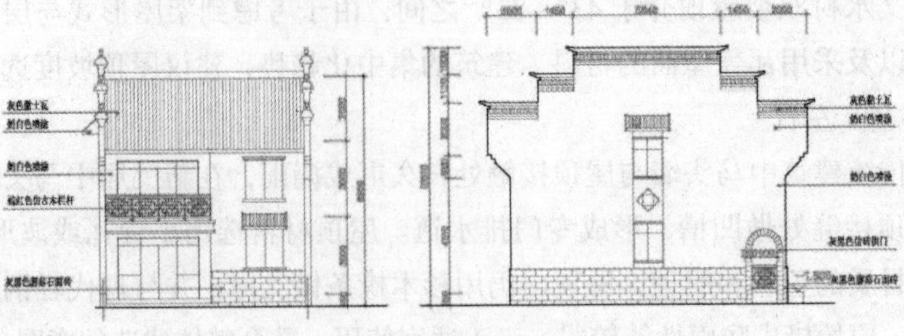

图 4–14：外立面分两种色调

（图片来源：江西省建设厅提供）

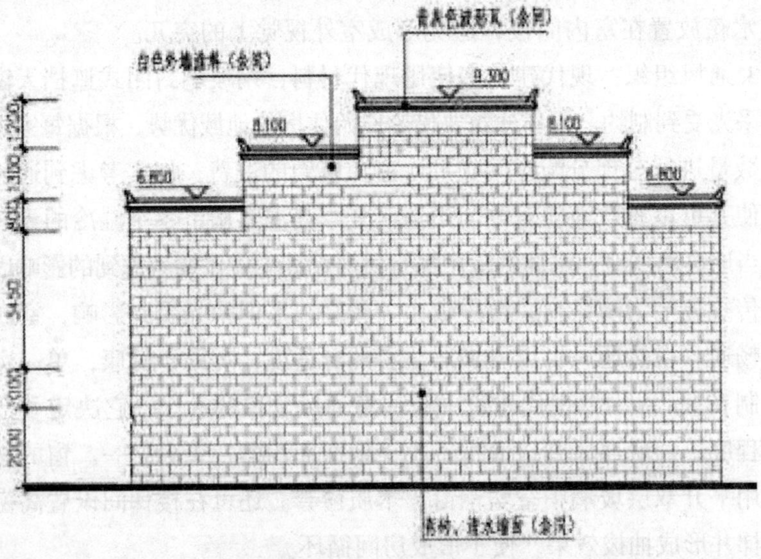

图 4–15：外立面全青砖饰面

（图片来源：江西省建设厅提供）

图 4–16：建筑意向图一

图 4–17：建筑意向图二

（图片来源：江西省建设厅提供）

二、改造建筑

充分借鉴德国农村建筑更新实践的经验，从使用者入手，村民对改造的方案进行讨论、确立最后的实施，村民的意见在更新各环节中起到决策作用。政府根据当地住宅的历史演变、现存建筑风格形成建筑导则，提供建设改造图册，虽只针对普通建筑，但导则的内容会针对不同的建筑部位。

（一）适宜的尺度

根据中央生态文明建设五位一体的总方针。村落建筑改造是一个漫长的过程，首先要得到政府部门的高度重视，制定一个能体现当地文化特征发展长远规划。把乡村建设与当地经济建设、自然环境保护划归一个统筹之中。文水村从传统古村落、民居小巷中不难发现小尺度空间带来的违和感和亲切感，新建建筑与传统建筑要达成尺度的延续，比例关系是整体改造的关键，在尽量保持原有小尺度基础上，尽量满足现代人的居住要求。实施统一改造模式，提供更多、更好的设计方案，供公众选择，使村民能按照规定内容进行相关改造。新时代背景下对民居的要求最基本的就是对旧有不合理空间进行调整，原有内部环境与外部结构已经不相适应，旧建筑的改造再利用进一步整合了不合理的空间。采取了“就地改造、建筑更新、村民参与、保护与改造利用结合”的措施，改建过程中讲新材料进行合理利用，结合当地材料，再利用，或就地取材的方式进行了建筑的合理规划，同时对聚落基础设施方面进行整治，使得环境取得较大改善，提高了村民的生活质量。

整体控制对村落建筑中空间、功能、色彩等方面有整体把握，功能的合理化使村民生活更加便捷，村庄有了新的面貌，但村落原有的文化特质也随之被带走。更新设计案例的成果背后成了人们争议的焦点，居民建筑不能流于形式的模仿或一些符号的提取，用批判精神和创新精神对待传统与发展、文化的传播与继承，是整体更新的重要考虑因素。

（二）延续外观风貌，内部功能置换

赋予具有当地特色建筑新的使用功能时，结合其结构状况、空间特征等，使其更具有使用价值，如因拆除附属用房，外置厕所需迁入户内，在增加的建筑原有基础上增加新的功能，改造原本空间（图 4–18）。

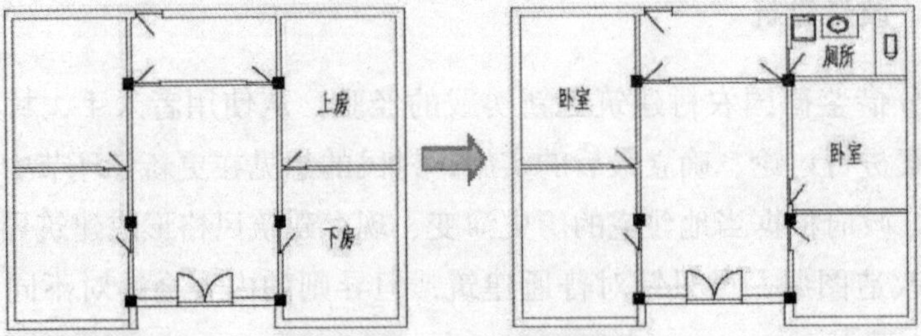

图 4–18：室内添加厕所功能

（图片来源：作者绘制）

（三）改造外观风貌，保持原有空间布局

对村内现存的现代建筑进行外部改造，使其符合当地建筑风貌。如建筑的层次、建筑比例关系、外部装饰材料及风格、阳台、大门、窗户的形式等。

表 4–4：建筑外部改造细节示意图

建筑层次		建筑比例关系		外部装饰材料		建筑装饰	
消极	积极	消极	积极	消极	积极	消极	积极
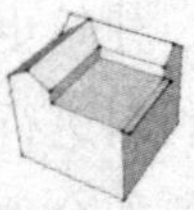	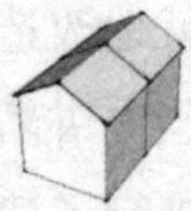						
	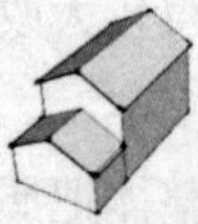	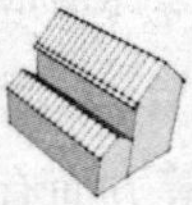					
大门		阳台		窗户形式		窗户比例	
消极	积极	消极	积极	消极	积极	消极	积极
			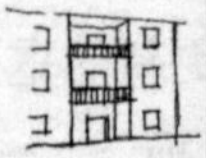			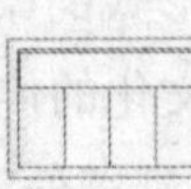	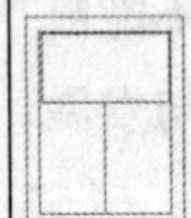

三、保留建筑

文水村发展较为缓慢，建筑样式较为传统与老化，但地区建筑也都具有本地的特点，反映了一个村落在某个时代所特有的文化特色及历史特征，是劳动人民的共同财富。随着现代化建筑的发展，我们更应对历史建筑进行保护，在建筑上体现历史的延续，传统建筑体现了当地的文化特点，同时因经历革命时期而具有红色历史记忆。红色革命不仅代表着井冈山人民的历史记忆，也代表着不同时期的建筑承载着历史文化，建筑的保留与保护是更新的重要环节。确定保护和修复的类别，一般按照以下几种方式：

（一）整体保护——和谐统一性

对于一些较有保护价值的村落，保留村落整体建筑环境，保护与环境相一致的传统的生活方式。文水村被定位为具有代表性的传统古村落，希望将传统聚落所体现的传统文化生活方式予以保留，我们要将乡村建筑作为一个完整的系统来看待，不能盲目地进行以新替旧，而是要随着社会的发展状况，居民的生活接受力，进行“适当的”“有据可依”的保护，为整体保护提供可能，村落整体保护应遵循五个原则：“1. 保护村落原生态；保护历史信息的完整性和自然环境的关系；2. 尽可能的保护文物村落与自然环境的关系；3. 保护古村落中一切可以收集到的文字史料和口传史料；在大多数情况下，用展陈或表演的方式保存文物村落的主要部分。”①

（二）重要建筑的修缮

1. 原地修复——保存原真性：历史建筑本身有比较特殊的文化意义与革命文化意义，在村内具有鲜明的地域特点和价值，对建筑被损坏部分进行修复，即可恢复原貌。如：文水村李鹏程宅、李鹏程宅斜前部李氏三户等历史建筑进行修复，一般采取“整旧如旧”的方式修缮，尊重历史信息，保护好原来面目，在保留原有框架结构的基础上对建筑外观、梁柱等修缮，使其恢复原貌，注重层次性的综合保护开发，力求保护与利用的协调统一。

以李鹏程宅为例（图 4–19），要清晰梳理李鹏程宅的历史信息，住户信息，确保其历史价值性，把握“旧”的分寸感和价值，保护历史环境，对历史建筑的材料、形状和功能保留其痕迹，让人能感受到历史的延

① 陈志华：《乡土建筑保护十议》，《建筑史论文集》，第 165 页。

续性，用发展的眼光去理解建筑，尽量采取历史建筑修复的叠加方式，使之成为历史的叠加。遵循建筑保护和修缮的基本要求：（1）结构加固，保持原有结构不变的前提，对外墙、地基、屋架进行加固或更换，修缮原有屋顶形式，保持原有倾斜度，翻修原有青瓦以及屋檐檐口，更换破损旧瓦，但规格、色泽要与原有瓦片保持一致，并增设保温层（图 4–20）（图 4–21）；（2）外观形态的保留，保留屋面、门窗、装饰构建，对其进行修补、清理，室内要尽量突出原有木构件的色调，修复房屋入口处石阶、墙体颜色、木构件等；（3）整改空间布局，适当调整布局，增添必要的生活设施；（4）增添生活基本设施；（5）历史建筑保护与建筑节能的有机结合，充分利用太阳能灯能源；（6）对周边环境进行整治（图 4–22）。

图 4–19：李鹏程宅的修复

（图片来源：作者拍摄于井冈山市文水村）

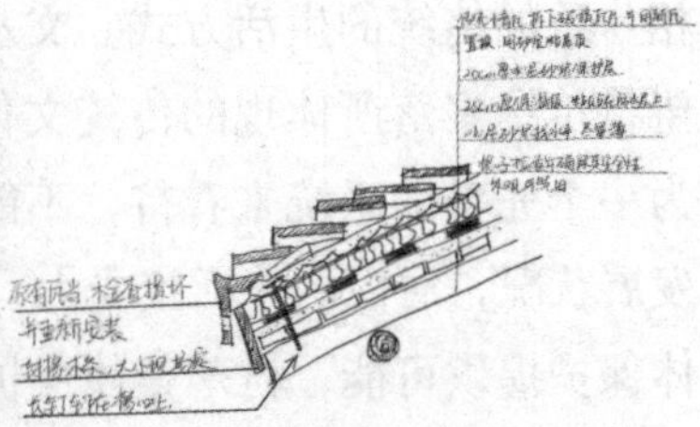

图 4–20：屋顶剖面草图

（图片来源：作者绘制）

图 4–21：在屋架上设置保温层

（图片来源：作者拍摄于井冈山市文水村）

图 4–22：修复后效果图

（图片来源：井冈山市规划局）

2. 易地修复——保留真实性：文水村地理位置又属山体环抱式，建筑多在山脚，山间雨水充沛，造成山体滑坡，再加上历史建筑许多常年失修，具有一定的危险系数，但由于建筑所处环境具有一定历史遗存，就地保护基本不可行，需要采取重新修复的措施，或迁出原地，移至到另一地段，进行保护修缮。文水村秉德堂位于村庄后部，为表彰西平王后裔、李氏三十一世孙李庆蕃字衍万而建，李庆蕃为乾隆时期的孝子，其孝道使人佩服、仰慕，皇帝下令修建孝子坊，后其子男锡、铎为特建“李衍万翁祠”，取名“秉德堂”。但如今的秉德堂已面目全非，对于拯救这样的历史性建筑易地修复具有重要意义，往往这样的保护也是出于一种无可奈何的状况，如不迁出建筑将面临彻底消失。如此修复也存在一定的弊端：（1）建筑本体的文化底蕴消失。建筑作为物质形态载具有一定的历史痕迹，原始建筑中所特有的建筑意图、建筑韵味乃至建筑的原生态性随着迁移已无处可寻，搬迁建筑，迁走的也只是躯壳，不再是乡土民间生活场所，而是功能置换的消费场所。（2）建筑本体的朴实感消失。文水村本地原有建筑材料是使用木材或土砖建造，传统的木结构工艺，拆起来容易但想要按照原样搭建确不易，有些甚至直接使用混凝土尽量模仿原样，做出木结构的样子。总归已成赝品，加上又处于欠发达地区，资金、技术水平均达不到要求。因此，昔日的历史建筑已不再具有原始形态，历史信息已不同程度的消解。

（三）单体保留——体现价值性

1. 现代建筑的保留

对现状建筑质量较好，风貌与村庄相协调，建筑色彩与自然环境相融合的现代建筑予以保留（图 4–23），但对其周边环境风貌及乱搭乱建等现象进行清理，以保证自然景观建筑的和谐统一。如村中池塘东部李宅，整体上建筑体量较为适中，长方形独栋地基，在原有布局三开间基础上做纵向延伸，增加了住宅的空间与功能，但并未破坏建筑原有的层次秩序；建筑整体色彩延续了灰白色，并未粘贴彩色瓷砖，延续了原有马头墙元素，开窗增大，使空气流通性加强，房间通风采光得到良好处理。

图 4–23：现代建筑的保留

（图片来源：作者拍摄于井冈山市文水村）

2. 历史建筑的保留

井冈山地区发展较为缓慢，建筑原貌遭受现代影响冲击较小，所以文水村环境相对较好。村内有较多具有社会价值、文化价值的建筑，蕴含着重要的人文信息，保留了原有抗战时期的历史记忆，属于年代久远且具有较多历史遗存的民间宅邸的古村落，又受到地方政府的关注、研究，使其成为保护的对象。文水村内李相传宅作为历史建筑已做保护（图 4–24）（图 4–25），庐陵风格建筑完整，马头墙、青砖黛瓦因革命圣地的影响而保留完好，我们需保留其建筑整体，并不需过多整治。随着日后的发展，从“就地保护”来看，传统建筑不可能以后完全没有损坏，需要不断地由专业的人员进行维护，把握修复分寸，才能体现历史积淀。国家对井冈山偏远山区所投入的资金欠缺，政府所关注的往往是较为有价值的村落，而忽视了深山田野中的零散个体，一个村落所产生的经济价值往往超越于文化所带来的影响，如何运行就地保护策略使较远地区的建筑文化得以保留，需要相关政策与法律法规的制约。

图 4-24：历史建筑的保留（一）

（图片来源：作者拍摄于井冈山市文水村）

图 4-25：历史建筑的保留（二）

（图片来源：作者拍摄于井冈山市文水村）

（四）拆除建筑

对违规搭建、增建、危房、改变用地性质占地建设，风貌影响较大采取拆除措施。文水村预计拆除大小房屋共 116 栋，其中居住用房 16 栋，附属用房 100 栋。拆除的居住用房中，因道路建设原因拆除 2 栋，占

12.5%；因不满足消防、通风、间距要求拆除 5 栋，占 31.25%；因房屋自身质量原因 9 栋，占 56.25%。

“拆”与“露”的方式并存，“拆”主要指拆除历史建筑或有特色建筑周围一定范围内的一般性建筑和临时性建筑，从而“露”出历史建筑，还历史建筑以本来面貌，利用草坪或铺地填补空白。利用这种方式使文水村历史建筑和有特色的建筑在建筑群中显露出来，成为村中的新景观。这种方式虽然简单易实施，但要注意以下几点：1. 合理确定拆除范围：确保临时建筑或乱搭乱建的建筑在被拆除后，村内建筑环境得到改善，呈现历史建筑“渐现”的展示方式，另外要特别注意在确定拆除范围后尽可能减小拆迁范围和工作量。2. 慎重确定拆除的建筑：除一些临时住房外，对将要拆除的居住用房做着重筛选，一些居住建筑并非短期内形成，可能是在其他时期形成的典型建筑，或在历史建筑旁形成的临时性建筑，对于前者要予以保护，后者则可拆除。3. 保持视觉和空间上的协调：保证周边建筑拆除后并不影响其整体建筑格局与景观格局，并采取其他方式予以补充或调节。

结 语

著作从三个方面全方位的解析传统村落空间发展之源，探索村与镇、村与村、村与民之间的层层关系与层层矛盾，提出解决传统村落空间发展限制之计。

第一篇章在村镇相近的村落类型——井冈山厦坪镇空间现状调查分析的基础上，对村、镇的空间物质形态和空间利益分配两个层面进行了解析，并取得关于村镇联动建设规划研究的以下结论。

（1）村镇空间联动建设规划包括空间形态联动和空间利益协调两大策略。空间形态联动建设规划策略采取“自上而下”的规划顺序，从村镇外部整体空间布局的协调、建筑形态的统一到内部基础设施的对接。其中，整体空间布局的协调路径先由镇到村的空间疏散，到村镇之间的间隙预留，最后对村内空间进行分区管制；建筑形态的统一的具体策略是：村镇建筑组合形态化零为整，外部界面古今融合，内部功能承村接镇；基础设施的对接的具体策略是：路网疏导、水网延伸、环卫跟进。

（2）空间利益协调建设规划策略采取“自下而上”的规划顺序，由内部生态空间的利益权衡、土地流转的利益补偿、产业空间的利益调到外部生态、土地、产业空间的联动。生态环境的利益权衡分控制、修复和协调三步进行，对城镇的生态环境破坏进行控制，对中心村内已破坏的生态要素进行修复，对村镇过渡地带的生态利益进行协调；土地流转的利益补偿是按照不同属性的用地进行规划的，耕地以反租倒包的补偿形式，空心村采取原地代建的补偿方式，被征用地采取土地互换的补偿方式；产业空间的利益调和，先构建覆盖村镇各层次的产业结构，再将其布局到村镇空间范围内，以协调产业利益。

研究表明，村镇联动类型的村落规划的重点应该放在农村才符合当前新型城镇化的发展趋势，以农村主动城镇化为主线，以村镇联动建设为核心，以村镇物质空间和利益空间为载体，逐步消除农村与城镇发展的差距，达到城乡协调发展的目标。

第二篇章针对具有一定历史性的传统村落的空间发展与保护进行探索与实践分析。以集体记忆为切入口，对传统村落空间形态与集体记忆的三大维度的辩证分析。人们的认知往往只与传统村落、空间建造有关联。但是传统村落并非只是静态的存在，作为历史的产物还与村庄的集体记忆相关。将记忆因素纳入到对村落空间形态的再实践中去，传统村落记忆载体作为一种客观存在的实体，要求使用者能够通过体验参与，获得记忆信息。结合菖蒲古村的实地调研，表现出村庄记忆载体的信息涵盖了两个层面：一是涉及物质存在所表现出的形态特征，二是记忆主体在社会活动中所取得的经验与认知，使他们在村庄内能够产生身份归属的认同感。结合既有的传统村落保护规划设计实例，分别讨论了传统村落的空间形态保护传承的规划策略与更新改造的设计手法，从理论层面上进行尝试性的探索与可行性的发展方向。以集体记忆的视角看待传统村落空间形态的保护与更新，则可以为平衡历史保护与生活发展之间的矛盾冲突提供新的契机。面对中国现阶段城市化发展与社会转型对村落文化所造成的冲击，关键就在于如何更好地使传统村落空间形态融入到乡村新生活中去，延续乡村的魅力，发挥新的生命力。同时，要求设计者对传统村落进行积极保护更多的应从传统形式的单纯复制转向对传统村落本身的深层精神内涵的关注，挖掘保持传统村落在时间变迁中稳定的集体意义与本质，为保存过去与发展未来寻找最佳的平衡点。

第三篇章在井冈山文水村民居建筑现状调研基础上，对村落现有建筑进行分类，提出民居建筑规划更新方式，并取得了民居建筑规划更新研究的以下结论。

一、乡村建筑更新的宏观发展要求影响着村落发展。明确村落发展定位，确立村庄日后发展方向，打造具有地方特色的发展模式。每个地区在建造时都要遵循该地区的秩序，虽然区域不同，但场所精神是一样的，理想是一样的，都想将自己生活过的地方建造的更有魅力。新农村建设的工作是一项待逐渐完善的任务，必须先行试点，示范带动，逐步推进，让村民逐渐产生归属感。

二、新旧建筑互动式整体发展。在共同发展基础上的建立发展模式、开发改造，促进传统村落在现代化进程中的角色转换，提升传统村落的价值。在乡村规划与更新项目中充分挖掘村落内涵和地域文化特色，合理采用保护与开发相统一的模式，使乡村面貌呈现精神的再生，让地方文化的记忆得以延续，让建筑所传达的精神内涵发挥新的力量。

三、明确乡村民居更新定位。新农村建设中建筑规划工作程序和方法上应切实落实到乡村规划上，不应按照城市的模式套用，将乡村现有经济水平、地区区位、产业等做明确分类。并对其进行合理的选择分析，通过与环境相处的建筑群体呈现出的序列、空间、层次的传达，从而为农村地域性发展带来新的契机。

四、乡村民居的可持续发展。依据先进经验，推动农村的普及教育工作，培养新型农民，转变村民的住房改造观念，并注重空间内人的情感、审美取向、心理等，并进行分析，使居民能够具备在面对时代大潮的冲击时保有清醒的自我评判意识，使村民们能够有足够的能力行使民主的权利。

五、加强政府支持引导和规划实施保障机制。特色村落与优秀历史建筑的保护利用是政府管理部门的重要职能，管理者应就该村发展决策和推进提出重要意见，发挥政府的主导作用与管理职能。首先应申报历史建筑，对其进行保护，并提出保护利用实施的细则；其二，结合传统村落发展模式，制定改造和建筑保护利用的项目规划管理细则；其三，启动政府引导、居民参与、专家咨询相结合的保护利用联动机制。

前景探索：乡村民居建筑更新是个多学科相容的综合体，当前我们要把握好乡村建设的发展机遇，在传承文化的同时又要使建筑满足现代农村的发展需求，有效改善人居环境，处理好人与环境、人与社会、人与自然的关系，才能使民居改造朝科学有序的方向发展，使美丽乡村的景象得以重现。

参考文献

[1][法]莫里斯·哈布瓦赫著，毕然、郭金华译:《论集体记忆》，上海人民出版社2002年版。

[2][美]保罗·康纳顿著，纳日碧力戈译:《社会如何记忆》，上海人民出版社2000年版。

[3][意大利]罗杰威著，胡凤生译:《源泉的求索——建筑的内涵及解读》，中国建筑工业出版社2013年版。

[4][德]哈拉尔德·韦尔策著，季斌、王立君等译:《社会记忆：历史、回忆、传承》，北京大学出版社2007年版。

[5][美]伯纳德·鲁道夫斯基著，高军译:《没有建筑师的建筑：简明非正统建筑导论》，天津大学出版社2011年版。

[6][挪威]诺伯格·舒尔兹著，施植明译:《场所精神：迈向建筑现象学》，华中科技大学出版社2010年版。

[7][美]诺伯格·舒尔兹著，尹培桐译:《存在·空间·建筑》，中国建筑工业出版社1990年版。

[8][美]罗伯特·雷德菲尔德著，王莹译:《农民社会与文化：人类对文明的一种诠释》，中国社会科学出版社2013年版。

[9][美]阿摩斯·拉普卜特著，常青、张昕、张鹏译:《文化特性与建筑设计》，中国建筑工业出版社2004年版。

[10][美]美阿摩斯·拉普卜特著，常青、徐菁、张昕、李颖春译:《宅形与文化》，中国建筑工业出版社2007年版。

[11][日]藤井明著，宁晶译:《聚落探访》，中国建筑工业出版社2003年版。

[12][日]西村幸夫著，王惠君译:《再造魅力故乡：日本传统街区重生故事》，清华大学出版社2007年版。

[13][美]兰德尔·阿伦特著，叶齐茂译:《国外乡村设计》，中国建

筑工业出版社 2010 年版。

[14] [意大利] 伊塔洛·卡尔维诺著，张宓译:《看不见的城市》，译林出版社 2006 年版。

[15] [英] 柯林·罗、弗瑞德·科特，童明译:《拼贴城市》，中国建筑工业出版社 2003 年版。

[16] [美] 伊利尔·沙里宁著，顾启源译:《城市—它的成长、衰败与未来》，中国建筑工业出版社 1986 年版。

[17] [美] 罗伯特·文丘里著，周卜颐译:《建筑的复杂性与矛盾性》，知识产权出版社 2006 年版。

[18] [加] 雅各布斯著，金衡山译:《美国大城市的死与生》，译林出版社 2006 年版。

[19] [美] 卡斯滕·哈里斯著，申嘉、陈朝晖译:《建筑的伦理功能》华夏出版社 2001 年版。

[20] 费孝通,《乡土中国》，人民出版社 2008 年版。

[21] 费孝通,《江村经济》，上海人民出版社 2007 年版。

[22] 黄浩:《江西民居》，中国建筑工业出版社 2008 年版。

[23] 朱良文:《传统民居价值与传承》，中国建筑工业出版社 2011 年版。

[24] 俞孔坚:《回到土地》，三联书店出版社 2009 年版。

[25] 段进、龚恺:《空间研究 1——世界文化遗产西递古村落空间解析》，东南大学出版社 2006 年版。

[26] 新玉言:《新型城镇化——模式分析与实践路径》，国家行政学院出版社 2013 年版。

[27] 何子张:《城市规划中空间利益调控的政策分析》，东南大学出版社 2009 年版。

[28] 武进:《中国城市形态——结构、特点及其变化》，江苏科技出版社 1990 年版。

[29] 杨郑鑫,《韩城城市边缘区非城市建设用地研究》，西安建筑科技大学城市规划与设计 2013 年版。

[30] 王纪斌:《生态型村庄规划理论与方法——以杭州市生态带区域为例》，浙江大学出版社 2011 年版。

[31] 中共中央马克思恩格斯列宁斯大林著作编译局：《马克思恩格斯全集》，人民出版社 1972 年版。

[32] 陈志华：《乡土建筑保护十议》，《建筑史论文集》。

[33] 魏柯：《四川地区历史文化名镇空间结构研究》，四川大学出版社 2012 年版。

[34] 方明、刘军：《国外村镇建设借鉴》，中国社会出版社 2006 年版。

[35] 仲德昆：《小城镇的建筑空间与环境》，天津科学技术出版社 1993 年版。

[36] 高扬：《创新农用土地流转机制研究—以日照市为例》，山东大学国际贸易学 2011 年版。

[37] 朱蓉：《城市记忆与城市形态》，东南大学博士学位论文 2005 年版 5 月。

[38] 陈友龙、刘沛林：《古村落文化及其载体的互动发展研究》，《船山学刊》2005 年第 3 期。

[39] 徐小东：《我国旧城住区更新的新视野——支撑体住宅与菊儿胡同新四合院之解析》，新建筑 2003 年版。

[40] 黄辉祥：《农村社区文化重建与村民自治的发展》，《社会主义研究》2008 第 2 期。

[41] 周希：《江西吉安新乡土民居与地域性》，中央美术学院 2010 年版。

[42] 陈忠志：《略谈庐陵文化对井冈山精神形成的影响》，《党史文苑》2012 年第 6 期。

[43] 刘浩博：《浅析新型城镇化下的城市规划》，《城市建设理论研究》2013 年版。

[44] 伯纳德·屈米：《疯狂与合成》，《世界建筑》1990 年 21 期。

[45] 张子凯：《列斐伏尔〈空间的生产〉述评》，《江苏大学学报》（社会科学版）2007 年第 5 期。

[46] 肖建莉：《老房子唤起的记忆》，《新民晚报》2004 年 6 月 12 日。

[47] 王虹航：《吴良镛新著〈中国人居史〉在京首发》，《中国建设报》2014 年 11 月 6 日。

[48] 高庆标、徐艳萍：《农村生活垃圾分类及综合利用》，《中国资源

综合利用》，2011 年第 9 期。

［49］李济广:《马克思价值论原意与商品价值论分歧的认识根源》，《广西右江民族师专学报》2005 年第 5 期。

［50］黄一如、陆娴颖著:《德国农村更新中的村落风貌保护策略》，《建筑学报》2011 年第 4 期。

［51］俞孔坚著:《绿色景观：景观的生态化设计》，《建设科技》2006 年第 7 期。

［52］聂梦瑶、杨贵庆著:《德国农村住宅更新实践的规划启示》，《上海城市规划》2013 年第 5 期。

［53］温碧莉:《浅谈游憩视角下旅游城市慢行系统规划——以桂林市为例》，《广西城镇建设》2012 年第 8 期。

［54］哲思:《国际社会科学杂志 2012 年第四期精彩评论》，《中国社会科学在线》2012 年 12 月 25 日。

［55］井冈山市地名办公室编纂:《井冈山地名志》1986 年。

［56］宁冈县人民政府地名办公室编纂:《宁冈县地名志》1987 年。

［57］永新县地名委员会办公室编纂:《永新县地名志》1984 年。

［58］《井冈山市城市总体规划（2011–2030）》（报批稿）。

［59］《井冈山市国民经济和社会发展第十二个五年计划》（2011 年）。

［60］《井冈山市土地利用总体规划（2006–2020）》。

［61］江西省城乡规划设计研究院:《井冈山市“一城带两镇”示范区城乡一体化规划（2012–2030）》。

［62］《厦坪镇关于 2014 年工作总结及 2015 年工作思路（精简版）》2014 年。

［63］《厦坪镇 2014 年政府工作报告》，井冈山市厦坪镇政府 2014 年版。

［64］《关于厦坪镇通过土地流转加快农业农村发展的调研报告》，井冈山市厦坪镇政府 2013 年版。

附录一　厦坪镇村镇联动点基本概况调查表

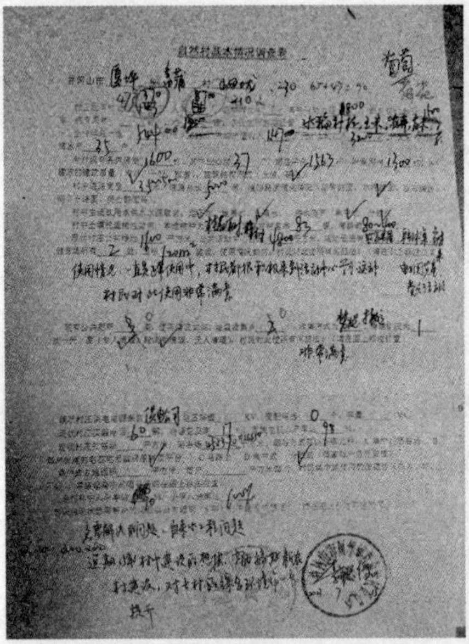
自然村基本情况调查表

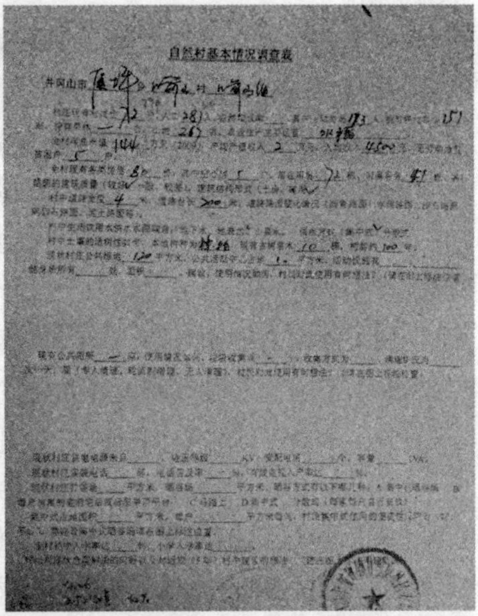
自然村基本情况调查表

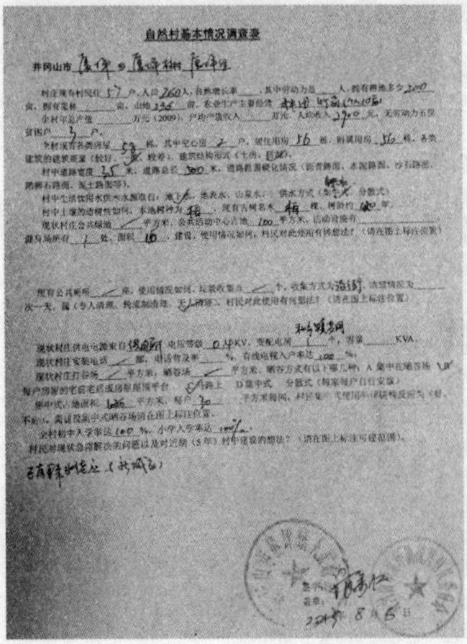
自然村基本情况调查表

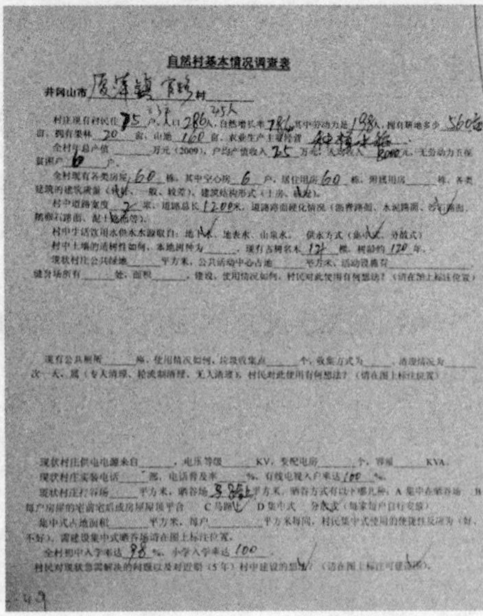
自然村基本情况调查表

附录二　井冈山市官路村建设规划图

以下资料是井冈山市240余新农村规划编制点中第6号村庄01–09号规划图（井冈山市厦坪镇官路村）

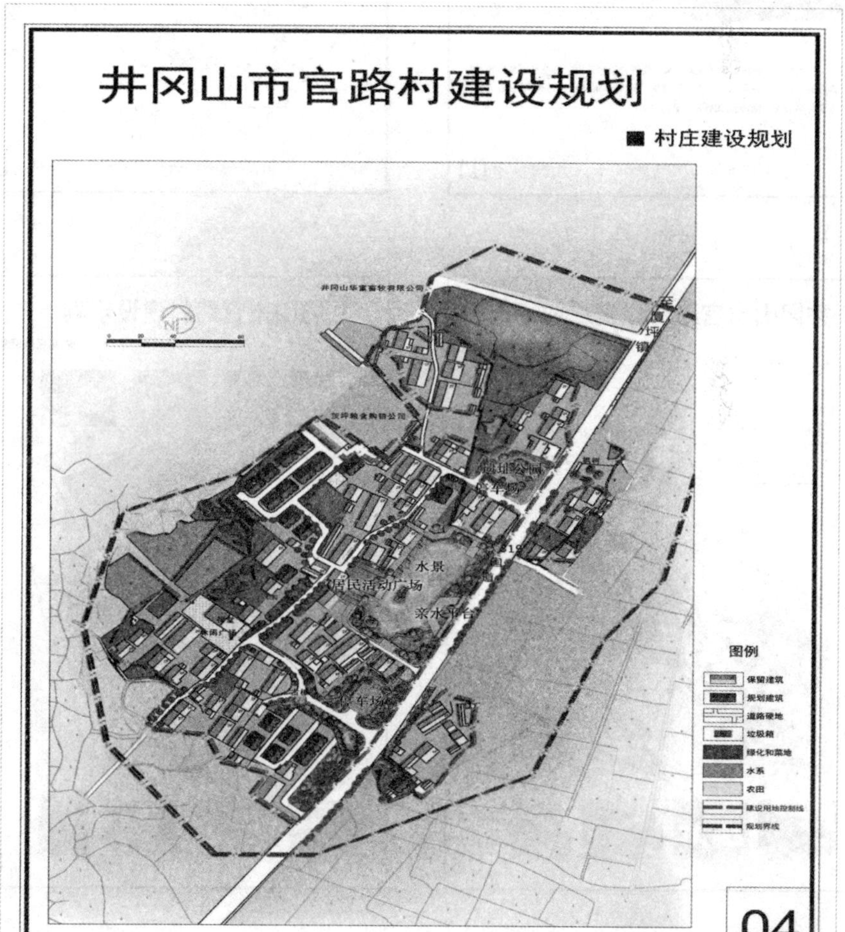

井冈山市官路村建设规划
区位分析
湖
南
省
井冈山市
官路村位于井冈山市西南部，属于厦坪镇所辖范围。东临新江乡，西临鹅岭乡，北接井冈山市，南接黄坳乡。G319国道从官路村西侧纵贯，北可至井冈山市，南接S230省道至黄坳乡。
01

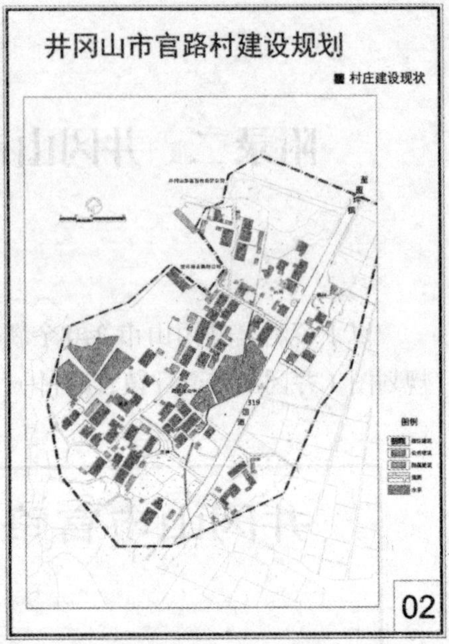
井冈山市官路村建设规划
村庄建设现状
319
图例
02

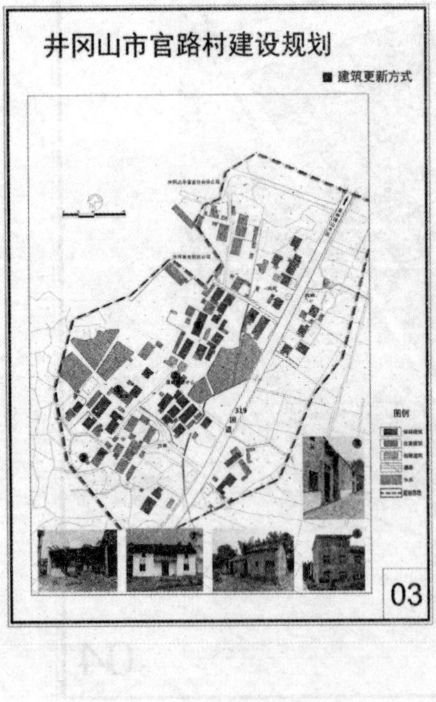
井冈山市官路村建设规划
建筑更新方式
319
图例
03

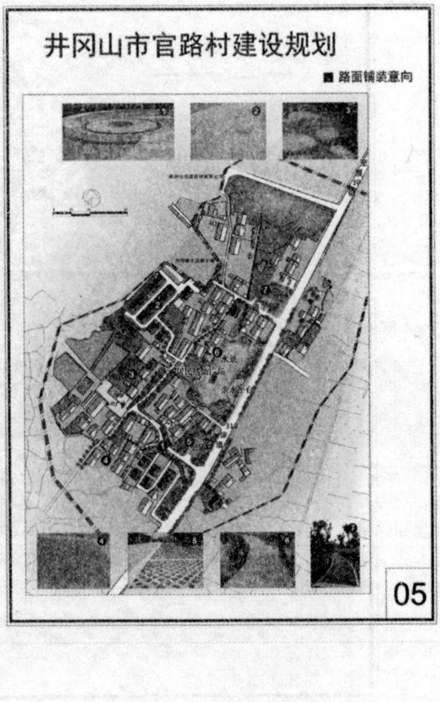
井冈山市官路村建设规划
路面铺装意向
05

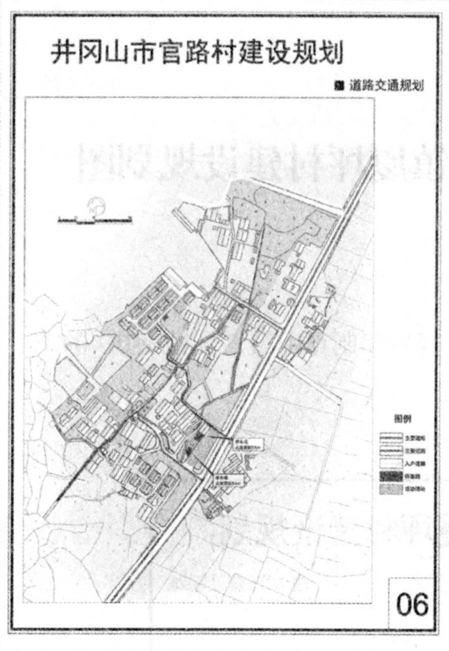
井冈山市官路村建设规划
道路交通规划
图例
06

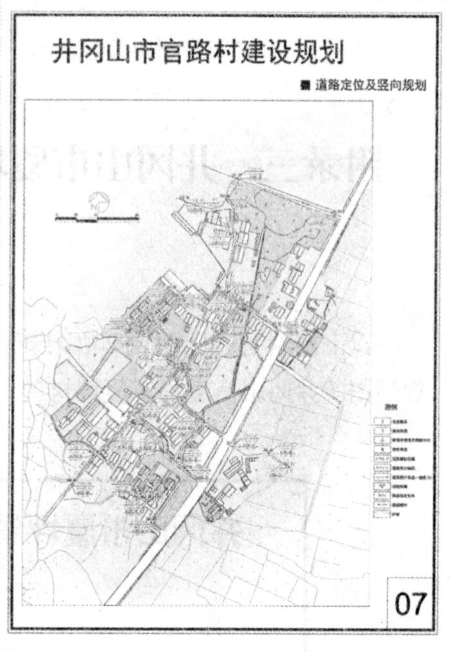
井冈山市官路村建设规划
道路定位及竖向规划
图例
07

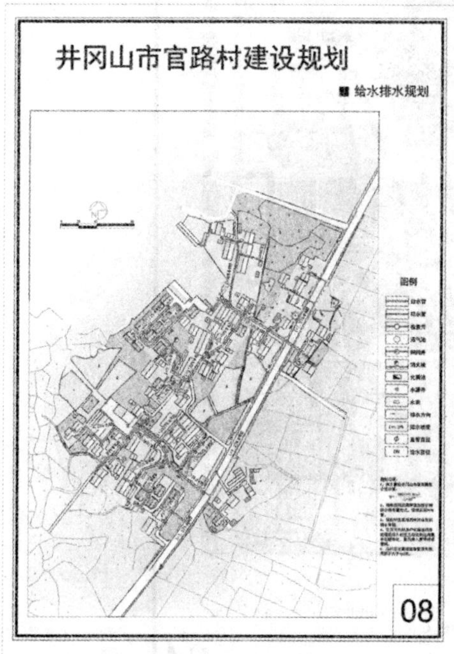
井冈山市官路村建设规划
给水排水规划
图例
08

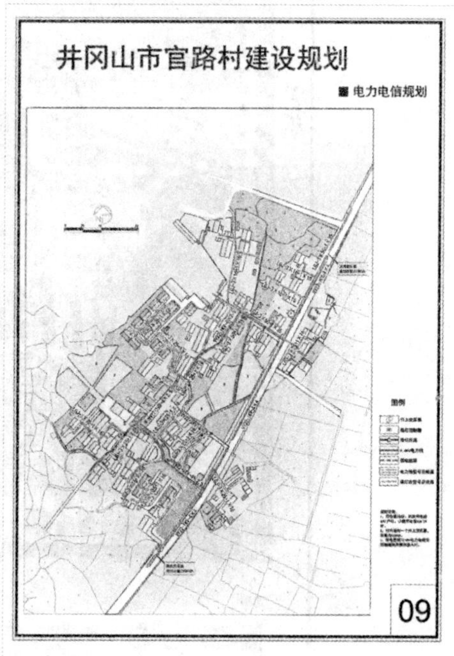
井冈山市官路村建设规划
电力电信规划
图例
09

附录三　井冈山市厦坪镇厦坪村建设规划图

以下资料是井冈山市 240 余新农村规划编制点中第 5 号村庄 01–09 号规划图（井冈山市厦坪镇厦坪村）

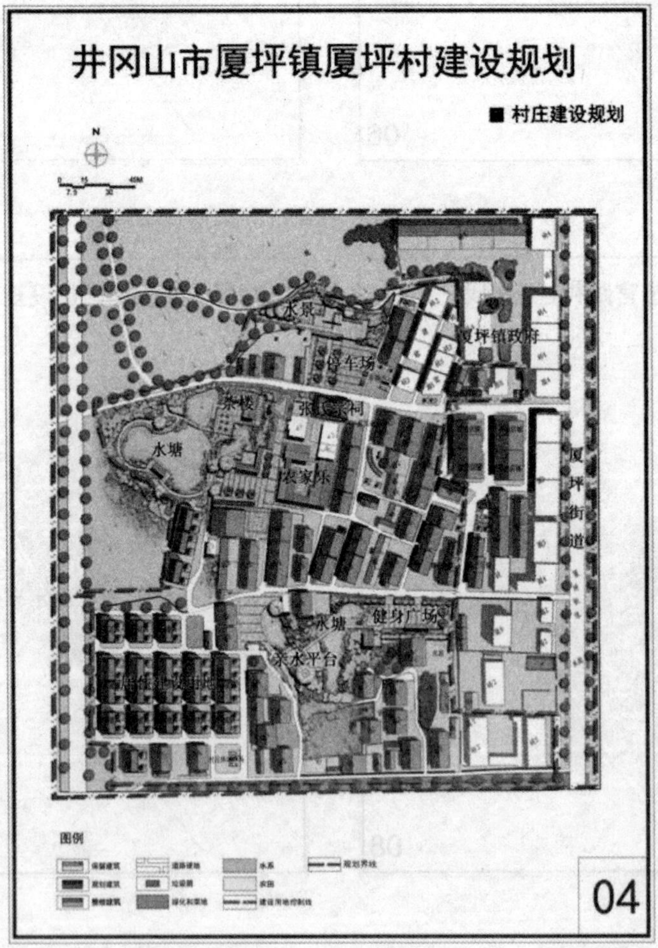

井冈山市厦坪镇厦坪村建设规划
■区位分析
湖
南
省
井冈山市
厦坪村位于井冈山市西南部，属于厦坪镇所辖范围。东临新江乡，西临鹅岭乡，北接井冈山市南接黄坳乡。319国道321省道从厦坪村旁纵贯，北可至井冈山市，南可接230省道至黄坳乡。
01

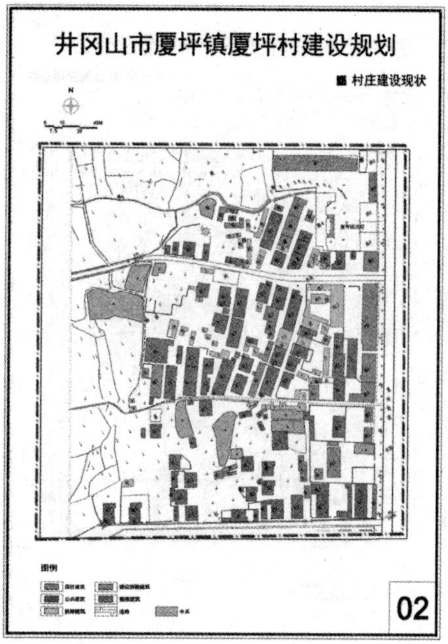
井冈山市厦坪镇厦坪村建设规划
■ 村庄建设现状
图例
02

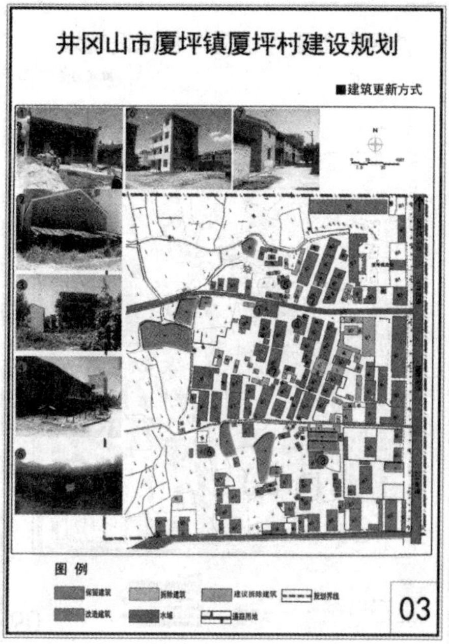
井冈山市厦坪镇厦坪村建设规划
■建筑更新方式
图 例
保留建筑
拆除建筑
建议拆除建筑
规划界线
改造建筑
水域
道路用地
03

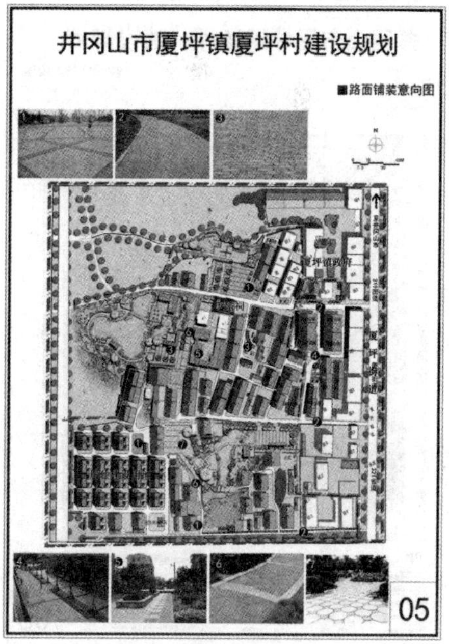
井冈山市厦坪镇厦坪村建设规划
■路面铺装意向图
厦坪镇政府
05

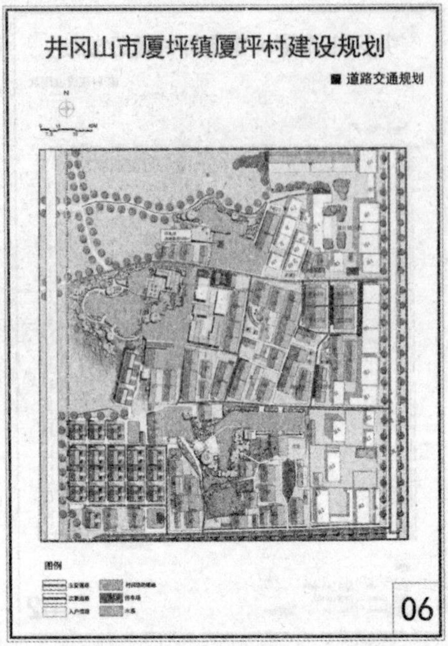
井冈山市厦坪镇厦坪村建设规划
■ 道路交通规划
图例
06

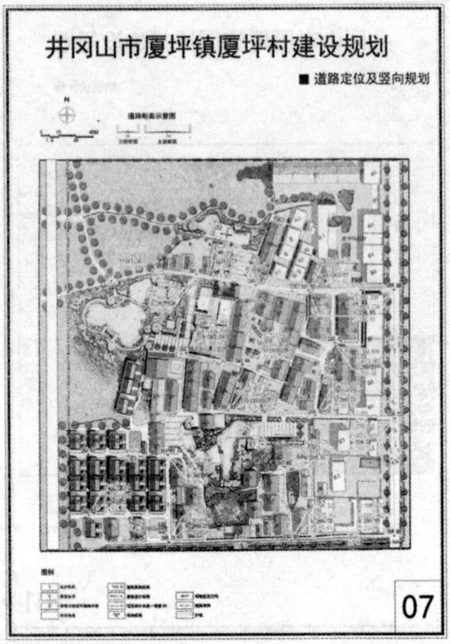
井冈山市厦坪镇厦坪村建设规划
■ 道路定位及竖向规划
07

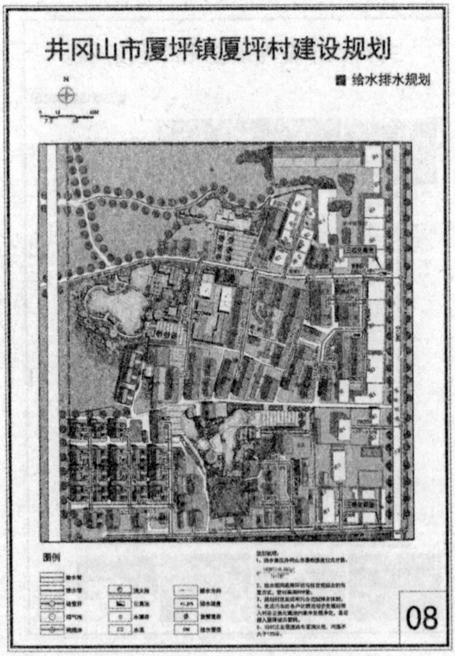
井冈山市厦坪镇厦坪村建设规划
■ 给水排水规划
图例
08

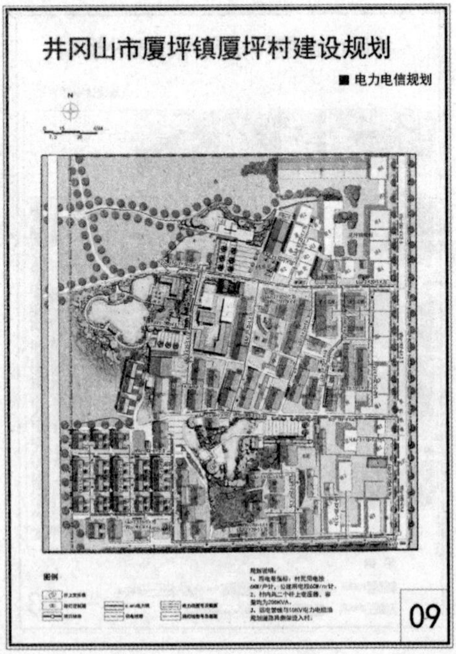
井冈山市厦坪镇厦坪村建设规划
■ 电力电信规划
图例
09

附录四　井冈山市厦坪镇山田垅村建设规划图

以下资料是井冈山市 240 余新农村规划编制点中第 6 号村庄 01–09 号规划图。井冈山市厦坪镇莒蒲古村由南城陂、山田垅、百谷庙三个村小组构成，以下图纸为山田垅组规划彩图。

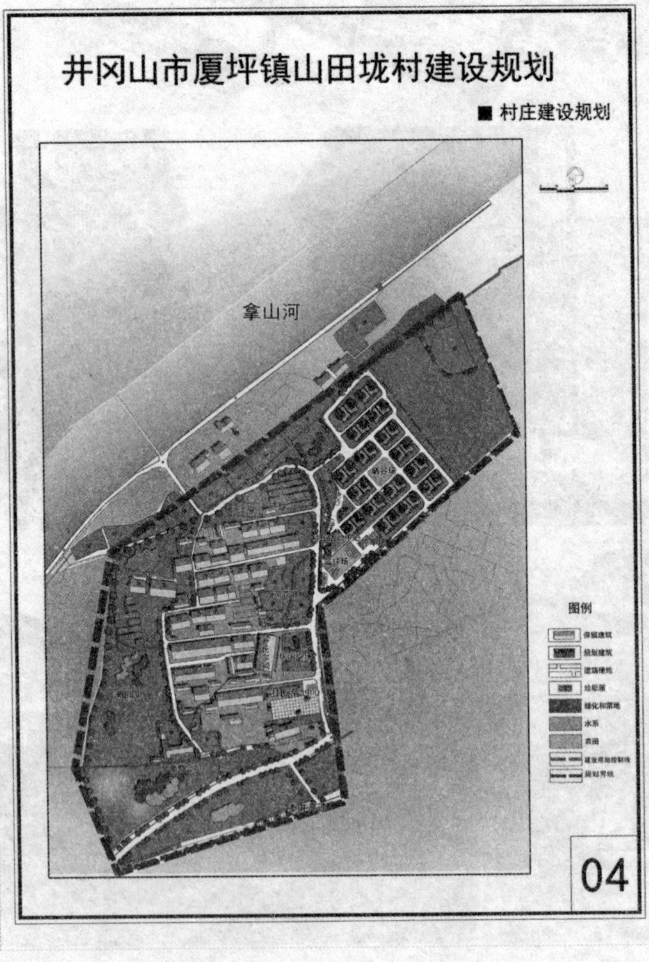

井冈山市厦坪镇山田垅村建设规划
■区位分析
湖
南
省
井冈山市
■山田垅村位于井冈山市西南部，属于厦坪镇所辖范围。东临新江乡，西临鹅岭乡，北接井冈山市南接黄坳乡。S50泰井高速从山田垅村东侧纵贯，北可至井冈山市，西可接G319（S321省道）至黄坳乡。
01

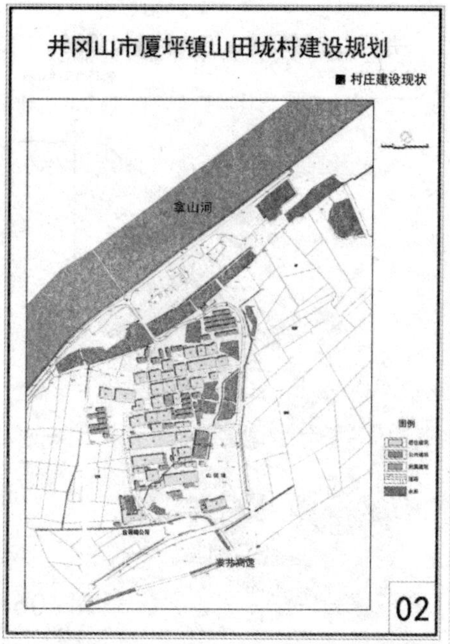
井冈山市厦坪镇山田垅村建设规划
■ 村庄建设现状
拿山河
图例
02

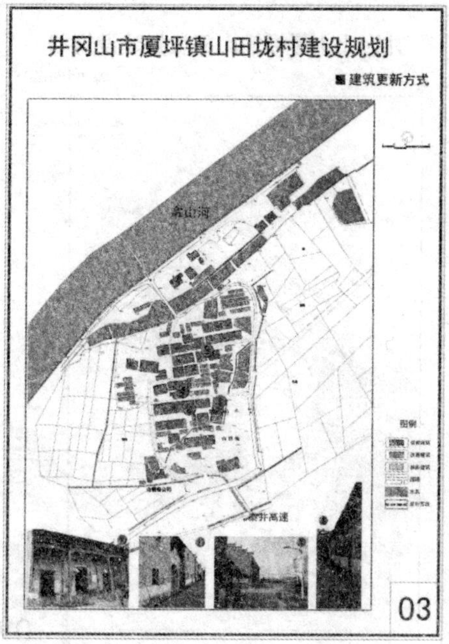
井冈山市厦坪镇山田垅村建设规划
■建筑更新方式
拿山河
图例
泰井高速
03

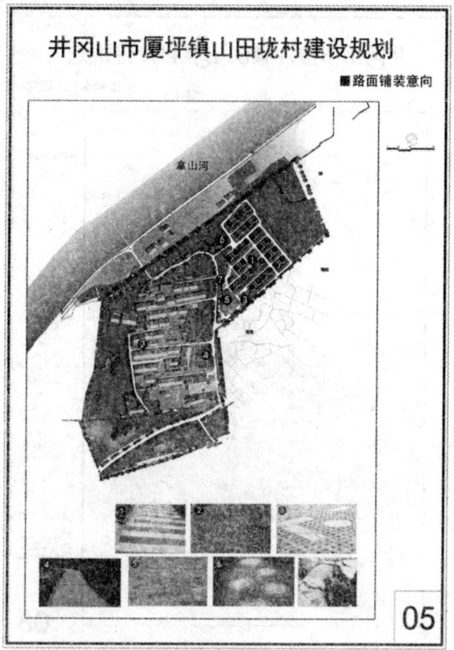
井冈山市厦坪镇山田垅村建设规划
■路面铺装意向
拿山河
05

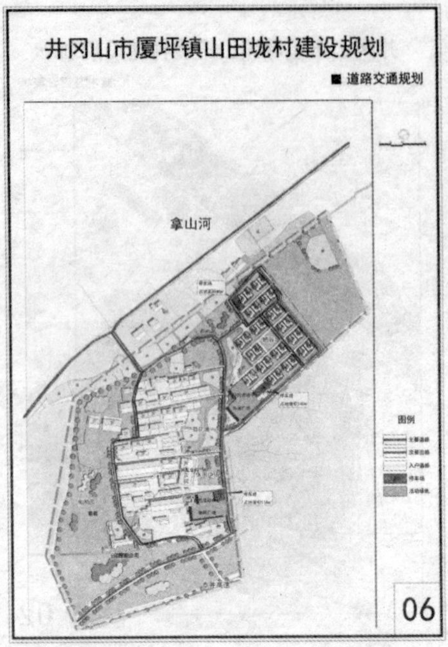
井冈山市厦坪镇山田垅村建设规划
■ 道路交通规划
拿山河
图例
06

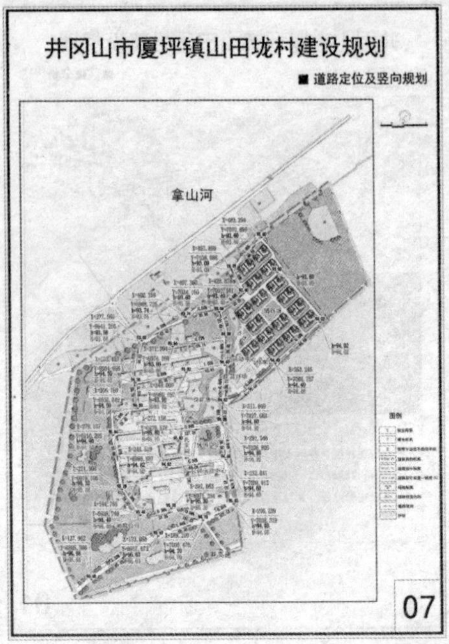
井冈山市厦坪镇山田垅村建设规划
■ 道路定位及竖向规划
拿山河
07

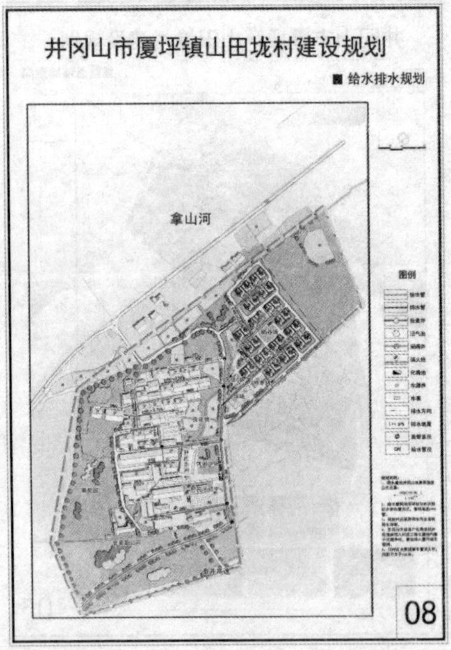
井冈山市厦坪镇山田垅村建设规划
■ 给水排水规划
拿山河
图例
08

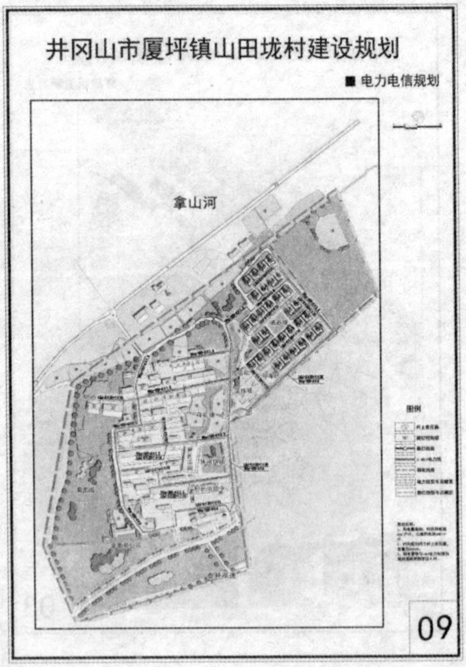
井冈山市厦坪镇山田垅村建设规划
■ 电力电信规划
拿山河
图例
09

附录五　井冈山市拿山乡瑶背村建设规划图

以下资料是井冈山市 240 余新农村规划编制点中第 2 号村庄 01–09 号规划图（井冈山市拿山乡瑶背村）

井冈山市拿山乡瑶背村建设规划图

区位分析

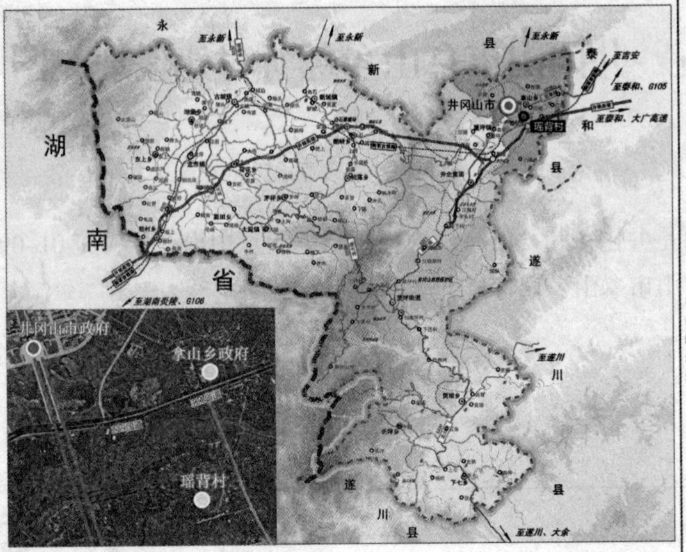

瑶背村位于井冈山市西南部，属于拿山乡所辖范围。东临新江乡，西临鹅岭乡，北接井冈山市南接黄坳乡。

319国道从瑶背村东侧纵贯，北可至井冈山市，南可接230省道至黄坳乡。

01

井冈山市拿山乡瑶背村建设规划图

村庄建设现状

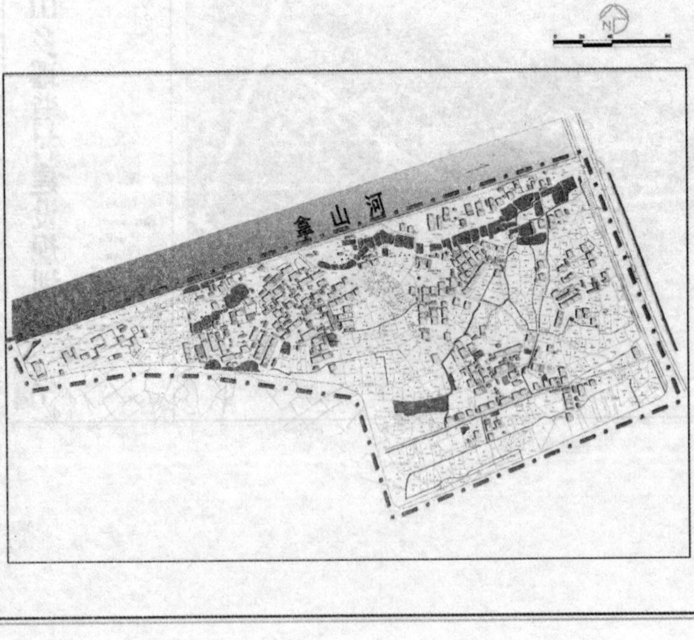

图例

居住建筑
公共建筑
附属建筑
道路
水系

02

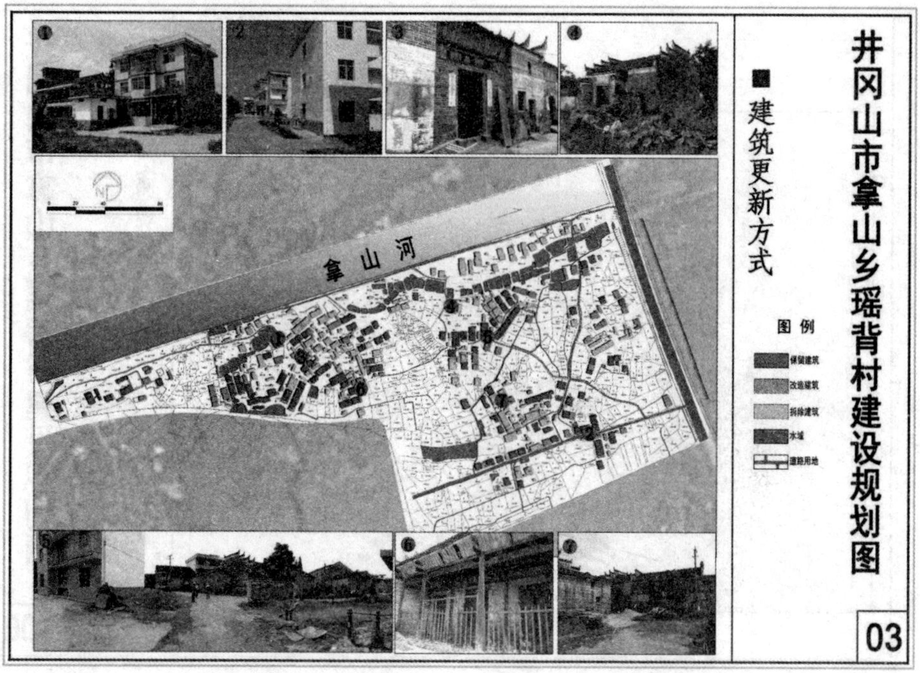
井冈山市拿山乡瑶背村建设规划图
建筑更新方式
拿山河
图例
保留建筑
改造建筑
拆除建筑
水域
道路用地
03

井冈山市拿山乡瑶背村建设规划图
路面铺装意向
05

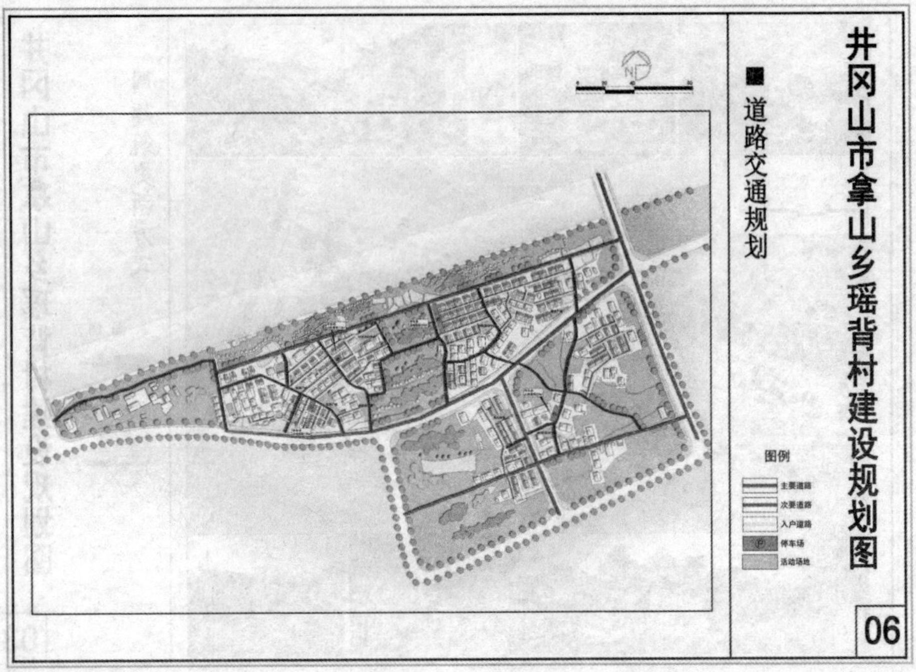
井冈山市拿山乡瑶背村建设规划图
道路交通规划
图例
主要道路
次要道路
入户道路
停车场
活动场地
06

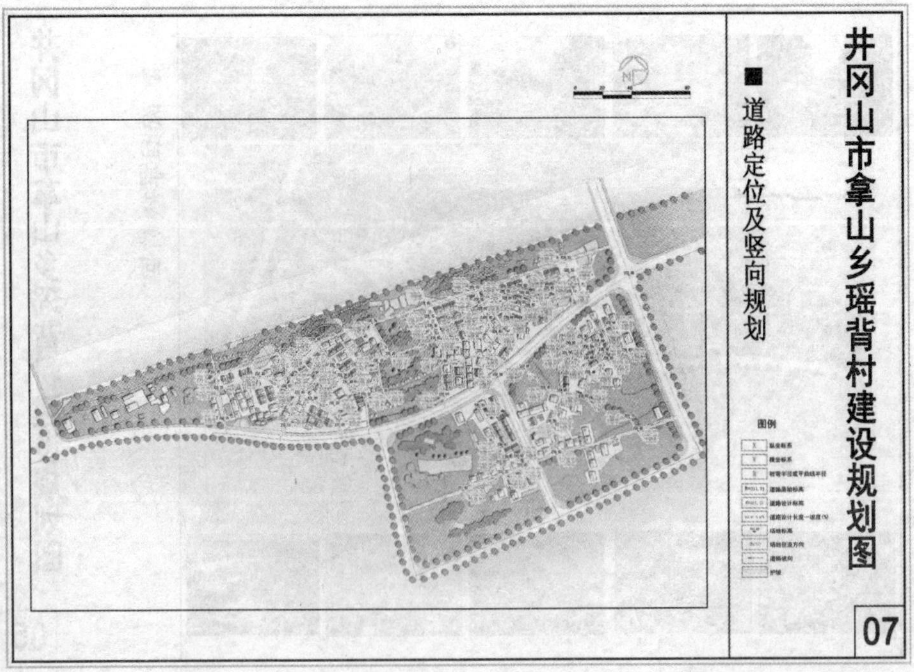
井冈山市拿山乡瑶背村建设规划图
道路定位及竖向规划
图例
07

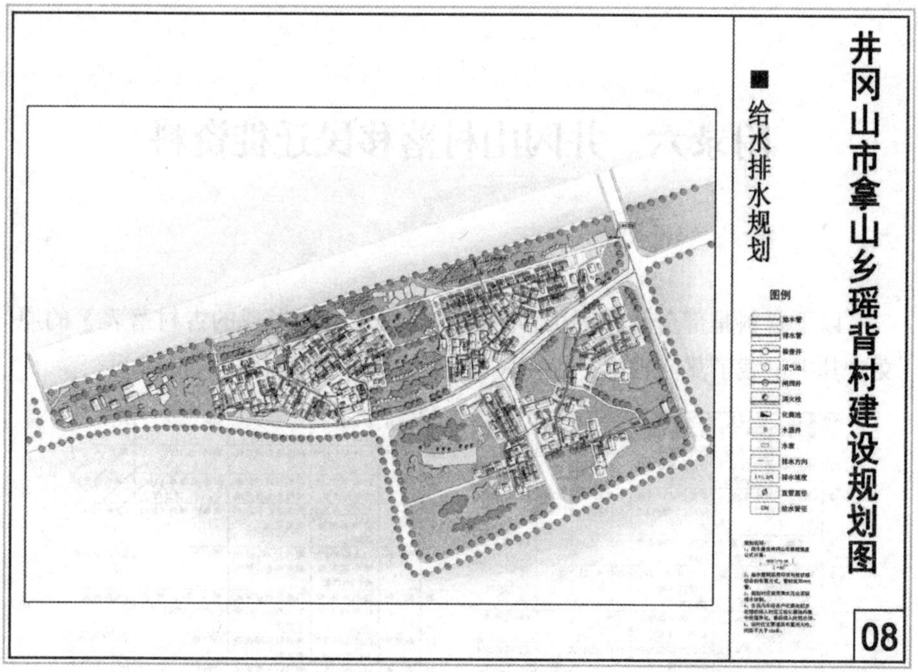
井冈山市拿山乡瑶背村建设规划图
给水排水规划
图例
08

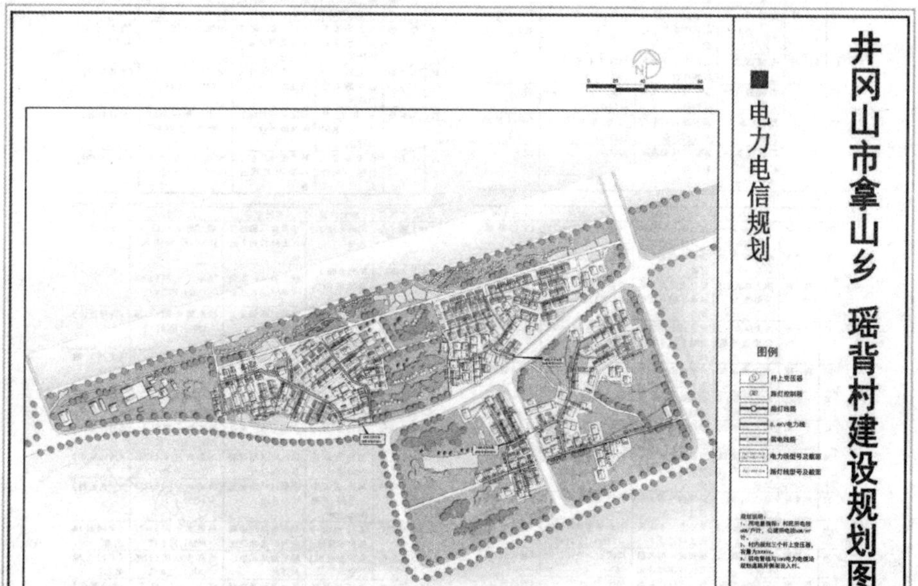
井冈山市拿山乡 瑶背村建设规划图
电力电信规划
图例
09

附录六 井冈山村落移民迁徙资料

以下资料是部分《井冈山市因外省移民迁入而形成的古村落表》的原文，其中记载了菖蒲古村尹姓村民由宁冈县大陇乡移民迁入的时间。

序号	聚落名	相对位置	移民原籍	迁入时间	资料来源
1	银子冲	龙市西0.5公里山冲内	修孝忠从福建汀州修坊迁此	元至治年间(1321-1323),已23代	《修氏族谱》
2	骆家坪	龙市南0.5公里坪坂上	骆姓从湖南酃县下关迁此	清代,已8代	《宁冈县地名志》
3	塘头百	龙市东北2公里	李德清从广东嘉应州(今梅州)迁此	清乾隆年间(1736-1795),已11代	《李氏墓碑》
4	丫叉坳	龙市西南1公里山坳	薛氏从湖南茶陵迁此	清代,已14代	《宁冈县地名志》
5	井冲	龙市南3公里	魏姓拓基,1943年谢氏从酃县九都迁此	1943年,已3代	同上
6	犁勾湾	龙市东南1.5公里	张子楹由福建上杭湾下迁此	清代,已8代	《张氏族谱》
7	牛山	龙市南4.5公里	朱氏由酃县沔渡槐杭迁此	清代,已9代	《宁冈县地名志》
8	坛冲	古城南2公里	靳海山从江苏金坛迁此	1952年	同上
9	栗山	古城西北6.5公里	蓝井发由福建迁此	清代,已11代	《蓝氏族谱》
10	上塅	古城西3.5公里山塅下	袁上魁、上忠兄弟从广东长宁迁此	清代,已9代	《宁冈县地名志》
11	田头坞	古城西北1公里	谢礼玉从福建龙岩州迁此	明洪武末年(?-1398)	同上
12	车头	古城西1.5公里	张捷伦从广东嘉应州迁此	明成化年间(1465-1487)	同上
13	升乡	县城东北7.5公里	杨友曼自广东会州迁居至此	元至元甲午年(1294)	《宁冈县地名志》
14	坳下	新城西偏南2.5公里山坳下	陈启生从湖南邵东迁此	1967年	同上
15	上东坑	新城南8公里山坑中	严德龙从福建蛇背树下迁此	清代,已12代	同上
16	石坪	白石北3公里处	邱姓从福建迁此	清代,已11代	同上
17	斜岭坡	白石北2.5公里山湾里	黄盛玉从广东嘉应州平远县迁此	清康熙中期(1682-1701),已8代	《黄氏族谱》
18	高芬	白石东北2.5公里的田垅高坎上	张璇从广东潮州龙川迁此	清康熙初年(1662-?),已11代	《张氏族谱》
19	湾源	白石东3.5公里小溪发源处的山湾处	雷姓始居,后有湖南湘乡人迁入	不详	《宁冈县地名志》
20	船坪	白石东北12公里的山坑处	冯尚简由福建武平象洞迁来,开基立业	明末崇祯年间(1628-1644),已8代	《冯氏族谱》
21	锣鼓陂	白石东南7公里的石山麓	刘双喜从湖南邵阳迁此	1957年	《宁冈县地名志》
22	猴形	白石东南5.5公里处	刘德和从湖南迁此	1956年	同上
23	小源	白石东南6公里鹅岭山麓	韩日焕从广东迁此	清康熙年间(1662-1722),已12代	《韩氏族谱》
24	北源	东上西南0.5公里田垅北背	刘汉生由福建武平炉坑迁此	清康熙丁丑年(1697),已13代	《刘氏族谱》
25	芹菜湖	东上北偏东14.5公里的山坑里	潘姓始居,潘寿玉从湖南酃县芒上迁此	清代,已5代	《宁冈县地名志》
26	七星船	东上西北19公里的船形山垅里	罗圣生从闽杭大启迁此	清康熙年间(1662-1722),已11代	《罗氏族谱》
27	邱家里	东上西北18.5公里的田垅里	邱庭周从湖南茶陵桃坑迁此	清康熙年间(1662-1722),已11代	《邱氏族谱》
28	小上坪	东上西北6公里·小坪上	林文敏由广东平远县梁米冈迁此	清雍正乙巳年(1725),已9代	《林氏族谱》
29	泥湖	东上西北6公里山谷中	钟万章从酃县胥里迁此	清康熙六年(1667)	《宁冈县地名志》
30	石星里	东上西北10公里山谷中	张泉从酃县十都迁此	清乾隆六年(1741)	同上
31	坳背	东上西北1.5公里处	赖仁允三兄弟从湖南茶陵石陇坑迁此	清乾隆年间(1736-1795),已13代	《赖氏族谱》
32	虎爪坪	东上以南1.5公里山坡地带	林秀龄由湖南酃县城东高水桥迁此	清康熙年间(1662-1722),已11代	《林氏族谱》
33	潘陂	东上南偏西5公里	许敬忠由湖南酃县下关迁此	清乾隆年间(1736-1795),已11代	《许氏族谱》
34	早禾冲	东上以南3.5公里山坳下	彭姓从湖南茶陵王塘迁此	清代,已13代	《宁冈县地名志》
35	下新	东上南偏西7公里	邱奇滔由福建迁此	清乾隆年间(1736-1795),已11代	同上
36	高窝里	东上南偏西5公里高山窝里	张庭俊由酃县十都南流珠沙坑迁此	清乾隆年间(1736-1795),已11代	《张氏族谱》
37	刘家排	东上南5公里	刘联德由酃县丙渡迁此	清代,已13代	《宁冈县地名志》
38	蔡家	柏路西北0.5公里	蔡来安从湖南衡州炎陵迁此	明永乐年间(1403-1424),已23代	《蔡氏族谱》
39	老棚里	柏路西偏北2公里	杨福珠从湖南酃县大坪源塘迁此	清同治末年(?-1874)	《杨氏族谱》
40	[illegible]	柏路南偏西3公里	曾呈光从广东嘉应州龙川县迁此	清代,已15代	《曾氏族谱》
41	长富桥	柏路北偏东1公里	郭天增从福建汀州上杭迁此	清康熙戊申年(1668),已13代	《郭氏族谱》
42	本安	柏路南3公里	曾姓拓基,曾庆云从酃县燕石迁此	清光绪年间(1875-1908)	《宁冈县地名志》
43	高朗	柏路南5.5公里	谢献智从福建武平县鲁村迁此	清康熙年间(1662-1722),已12代	《谢氏族谱》
44	朝塘垄	柏路东偏南3公里山坑里	范秀郎从福建上杭庄头铺迁此	清嘉庆中期(1805-1816),已9代	《范氏族谱》
45	寮井	柏路东南3.5公里	李葆真从福建汀州上杭竹头下迁此	明万历末年(?-1619),已19代	《李氏族谱》
46	上泥坑	柏路东南3.5公里的山坑里	谢上琼从广东嘉应州平远县迁此	清康熙年间(1662-1722),已11代	《谢氏族谱》
47	斜源	柏路东南6.5公里处的高山之腰坡上	陈尚信从福建上杭县迁此	清乾隆年间(1736-1795),已11代	《谢氏族谱》
48	对水头	柏路南5.5公里	邹有龙从广东嘉应州兴宁县竹子坝迁此	清代,已10代	《宁冈县地名志》
49	葛田	县城东南7.5公里	陈恭从湖南茶陵东山迁此	北宋康定元年(1040),已36代	《陈氏族谱》
50	北南坑	葛田东北3公里	刘明祖从广东嘉应州迁此	清乾隆末年(?-1795),已11代	《刘氏墓碑》
51	木基陇	葛田北6公里田垅中	汤成略从湖南酃县太湖迁此	清嘉庆初年(1796-?),已9代	《汤氏墓碑》
52	小楼冲	葛田北偏东7公里的梯田小山冲	张庭选从福建上杭县迁此	清雍正年间(1723-1735)	《张氏族谱》
53	邹家里	葛田西北8公里丘陵坡	邹梅秀从广东嘉应州石子坝迁此	清道光年间(1821-1850),已8代	《宁冈县地名志》
54	上山田	葛田东北9.5公里	程显堂从福建汀州迁此	清嘉庆年间(1796-1820),已8代	《宁冈县地名志》
55	杨家	葛田北偏东4公里	杨金选从湖南酃县胥里迁此	清乾隆己巳年(1749),已8代	《杨氏墓碑》
56	新屋里	葛田西北4.5公里	曾传群从广东兴宁迁此	清雍正年间(1723-1735),已11代	《曾氏族谱》
57	陇下	葛田以北4公里狭长田陇里	唐长生从酃县塘秀村迁此	清宣统辛亥年(1911),已3代	《宁冈县地名志》
58	石洲上	葛田北3公里田陇处	罗兴禄从广东长宁县迁此	清康熙四十八年(1709),已11代	《罗氏族谱》
59	石家	葛田西1.5公里处	石凤科从酃县石下迁此	清乾隆戊子年(1768),已9代	《石氏族谱》

序号	聚落名	相对位置	移民原籍	迁人时间	资料来源
60	凌 坪	葛田西偏南3.5公里处	凌捷万从广东嘉应州迁此	清雍正年间(1723—1735),已11代	《凌氏族谱》
61	华 岭	葛田西南3公里	李佩兰从广东嘉应州迁此	清乾隆末年(?—1795),已11代	《宁冈县地名志》
62	杨梅岭	葛田西南3.5公里处梯田的上端	凌捷宇从广东嘉应州迁此	清雍正年间(1723—1735),已11代	《凌氏族谱》
63	沿 田	葛田西南4公里	古太振从湖南酃县宵里迁此	清康熙壬戌年(1682),已7代	《古氏族谱》
64	九畴窝	葛田西南5公里	朱夏尔从酃县上井迁此	清康熙年间(1662—1722),已11代	《朱氏族谱》
65	银 陂	葛田偏西1.5公里	胡姓从酃县下宵迁此	清道光年间(1821—1850),已6代	《宁冈县地名志》
66	下王由	葛田以南2.5公里	胡清秀从酃县下宵迁此	清嘉庆年间(1796—1820),已8代	同上
67	高 岭	葛田以南3.5公里	凌昧富从酃县石槐陇迁此	清道光年间(1821—1850),已7代	同上
68	高车塅	茅坪东北4公里的山塅中	刁明辉四兄弟从酃县十都黑田坑迁此	清乾隆年间(1736—1795),已8代	《刁氏族谱》
69	中 坪	茅坪东1公里的山坳小坪	陈永德从广东嘉应州迁此	清乾隆年间(1736—1795),已九代	《陈氏墓碑》
70	石盘下	茅坪南0.5公里	张圣其从福建汀州象洞迁此	清顺治年间(1644—1661),已8代	《张氏族谱》
71	五 斗	茅坪南1.2公里的田坝处	谢思德、思乾从福建永定县丰田里迁此	清康熙庚辰年(1700),已11代	《谢氏族谱》
72	矮 岭	茅坪南1.7公里的矮岭脚下	曾庆善从广东迁此	清乾隆年间(1736—1795),已9代	《曾氏族谱》
73	坝 上	茅坪东3公里的山冲地带	李荣青从福建汀州杉树下迁此	清乾隆年间(1736—1795),已11代	《李氏族谱》
74	黄泥山	茅坪东偏北5公里的黄泥山间处	苏富山由铜中武平迁此	清康熙年间(1662—1722),已14代	《苏氏族谱》
75	滩 头	茅坪东3.5公里河滩上首	金贵赞从湖南酃县王家渡迁此	清乾隆年间(1736—1795),已8代	《金氏草谱》
76	牛亚陂	茅坪东1.5公里河湾上首	黄庚萃从广东迁此	清代,已15代	《黄氏草谱》
77	马源坑	茅坪东2.5公里的山坑里	袁世兹从广东迁此	清代,已11代	《袁氏墓碑》
78	猪麟坑	茅坪西偏北2.5公里的山冲里	邱定让从广东兴宁县石磐下迁此	清代,已10代	《宁冈县地名志》
79	天 湖	茅坪西2公里	魏氏从广东嘉应州迁此	清代,已10代	同上
80	下 冲	茅坪南2.5公里	林氏从福建莆田迁此	清光绪年间(1875—1908),已9代	同上
81	栗子冲	睦村北3公里	易学钧从贵州迁此	1936年,已3代	同上
82	田螺形	睦村北2公里的山腰上	陈氏由广东嘉应州迁此	清嘉庆壬申年(1812),已9代	《陈氏墓碑》
83	观 上	睦村北偏东0.5公里的田陇旁	谢尚德从广东嘉应州迁此	明洪武乙亥年(1395),已21代	《谢氏族谱》
84	杉木冲	睦村北6公里的山冲里	何元珍由广东嘉应州迁此	明万历甲申年(1584),已13代	《何氏墓碑》
85	桐木陇	睦村北6公里的田陇里	许志尧由广东嘉应州兴宁县迁此	清乾隆丙寅年(1746),已10代	《许氏墓碑》
86	牛鼻陇	睦村西北6公里一长陇里	廖应文由广东嘉应州迁此	清乾隆丙申年(1776),已10代	《廖氏墓碑》
87	坪 上	睦村北6公里梯田坪上	凌运泰由广东嘉应州迁此	清康熙丙午年(1666),已18代	《凌氏族谱》
88	甲里墈	睦村北4.5公里黄泥墈上	饶楚善由福建上杭县迁此	清乾隆辛未年(1751),已11代	《饶氏墓碑》
89	河 桥	睦村东北5公里宁酃公路两侧	蓝贤僭二兄弟从酃县四都铁岭迁此	清乾隆己卯年(1759),已8代	《蓝氏族谱》
90	邝家里	睦村北5公里	邝日明由广东兴宁县迁此	清雍正十三年(1735),已11代	《邝氏墓碑》
91	桂花窝	睦村北5公里	饶楚生从福建东头坪迁此	清康熙丙子年(1696),已12代	《饶氏族谱》
92	山 湾	睦村北4.6公里呈弧形的山湾里	饶嵩山由福建上杭迁此	清乾隆丙子年(1756),已11代	同上
93	黄茅冲	睦村北2.5公里黄茅岭下的山冲里	艾桂春由酃县城东横岭迁此	清乾隆年间(1736—1795),已11代	《艾氏族谱》
94	江家湾	睦村东北2.5公里的山湾里	江友才由福建上杭迁此	清乾隆癸丑年(1793),已8代	《江氏族谱》
95	杨桥山	睦村西3.5公里的祟山里	郑次桓由福建武平迁此	清康熙戊寅年(1698)	《郑氏族谱》
96	洞 头	睦村西北2公里起的山岭中	黄昌荣由广东嘉应州迁此	清雍正乙卯年(1735),已10代	《黄氏族谱》
97	上 寨	睦村西2公里	刘荣昌由湖南茶陵石坑迁此	清康熙甲午年(1714),已11代	《刘氏族谱》
98	金钩湾	睦村西1.5公里形似金钩的山湾	黄华明由湖南茶陵桃坑乡凤溪村迁此	1953年,已3代	《宁冈县地名志》
99	庙 下	睦村西1公里的山湾	李姓拓基,李佩清由广东长乐县迁此	清顺治元年(1644),已12代	《李氏族谱》
100	大望里	睦村西南0.5公里田陇旁	康汝佑由福建长乐迁此	清康熙辛巳年(1701),已11代	《康氏族谱》
101	东 门	睦村南1.5公里宁酃分界处	刘姓由酃县康乐乡迁入;康姓由茶陵桃坑迁人	刘姓,清康熙庚寅年(1710);康姓,清乾隆乙未年(1775)	《刘氏族谱》《康氏族谱》
102	竹窝里	睦村西偏北6.5公里	邱发涛从酃县太和塘迁此拓基	清宣统元年(1909)	《宁冈县地名志》
103	寨 下	睦村南3公里的高山寨下	凌品德由酃县石井陇迁此拓基	清康熙壬戌年(1682),已9代	《凌氏草谱》
104	短 冲	睦村东南3公里的小山冲	凌品远由酃县西渡石井陇迁此	清康熙戊辰年(1688),已10代	同上
105	塘子里	睦村东3公里山谷口	黄光福由酃县西渡朱子桥迁此	清康熙己卯年(1699),已10代	《黄氏族谱》
106	挖蕉冲	睦村东3.5公里的小山冲里	邝开永由广东长宁县东头迁此	清顺治庚寅年(1660),已11代	《邝氏族谱》
107	杉棚下	大陇西偏北1.5公里处	尹保传由酃县迁入	1967年	《宁冈县地名志》
108	中陇背	大陇西2.5公里山腰	赵文左从广东长宁迁此	清乾隆十九年(1754),已9代	《赵氏草谱》
109	墙 头	大陇西0.5公里	尹彦成从洗马池迁此	唐天祐年间(904—907),已37代	《尹氏族谱》
110	大冲背	大陇东0.5公里牛角冲背后	高姓从嘉应州平远县竹山下迁此	清代,已10代	《宁冈县地名志》
111	毛狗冲	大陇东南1公里的山冲里	朱维尧从广东长宁双桥堡迁此	清康熙三十八年(1699)	同上
112	甲子头	大陇南1公里	刘氏由酃县大坪迁此	清代,已11代	《刘氏族谱》
113	中 村	大陇西南2公里	吴明锷从嘉应州柑子树下迁此	清康熙年间(1662—1722)	《吴氏族谱》
114	戴司坑	大陇西南2.5公里	吴明槐从嘉应州塞子脑迁此	清雍正年间(1723—1735),已11代	《吴氏族谱》
115	九华岭	大陇西南4公里高山深处	朱维仁从广东长宁迁此	清康熙三十八年(1699)	《朱氏族谱》
116	银子冲	大陇西南4公里的山冲里	吴世仁由酃县十一都黄上观音陇迁此	清乾隆五年(1740)	《吴氏族谱》
117	瑶 背	大陇南2公里	李开云从福建上杭县荒田村迁此	清雍正十二年(1734),已13代	《李氏族谱》
118	棋 寨	大陇南5公里	陈上先从酃县船形迁此	明万历年间(1573—1619),已18代	《宁冈县地名志》
119	壬亚山	大陇南3公里	陈仁九从福建汀州上杭县珊瑚乡迁此	清乾隆二十九年(1764),已11代	《陈氏田录志》

附录七　田野调查

——荷花乡大苍村村民回忆资料

荷花乡大苍村也是井冈山240余村庄规划中的其中一个，以下资料是部分《井冈山市荷花乡大苍村——毛泽东与袁文才会见》村民回忆录的原始资料。一些受访者是曾亲身经历村庄历史事件的记忆主体，另有一部分受访者是事件经历者的后代，他们通过长者对后代的不断叙说历史事件，从而维系且强化了他们的集体记忆，成为了村庄记忆主体的一部分。

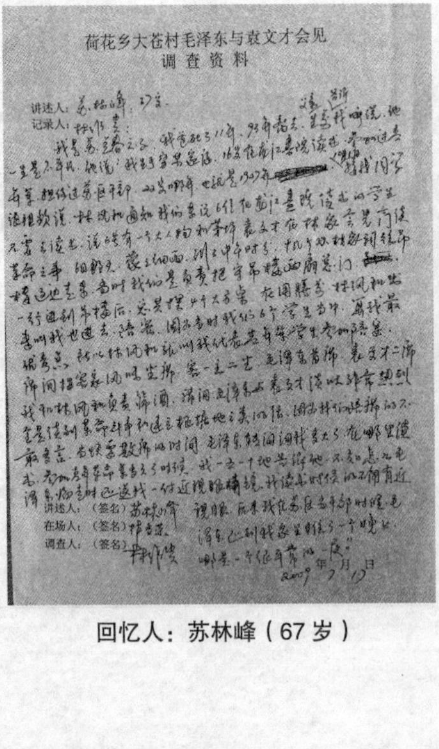
荷花乡大苍村毛泽东与袁文才会见

调查资料

讲述人：

记录人：

讲述人：（签名）

在场人：（签名）

调查人：（签名）

2009年7月19日

回忆人：苏林峰（67岁）

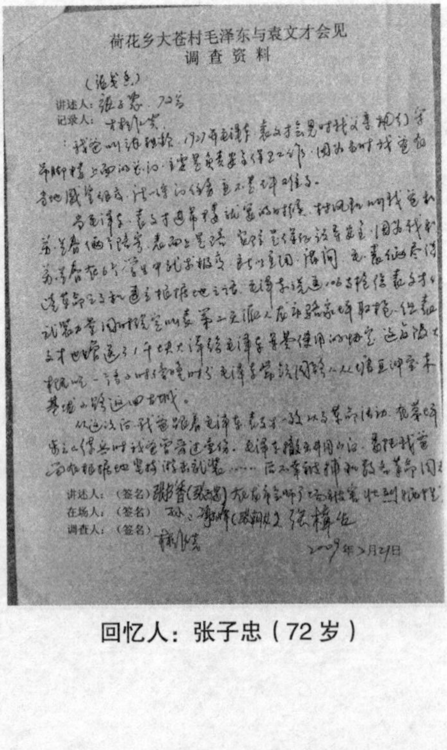
荷花乡大苍村毛泽东与袁文才会见

调查资料

讲述人：

记录人：

讲述人：（签名）

在场人：（签名）

调查人：（签名）

2009年3月27日

回忆人：张子忠（72岁）

附录八　井冈山市文水村建设规划设计图

以下资料是由江西省井冈山市规划局提供。

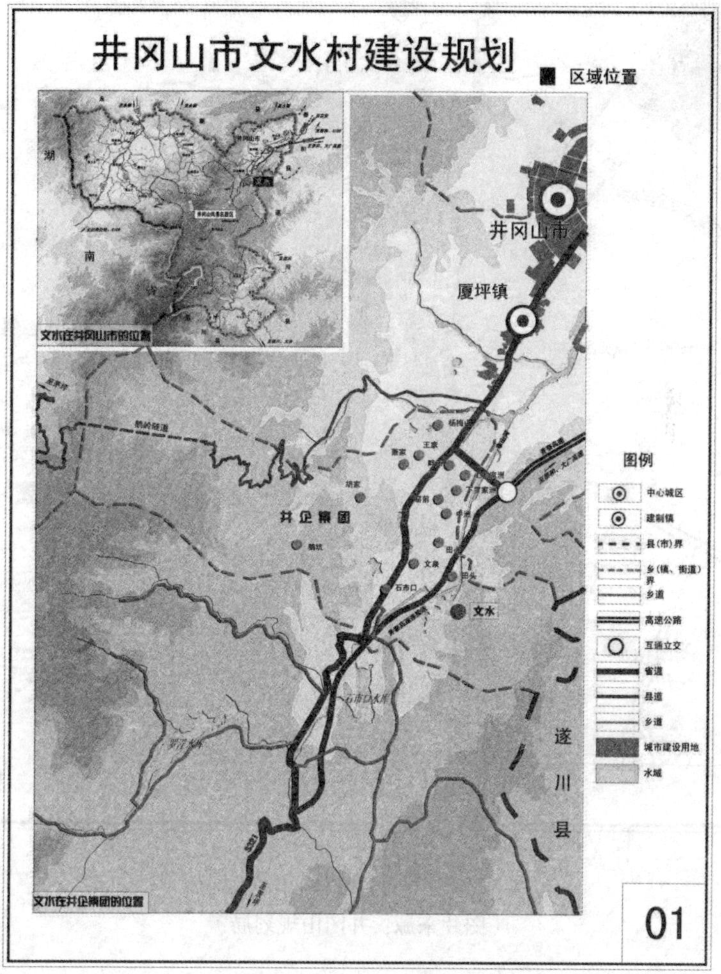

（图片来源：井冈山规划局）

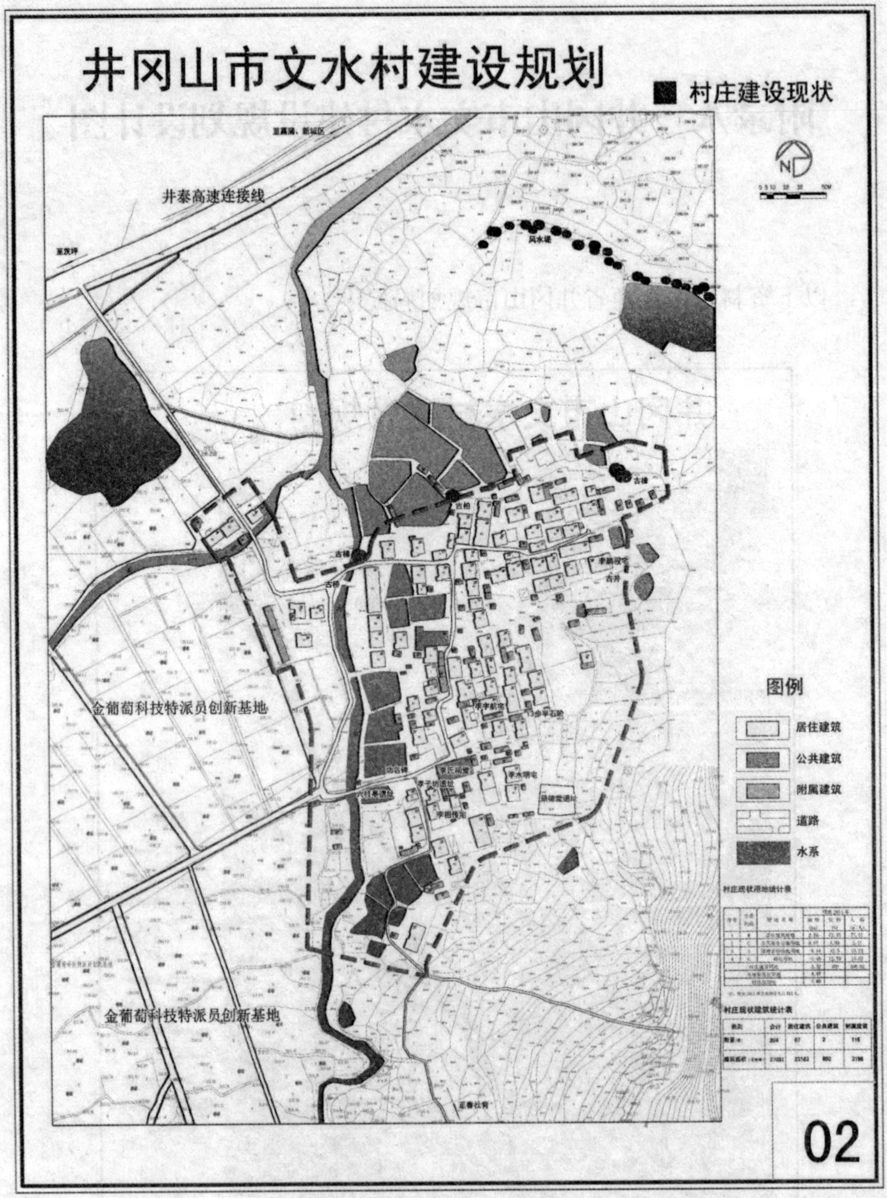
井冈山市文水村建设规划
村庄建设现状
井泰高速连接线
金葡萄科技特派员创新基地
金葡萄科技特派员创新基地
图例
居住建筑
公共建筑
附属建筑
道路
水系
02

（图片来源：井冈山规划局）

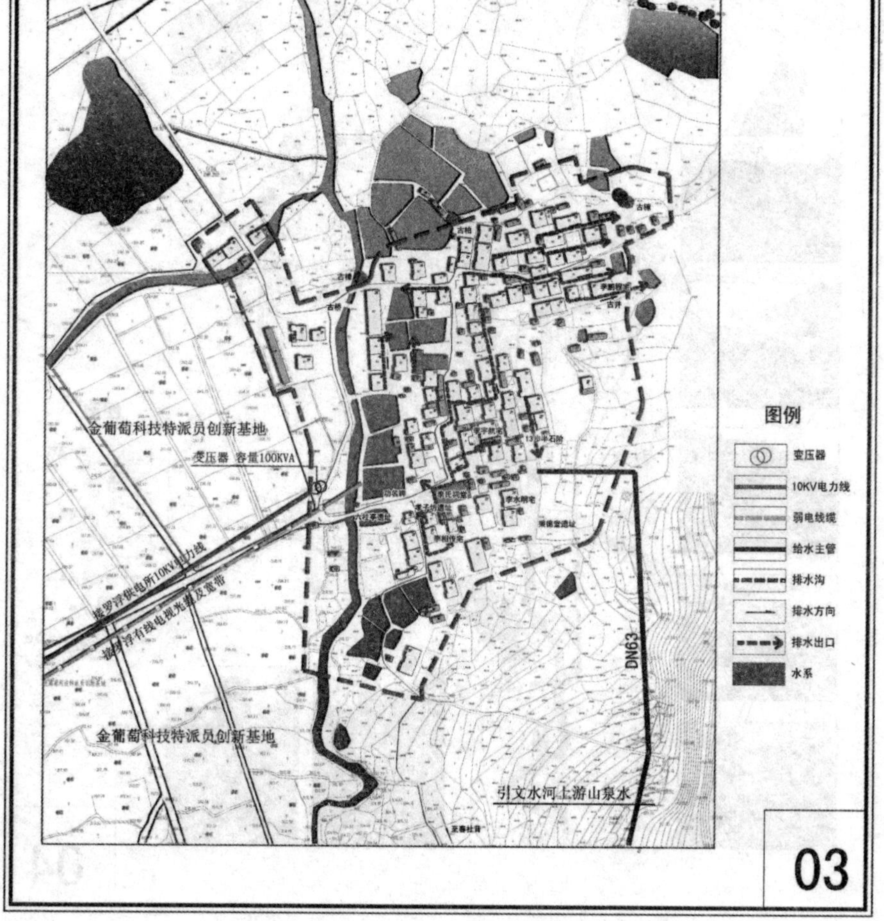
井冈山市文水村建设规划
基础设施现状
井泰高速连接线
金葡萄科技特派员创新基地
变压器 容量100KVA
金葡萄科技特派员创新基地
引文水河上游山泉水
DN63
图例
变压器
10KV电力线
弱电线缆
给水主管
排水沟
排水方向
排水出口
水系
03

（图片来源：井冈山规划局）

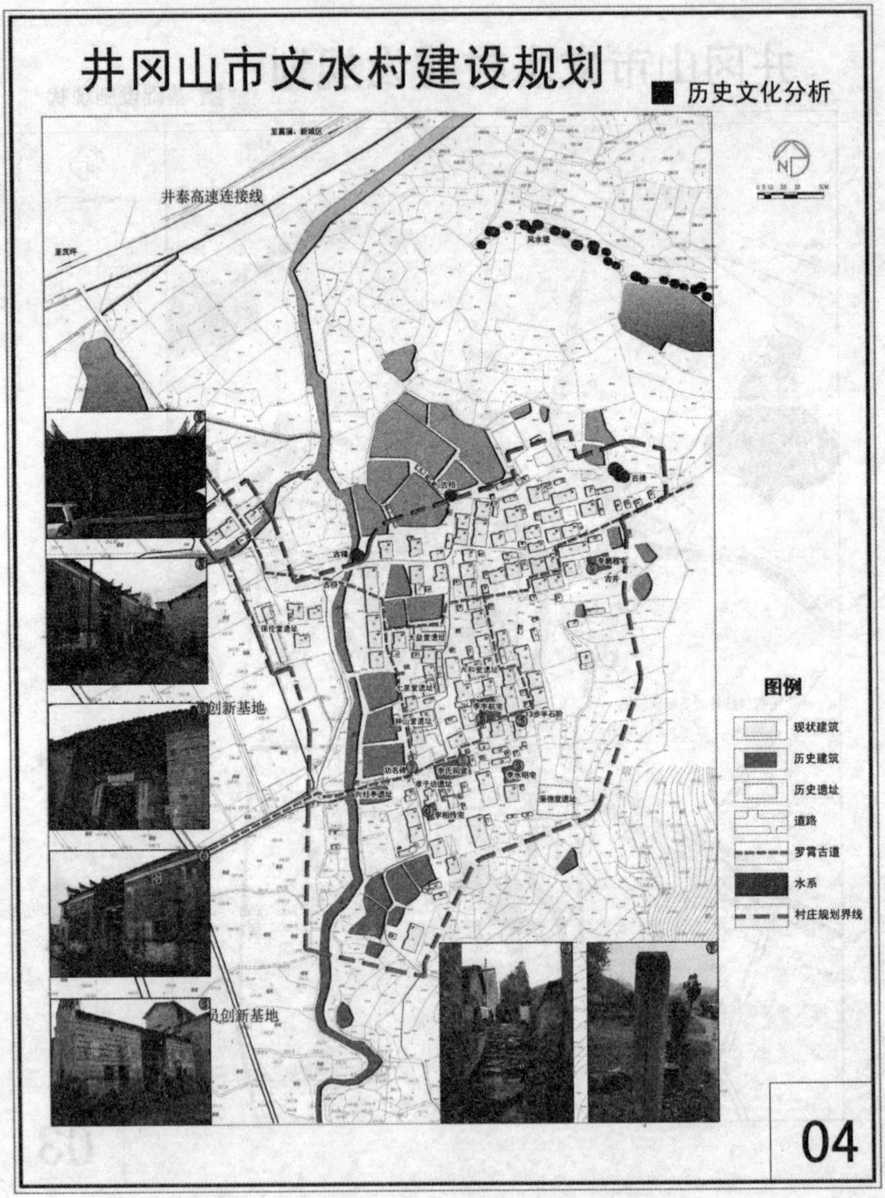
井冈山市文水村建设规划
历史文化分析
井泰高速连接线
创新基地
员创新基地
图例
现状建筑
历史建筑
历史遗址
道路
罗霄古道
水系
村庄规划界线
04

（图片来源：井冈山规划局）

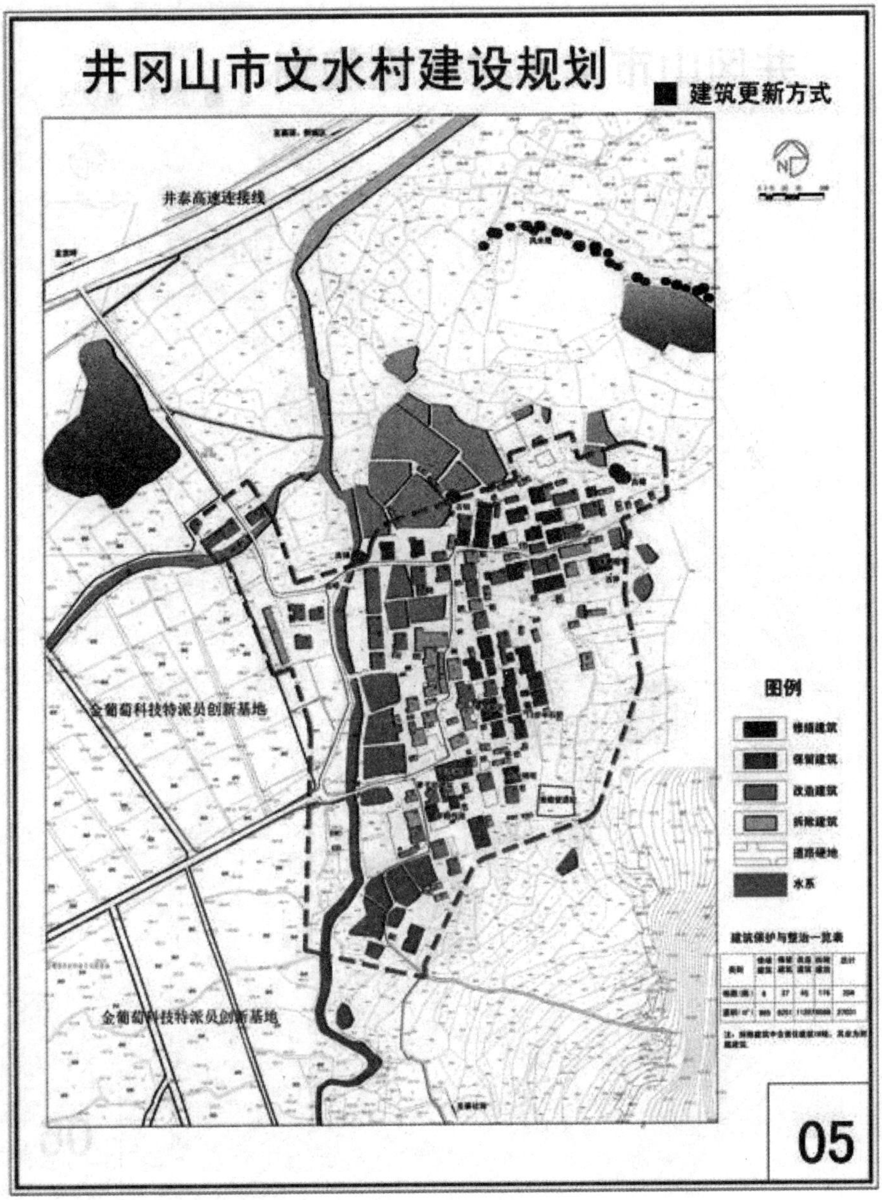
井冈山市文水村建设规划
建筑更新方式
井泰高速连接线
金葡萄科技特派员创新基地
金葡萄科技特派员创新基地
图例
水系
05

（图片来源：井冈山规划局）

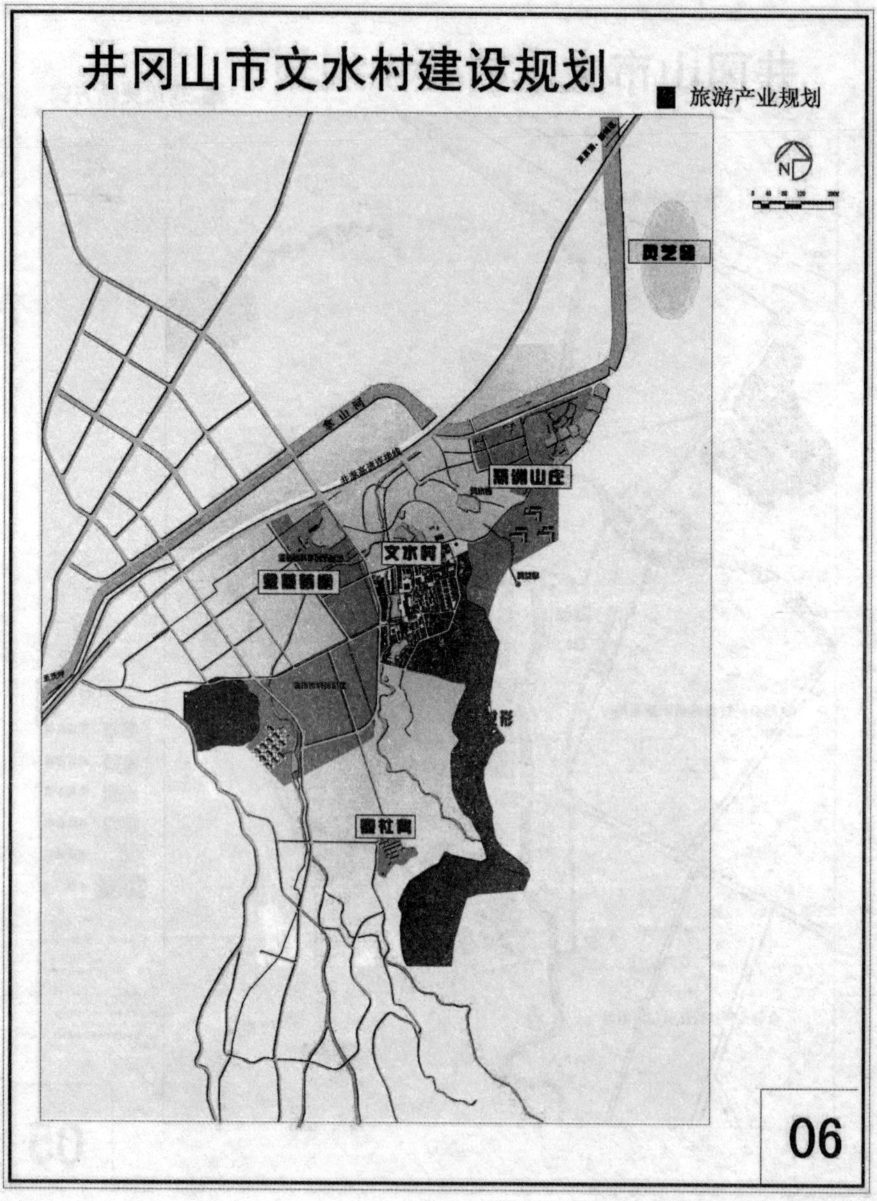

（图片来源：井冈山规划局）

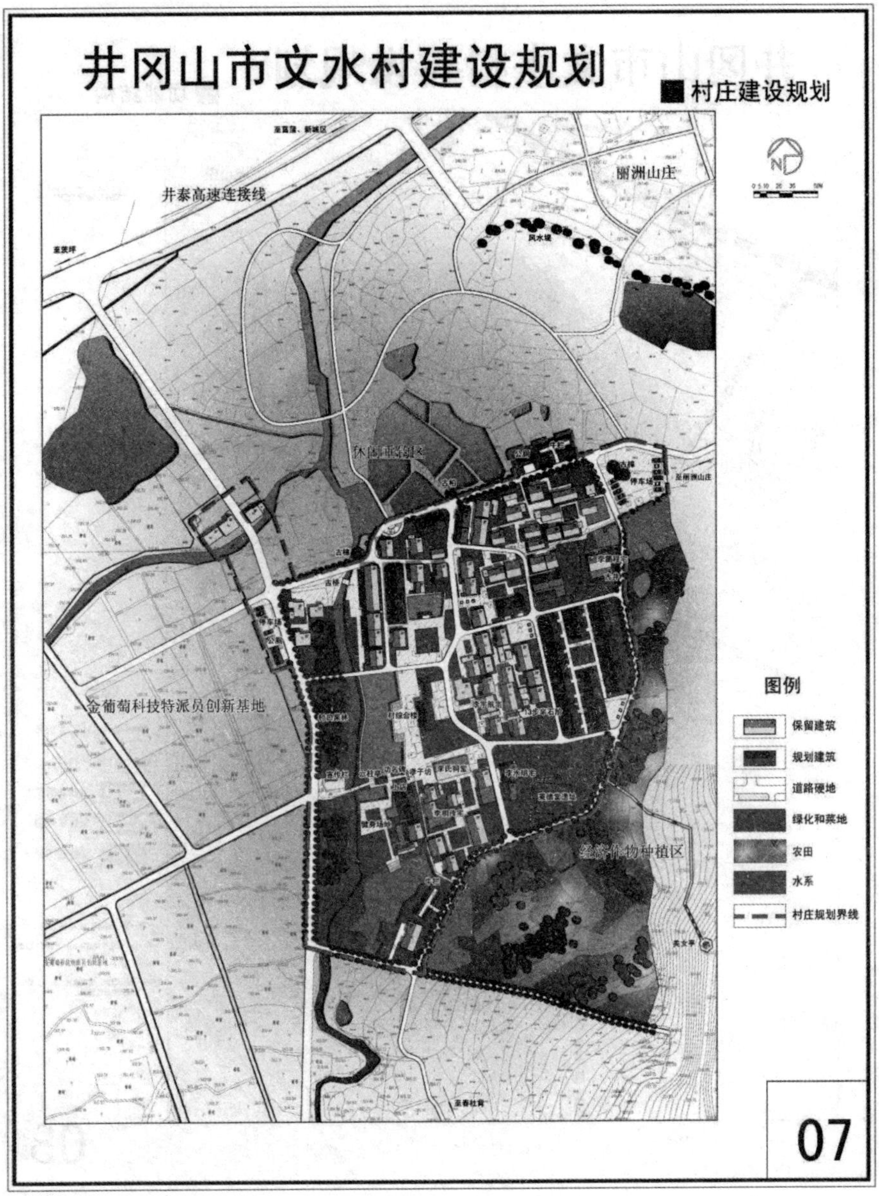
井冈山市文水村建设规划
村庄建设规划
井泰高速连接线
丽洲山庄
金葡萄科技特派员创新基地
经济作物种植区
图例
保留建筑
规划建筑
道路硬地
绿化和菜地
农田
水系
村庄规划界线
07

（图片来源：井冈山规划局）

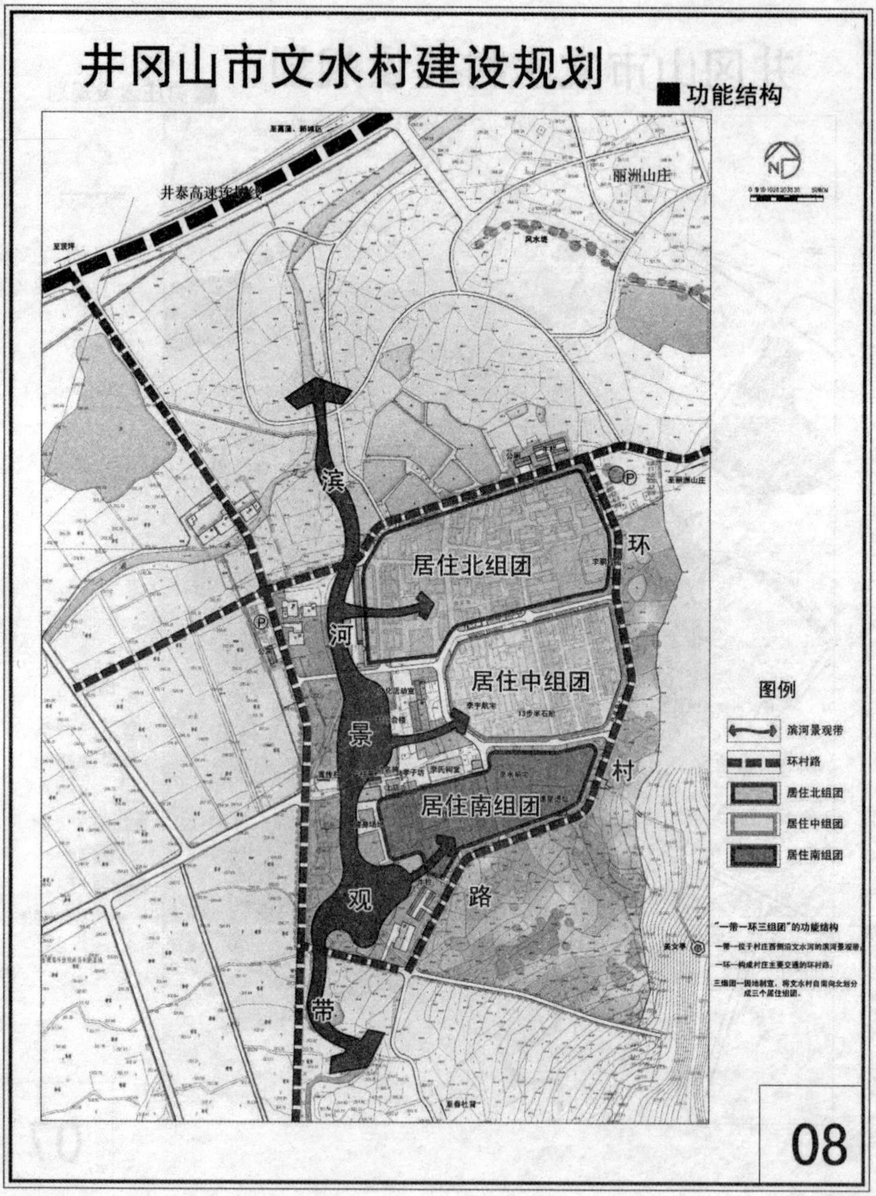
井冈山市文水村建设规划
功能结构
井泰高速连接线
丽洲山庄
滨河景观带
环村路
居住北组团
居住中组团
居住南组团
图例
滨河景观带
环村路
居住北组团
居住中组团
居住南组团
"一带一环三组团"的功能结构
一带—位于村庄西侧沿文水河的滨河景观带，
一环—构成村庄主要交通的环村路，
三组团—因地制宜，将文水村自南向北划分成三个居住组团。
08

（图片来源：井冈山规划局）

井冈山市文水村建设规划
道路交通规划
井泰高速连接线
丽洲山庄
风水塘
停车场
占地面积1970㎡
停车场
占地面积495㎡
图例
主要道路
次要道路
入户道路
停车场
活动场地
09

（图片来源：井冈山规划局）

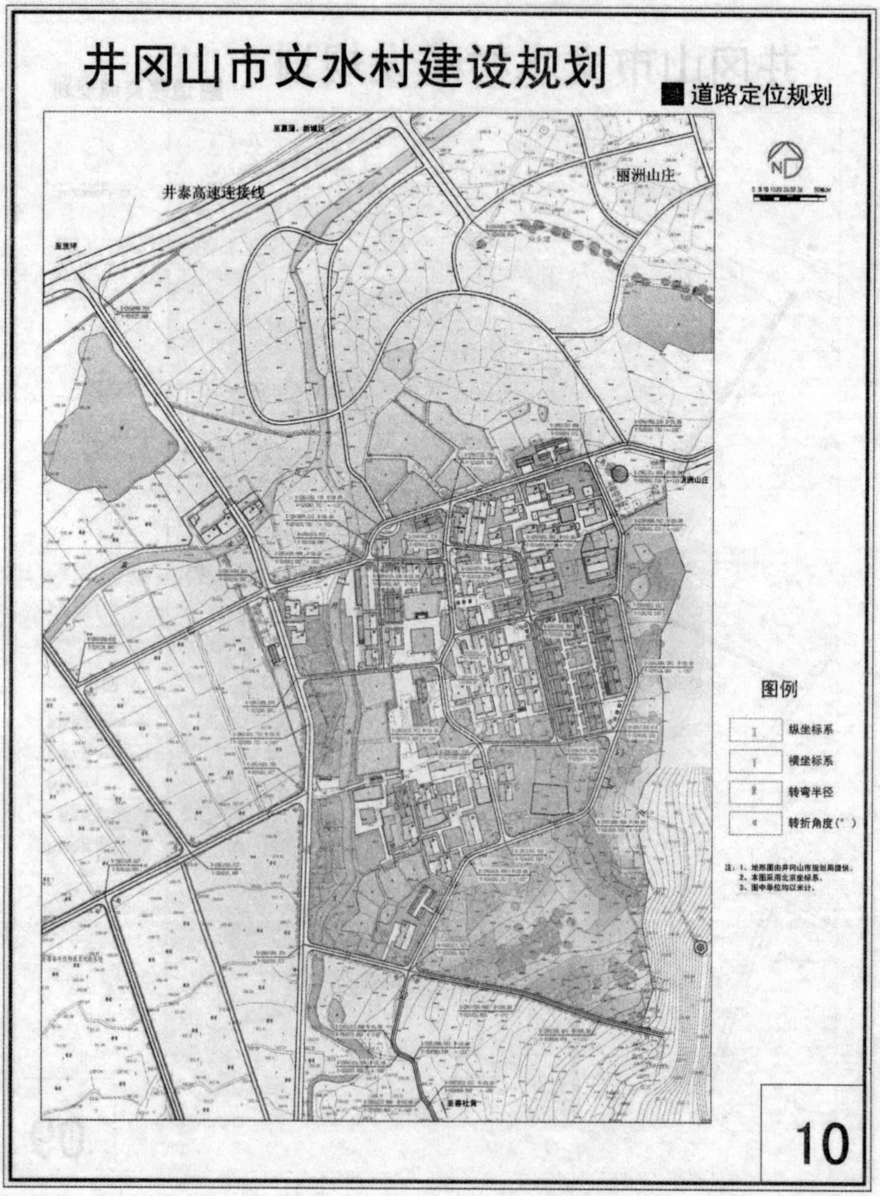
井冈山市文水村建设规划
道路定位规划
井泰高速连接线
丽洲山庄
图例
纵坐标系
横坐标系
转弯半径
转折角度(°)
注：1、地形图由井冈山市规划局提供。
2、本图采用北京坐标系。
3、图中单位均以米计。
10

（图片来源：井冈山规划局）

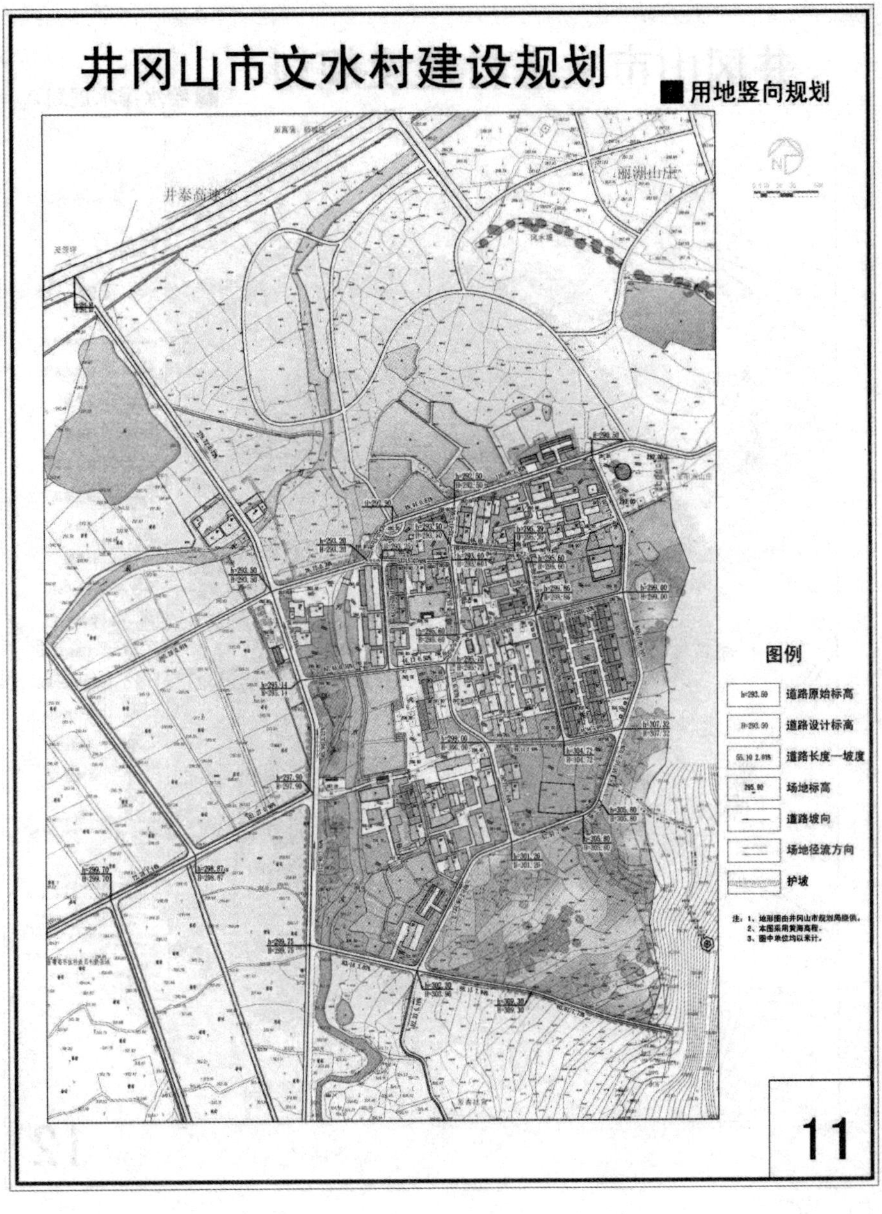
井冈山市文水村建设规划
用地竖向规划
井泰高速公路
图例
道路原始标高
道路设计标高
道路长度一坡度
场地标高
道路坡向
场地径流方向
护坡
注：1、地形图由井冈山市规划局提供。
2、本图采用黄海高程。
3、图中单位均以米计。
11

（图片来源：井冈山规划局）

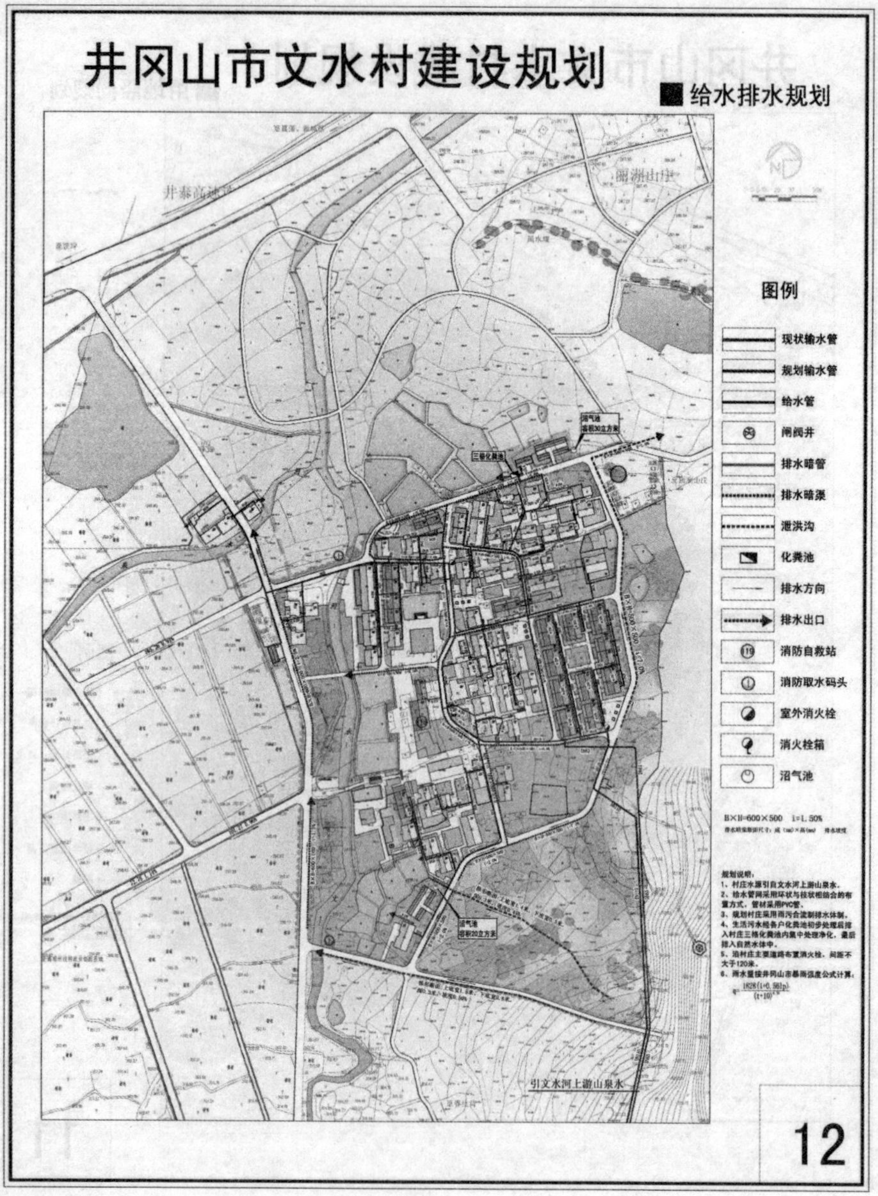
井冈山市文水村建设规划
给水排水规划
井泰高速
图例
现状输水管
规划输水管
给水管
闸阀井
排水暗管
排水暗渠
泄洪沟
化粪池
排水方向
排水出口
消防自救站
消防取水码头
室外消火栓
消火栓箱
沼气池
B×H=600×500 i=1.50%
规划说明：
1、村庄水源引自文水河上游山泉水。
2、给水管网采用环状与枝状相结合的布置方式，管材采用PVC管。
3、规划村庄采用雨污合流制排水体制。
4、生活污水经各户化粪池初步处理后排入村庄三格化粪池内集中处理净化，最后排入自然水体中。
5、沿村庄主要道路布置消火栓，间距不大于120米。
6、雨水量按井冈山市暴雨强度公式计算：
引文水河上游山泉水
12

（图片来源：井冈山规划局）

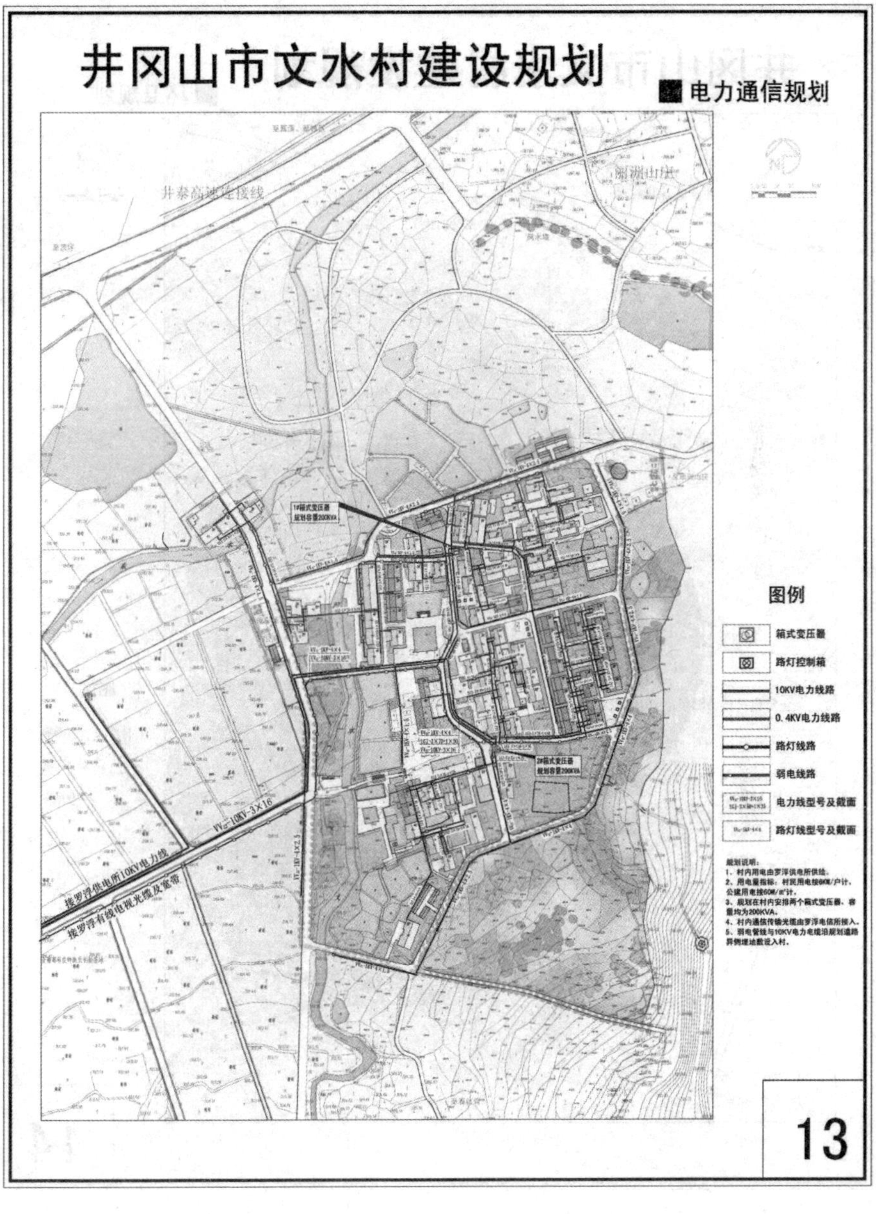
井冈山市文水村建设规划
电力通信规划
井泰高速连接线
接罗浮供电所10KV电力线
接罗浮有线电视光缆及宽带
图例
箱式变压器
路灯控制箱
10KV电力线路
0.4KV电力线路
路灯线路
弱电线路
电力线型号及截面
路灯线型号及截面
规划说明：
1、村内用电由罗浮供电所供给。
2、用电量指标：村民用电按6KW/户计，公建用电按60W/m²计。
3、规划在村内安排两个箱式变压器，容量均为200KVA。
4、村内通信传输光缆由罗浮电信所接入。
5、弱电管线与10KV电力电缆沿规划道路异侧埋地敷设入村。
13

（图片来源：井冈山规划局）

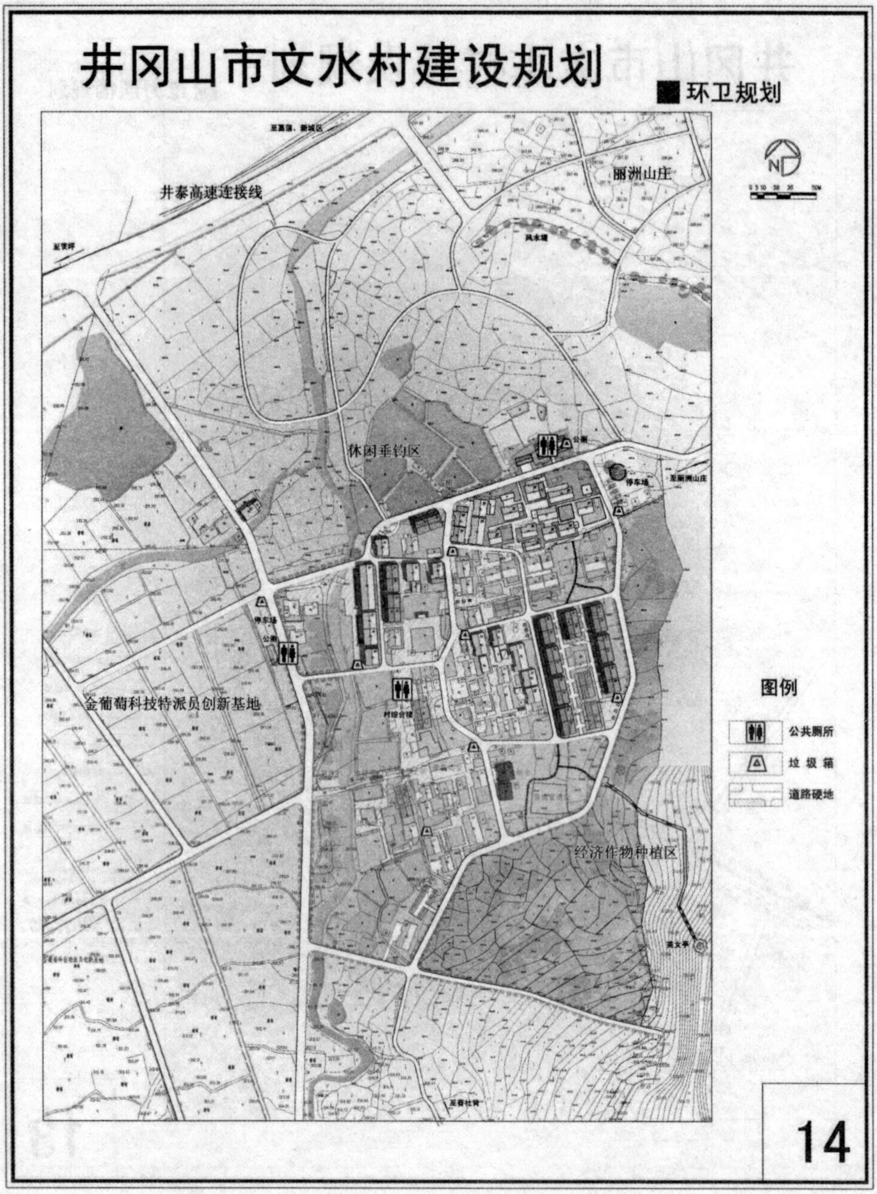
井冈山市文水村建设规划
环卫规划
丽洲山庄
井泰高速连接线
休闲垂钓区
金葡萄科技特派员创新基地
经济作物种植区
图例
公共厕所
垃圾箱
道路硬地
14

（图片来源：井冈山规划局）

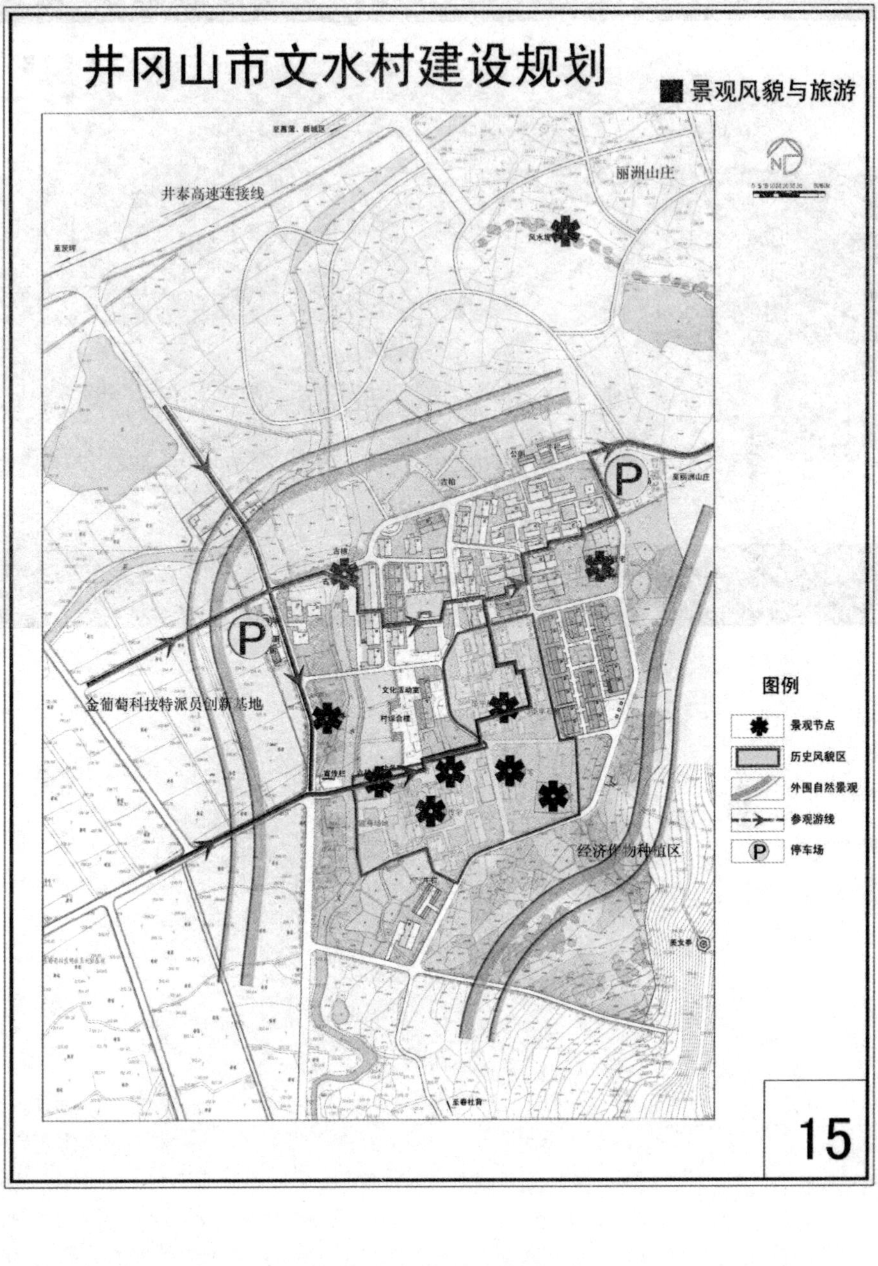
井冈山市文水村建设规划
景观风貌与旅游
井泰高速连接线
丽洲山庄
金葡萄科技特派员创新基地
经济作物种植区
图例
景观节点
历史风貌区
外围自然景观
参观游线
停车场
15

（图片来源：井冈山规划局）

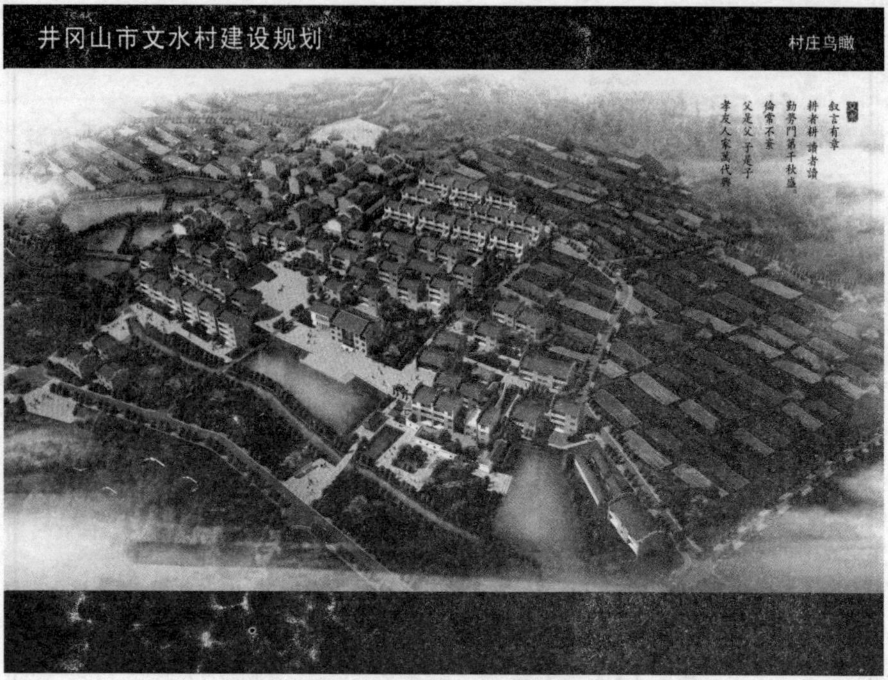

（图片来源：井冈山规划局）

后 记

十八大以来，“建设美丽乡村”的观念已深入人心，乡村建设规划日益受到重视。井冈山市在新一轮社会主义新农村建设中注重规划的作用，希望通过规划的引领，使井冈山市的乡村建设不仅要整治农村卫生环境、改善乡村基础设施，而且要进一步深化新农村建设内涵，增强广大农村居民生态发展意识，使良好的生态文化、红色文化和民俗文化得到保护和挖掘，加快井冈山市实现城乡统筹，实现“红色传承、绿色发展”。笔者有幸参与组织井冈山市新农村建设规划编制，本书就是基于井冈山市新农村建设规划设计实践的理论总结。

我们在规划中坚持“村民主体、相关部门参与”，在认真调查的基础上，广泛集中群众智慧，通过召开专题会议、听取镇村意见、召开村民小组会议和创建村张贴公示，征求国土、城建等部门意见等形式，充分进行论证，不断修改完善；坚持“一次规划、分期实施”，立足当前，谋划长远，根据村落不同类型分阶段进行建设；坚持“分类指导、彰显特色”，力求规划的精细和精准，针对井冈山市新建型村庄、改造型村庄、保护及旅游型村庄等不同类型的村落，因地制宜进行规划设计，“一村一品、一村一景”营造“新农村建设井冈山风格”。新农村建设是一个复杂的系统，尽管我们作了最大的努力，但与井冈山市新农村建设的理想目标相比仍然有一些的差距，囿于我们知识水平和总体把握能力的限制，本书只是新农村建设部分内容的总结，写作中也遇到了一些困难，还存在一些问题和不足，欢迎批评指正。

在规划过程中，我们先后组织了20余名师生参与到此次规划编制，成立了“井冈山新农村规划革命战斗组”，我们在一起讨论调研分析中遇到的问题，交流分类规划的心得，分享一起成长的快乐。汤移平老师毕业于西安交大建筑系，设计经验丰富，为村庄建设规划提供了巨大的技术支持；

陈飞燕是环境设计2012级的研究生，承担难度比较大的拿山乡、厦坪镇村镇联动点的规划设计，但她在规划设计中认真负责，带领“拿厦组”成员叶杰、乐建伟出色完成了规划任务，并为本书第一篇主笔；裴攀、张琪佳两位研究生虽出身在大城市，但在这次规划中不畏酷暑、吃住在乡村，为本次规划编制的顺利完成付出了艰辛的劳动。

本次规划还得到了井冈山规划局大力支持，尹志刚局长在设计的每个阶段都提出设计思路上的指导性意见，并在生活上给予了我们设计团队关照，程水清、刘旭梅副局长在乡村特色设计上给予了细心的指导，肖振群副局长在与乡镇的联系与沟通上做了大量的工作，王井宏、邹丹、付田华、肖之栋等人提出一些宝贵意见，使本次规划少走了很多弯路。

江西师范大学美术学院原党委书记邱小剑书记为规划设计的组织实施提供了诸多帮助；江西师范大学环境设计系的徐涵教授、陈炜副教授、注册建筑师陈岗副教授以及方强化副教授等人也提供了帮助与指导。

中国文联出版社的张兰芳博士认真而富有成效的编辑工作，使本书得以顺利出版，在此一并致以诚挚的感谢！

卢世主

2015年12月于瑶湖301工作室